教育部职业教育与成人教育司推荐教材
中等职业教育技能型紧缺人才教学用书

木作装饰与安装

（建筑装饰专业）

主编　赵肖丹
主审　杨青山　鲁　毅

中国建筑工业出版社

图书在版编目（CIP）数据

木作装饰与安装/赵肖丹主编．—北京：中国建筑工业出版社，2006

教育部职业教育与成人教育司推荐教材．中等职业教育技能型紧缺人才教学用书．建筑装饰专业

ISBN 7-112-08081-9

Ⅰ．木...　Ⅱ．赵...　Ⅲ．工程装修-细木工-专业学校-教材　Ⅳ．TU759.5

中国版本图书馆 CIP 数据核字（2006）第 066473 号

教育部职业教育与成人教育司推荐教材
中等职业教育技能型紧缺人才教学用书

木作装饰与安装

（建筑装饰专业）

主编　赵肖丹

主审　杨青山　鲁　毅

*

中国建筑工业出版社出版（北京西郊百万庄）
新华书店总店科技发行所发行
霸州市顺浩图文科技发展有限公司制版
北京建筑工业印刷厂印刷

*

开本：787×1092 毫米　1/16　印张：15¼　字数：370 千字
2006 年 8 月第一版　　2006 年 8 月第一次印刷
印数：1—2500 册　　定价：**22.00** 元
ISBN 7-112-08081-9
（14035）

本社网址：http://www.cabp.com.cn
网上书店：http://www.china-building.com.cn

本书是根据教育部和建设部2004年制定的《中等职业学校建设行业技能型紧缺人才培养培训指导方案》中相关教学内容与教学要求，并参照有关国家职业标准和行业岗位要求编写的建设行业技能型紧缺人才培养培训系列教材之一。

本书根据我国新修订的有关质量验收统一标准和施工质量验收规范编写而成，主要包括木工基本知识、木工常用材料、木装修的配件及辅料、木工机具和操作方法、木工基本技艺、仿古室内木装修工程、室内木装修及细木制作和家具的制作八个单元的基本内容。本书通过理论与实践、解说与图例相结合的方式，深入浅出地对装饰木工应掌握的技能、工具、材料、操作规程和安全规定进行了详尽的介绍，还对一些装饰木作的基本构造、施工材料及其要求、施工工艺、安全技术、质量标准与检验方法及成品与半成品的保护等方面作了全面阐述。

本书可作为中等职业学校建筑装饰专业领域技能型紧缺人才培养培训教材，也可作为相关企业技术工人岗位培训教材和工程技术人员参考用书。

*　　*　　*

责任编辑：朱首明　陈　桦
责任设计：董建平
责任校对：张树梅　孙　爽

出版说明

为深入贯彻落实《中共中央、国务院关于进一步加强人才工作的决定》精神，2004年10月，教育部、建设部联合印发了《关于实施职业院校建设行业技能型紧缺人才培养培训工程的通知》，确定在建筑（市政）施工、建筑装饰、建筑设备和建筑智能化四个专业领域实施中等职业学校技能型紧缺人才培养培训工程，全国有94所中等职业学校、702个主要合作企业被列为示范性培养培训基地，通过构建校企合作培养培训人才的机制，优化教学与实训过程，探索新的办学模式。这项培养培训工程的实施，充分体现了教育部、建设部大力推进职业教育改革和发展的办学理念，有利于职业学校从建设行业人才市场的实际需要出发，以素质为基础，以能力为本位，以就业为导向，加快培养建设行业一线迫切需要的技能型人才。

为配合技能型紧缺人才培养培训工程的实施，满足教学急需，中国建筑工业出版社在跟踪“中等职业教育建设行业技能型紧缺人才培养培训指导方案”（以下简称“方案”）的编审过程中，广泛征求有关专家对配套教材建设的意见，并与方案起草人以及建设部中等职业学校专业指导委员会共同组织编写了中等职业教育建筑（市政）施工、建筑装饰、建筑设备、建筑智能化四个专业的技能型紧缺人才教学用书。

在组织编写过程中我们始终坚持优质、适用的原则。首先强调编审人员的工程背景，在组织编审力量时不仅要求学校的编写人员要有工程经历，而且为每本教材选定的两位审稿专家中有一位来自企业，从而使得教材内容更为符合职业教育的要求。编写内容是按照“方案”要求，弱化理论阐述，重点介绍工程一线所需要的知识和技能，内容精炼，符合建筑行业标准及职业技能的要求。同时采用项目教学法的编写形式，强化实训内容，以提高学生的技能水平。

我们希望这四个专业的教学用书对有关院校实施技能型紧缺人才的培养具有一定的指导作用。同时，也希望各校在使用本套书的过程中，有何意见及建议及时反馈给我们，联系方式：中国建筑工业出版社教材中心（E-mail：jiaocai@cabp. com. cn）。

中国建筑工业出版社
2006年6月

前　言

本书是根据教育部和建设部2004年制定的《中等职业学校建设行业技能型紧缺人才培养培训指导方案》中相关教学内容与教学要求，并参照有关国家职业标准和行业岗位要求编写的建设行业技能型紧缺人才培养培训系列教材之一。

本书定位准确、内容新颖、取材全面、语言简练、通俗易懂，理论知识简明、实用，技能部分操作性强。突出以就业为导向，以能力为本位。

本书的编写以具体项目和工作过程为主线，编写时着力提高学生的操作技能和技术服务能力以适应企业需要。为了便于读者理解和掌握，本书绘制了大量的图样，达到一目了然之目的。根据教学需要，安排了明确、具体的实习、实训环节，体现了教学、实践一体化。

为反映新材料、新技术，本书采用最新的国家标准、规范、国家建筑标准设计进行编写。在教学中应结合本地区特点及实际工程实践进行讲授，并与建筑装饰装修岗位要求结合，充实教学内容。

本教材的教学时数为240学时（含120学时实验、实训）另加4周集中实训，各单元学时分配见下表（供参考）。

<table>
<tr><th rowspan="2">序号</th><th rowspan="2">名　称</th><th colspan="2">建议学时</th><th rowspan="2">序号</th><th rowspan="2">名　称</th><th colspan="2">建议学时</th><th rowspan="2">备注</th></tr>
<tr><th>理论教学</th><th>实验实训</th><th>理论教学</th><th>实验实训</th></tr>
<tr><td>1</td><td>木工基本知识</td><td>10</td><td>6</td><td>5</td><td>木工基本技艺</td><td>18</td><td>12</td><td rowspan="8">建议采用项目教学法进行教学</td></tr>
<tr><td>2</td><td>木工常用材料</td><td>14</td><td>6</td><td>6</td><td>仿古室内木装修工程</td><td>8</td><td>16</td></tr>
<tr><td>3</td><td>木装修的配件及辅料</td><td>6</td><td>4</td><td>7</td><td>室内木装修及细木制作</td><td>32</td><td>40</td></tr>
<tr><td rowspan="2">4</td><td rowspan="2">木工机具和操作方法</td><td rowspan="2">20</td><td rowspan="2">16</td><td>8</td><td>家具的制作</td><td>8</td><td>16</td></tr>
<tr><td>9</td><td>机动</td><td>4</td><td>4</td></tr>
<tr><td>合计</td><td></td><td>50</td><td>32</td><td colspan="2"></td><td>70</td><td>88</td></tr>
<tr><td>总计</td><td colspan="7">240学时(120学时实验实训)</td></tr>
<tr><td></td><td colspan="7">木工综合技能训练（室内木装修和细木工制作）　4周(120学时)</td></tr>
</table>

本书由河南省建筑工程学校赵肖丹担任主编，白丽红任副主编，河南省建筑职工大学李思丽，河南省建筑工程学校徐苏容、郑欣，河南工业大学刘建参加编写。全书由杨青山、鲁毅两位老师主审，在此深表感谢。

本书编写过程中得到了有关人士的大力支持和帮助，参考了一些相关书籍和文献资料，在本书完稿之际，在此一并表示衷心感谢。由于编者水平有限，书中难免有疏漏之处，恳请广大读者、有关专家提出宝贵意见，以便修改。

目　录

单元1 木工基本知识

知 识 点： 木制品图样的组成及识读方法；木制作中运用的几何作图方法及木制品的放样；木工画线的表示方法。

教学目标： 能够识读各种木制品的设计图纸，能够用图示方法说明施工内容并绘制本专业一般结构大样图，初步掌握木结构放样方法。

课题1 识图与制图

1.1 简易识图方法

在工厂里成批生产的各种家具和木制品，都是要有图样的。从零件加工到结构装配，到外形装饰等，都是按照图样的要求进行生产。每一道工序完成以后，生产出来的半成品和成品，同样地要依据图样来检查规格质量。随着生产的不断发展，科学技术的进步，机械化程度的提高，往往一种零件需要几部机床同时加工，如果没有图样，会给生产带来很多困难。木制品的图样是联系生产工人和设计人员的纽带。

1.1.1 几种木制品图样

由于木制品生产过程中不同阶段的需要，对于图样就有不同的要求。从一张图样上包括的内容来分，木制品图样大致有以下几种。

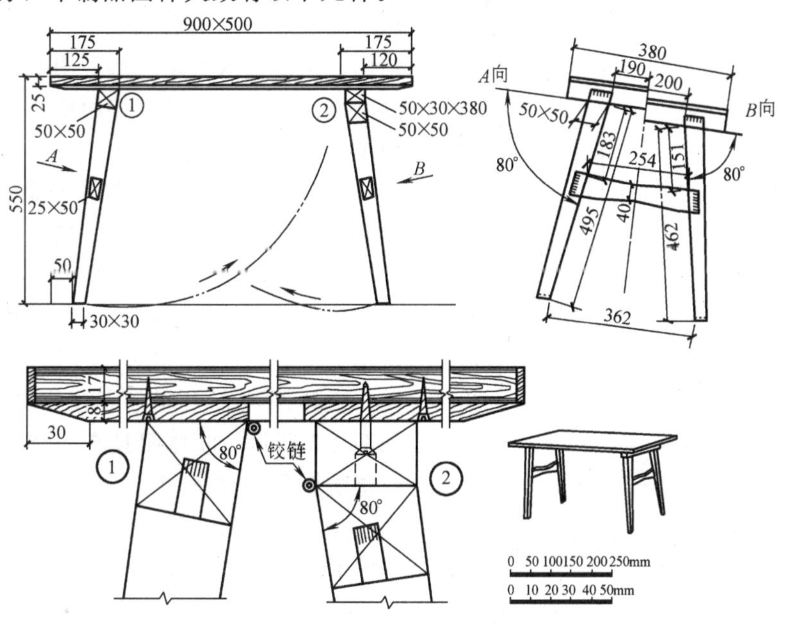

图1-1 折叠小桌结构装配图（单位：mm）

结构装配图：又叫施工图，简称装配图，如图 1-1 所示。它是木制品图样中最重要的一种，它能够全面表达木制品的结构。结构装配图上画有木制品的全部结构和装配关系，如各种榫接合或钉结合、薄木贴面、线脚镶嵌装饰等，以及装配工序所需用的尺寸和技术要求等。如何把许多零件正确地装配成家具，就要按照结构装配图上的设计进行装配，有时结构装配图还是油漆修饰工序的依据。

零件图：是木制品各个零件的图样，像桌椅的腿、抽屉的侧板和拉手等。如图 1-2 所示，是抽屉的一块侧板。零件图上有零件的图形、尺寸、技术要求或加工注意事项。零件图除了木制品的木制家具外，有时还包括个别金属附件的图样。

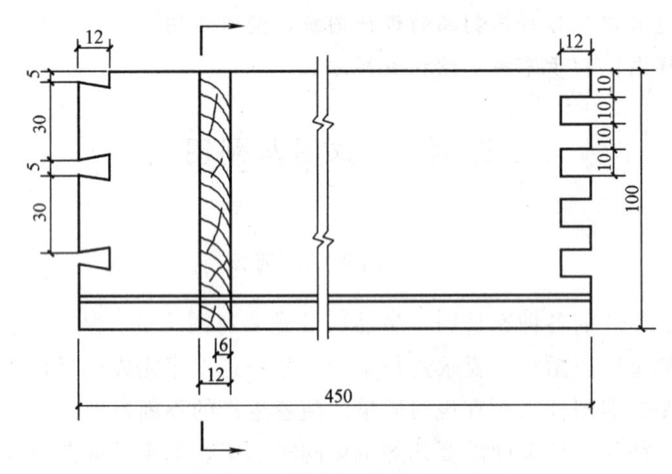

图 1-2　零件图（单位：mm）

部件图：也叫组件图。它是一种介于结构装配图和零件图之间的图样，它由几个零件装配成木制品的一个部件，如抽屉、侧壁、底架、柜门和镶嵌桌面等。图 1-3 是一扇嵌有玻璃的柜门。它是由两根纵档、两根横档组成的门框，中间嵌入玻璃，然后用四条嵌条钉在框内四周。生产上常常直接用部件图代替零件图加工零件和装配成部件。

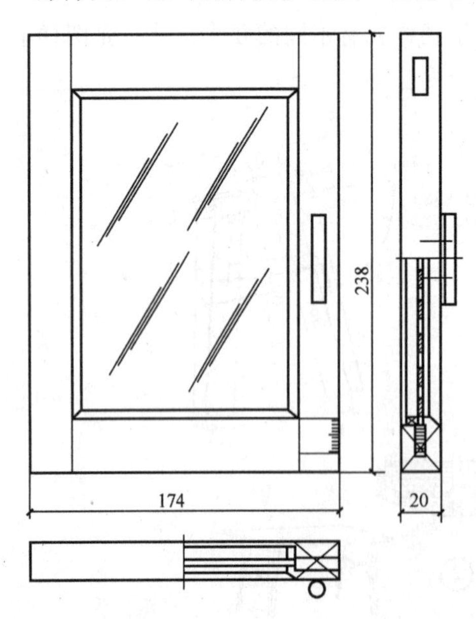

图 1-3　柜门部件图（单位：mm）

大样图：木制品上常常有曲线形的零件，形状和弯曲都有一定要求，加工比较困难。为了满足加工要求，把曲线形的零件画成和成品一样大小的图形，这就是大样图，如图 1-4 所示。

立体图：有人叫“草图”或“示意图”，如图 1-5 所示。立体图只有一个图形，但它同时能看到物体的两个到三个表面（正面、侧面、顶面），所以这种图形就有了立体感。由于它有这个特点，对初学识图的人很有帮助，先看立体图，在脑子里就有大概的模样，然后再看结构装配图或零件图就比较容易些，因此，立体图作为结构装配图或零件图的辅助图形最合适。立体图有立体感，多用在产品目

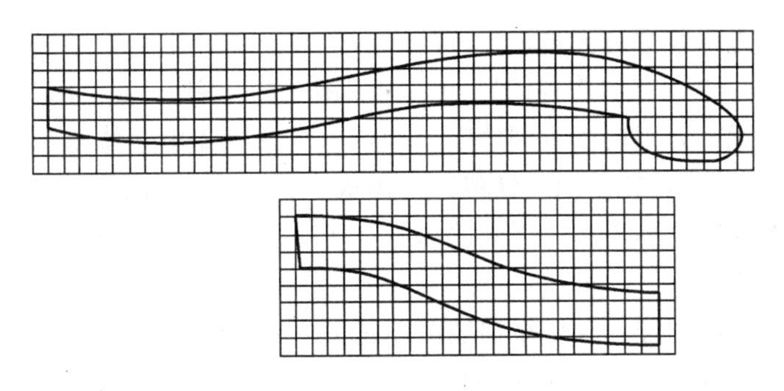

图 1-4　大样图（已经缩小）

(a)　　(b)

图 1-5　立体图

(a) 透视图；(b) 轴测图

录和广告上代表产品。有些地区把立体图和结构装配图，分别称为“小样”和“大样”。立体图常常只表示木制品的外形，内部的结构，特别是零件间的装配关系一般不画。因此，仅仅有立体图是不能进行大规模生产的。

立体图在制图学中还有“透视图”和“轴测图”的分别。“透视图”就像摄影照片一样，一件物品近大远小，跟肉眼看到的很相似，木制品图样中立体图几乎都画成透视图。“轴测图”画法就不同了，它是把远处和近处画成一样大小，和实际产品一样，平行的还是平行，这样画起来要容易得多。所画的内容如不太大，用轴测图完全可以代替透视图。立体图主要作为参考用。

以上介绍的木制品图样，其中结构装配图是最主要的图样。装配图上的每个零件的尺寸都要标注清楚，这种有零件尺寸的装配图，在目前木制品生产中使用较多。假如有个别的曲线形小零件要求不太严格，也可以采用局部详图的形式，画在结构装配图上。对于形状较复杂的零件或曲线形零件较多木制品，像弯曲椅子或带弧形腿的茶几等，这些弯曲零件就需要单独画有大样图。

木制品图样的特点：

（1）由于木制品零件的形状比较简单，可以直接使用结构装配图加工零件和装配成木制品。

（2）木制品的结构装配图应该相当于机器的总装配图。木制品的结构装配图画得十分详细，在结构上，从整个木制品看并不复杂，但结构连接地方的尺寸，要比整个木制品的尺寸细小得多。因此，结构连接地方在装配图上常常利用局部放大的图形，把这些结构连接地方表达清楚。

（3）木制品所用材料种类除了木材以外，还有各种人造板、金属、玻璃、镜子、塑料和纺织品等，这些不同种类的材料，在木制品上要用材料剖面代号表示。木制品还常常出现没有经过剖切的地方，也画出剖面代号表示材料性质，好似建筑图例一样。

1.1.2 看木制品图样的一般方法

一般来说，木制品的形状比较简单，零件图容易看懂。如图 1-2 所示是抽屉的一块侧板，这里仅仅画了一个投影图和一个重合断面，就将零件表达清楚了。由于使用重合断面，就表示出抽屉侧板的厚度和底下开槽的深度，这样就省略了侧面投影图。

要看懂一张零件图，首先要在正面投影图上找出线框范围，辨别清楚那些线框是面，还是孔，是曲面、斜面还是平面，是通孔还是不通孔，它们之间的前后位置又怎样等，看水平投影图就要对着其他投影图，来辨别水平投影图中哪个线框面高，哪个低。对于其他投影图也有类似方法。

直接看木制品结构装配图，就比较困难些。如果先了解了家具上常见的结构，再进一步知道结构在图样上的表现形式，看图的时候就容易多了。

初学看图，首先熟悉一些部件和简单装配的图形，当拿到结构装配图的时候，只要作一些分析，就会感到图样上不过是一些部件图形，再加上一些框框架架等。比如熟悉了常用的抽屉、柜门的结构和它们各个方向、各种剖面的图形，以及装配在整个木制品中的位置，这样，遇到在装配图中有这些部件时，就比较容易地看出来。同时，熟悉了木框嵌板、橱柜结构的局部图形，由认识部分到认识全部，由点到面，逐步地看懂整个图样。如图 1-6、图 1-7、图 1-8 所示，列举了在装配图上经常出现的结构和它们的水平投影图，先可以从立体图对照投影图，逐渐熟悉投影图，慢慢达到一看水平投影图就能想像出实际的装配关系，这样有利于看懂结构装配图，如果联系上投影知识，看结构装配图就方便了。

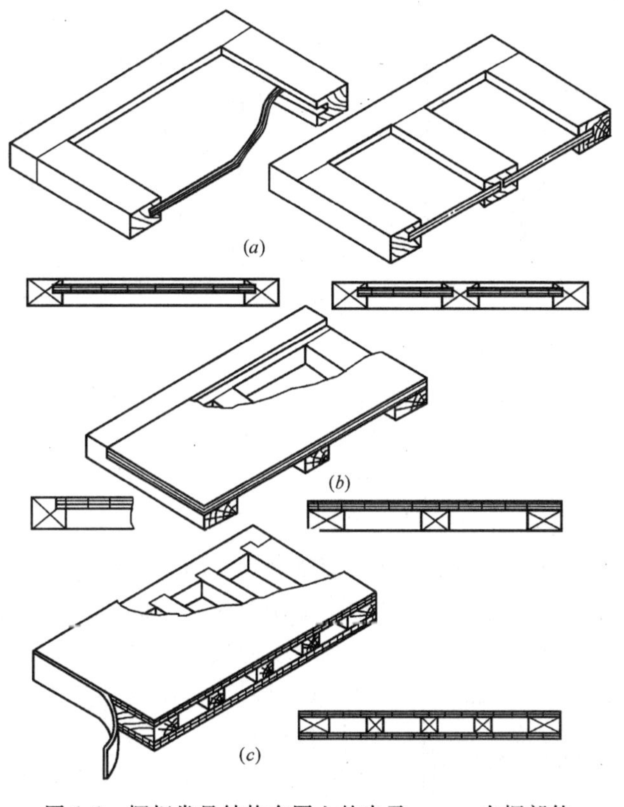

图 1-6　橱柜常见结构在图上的表示一——木框部件

（a）木框嵌板；（b）木框单面复面板（如橱柜侧板）；（c）木框双面复面板（如空芯板、门、侧壁等）

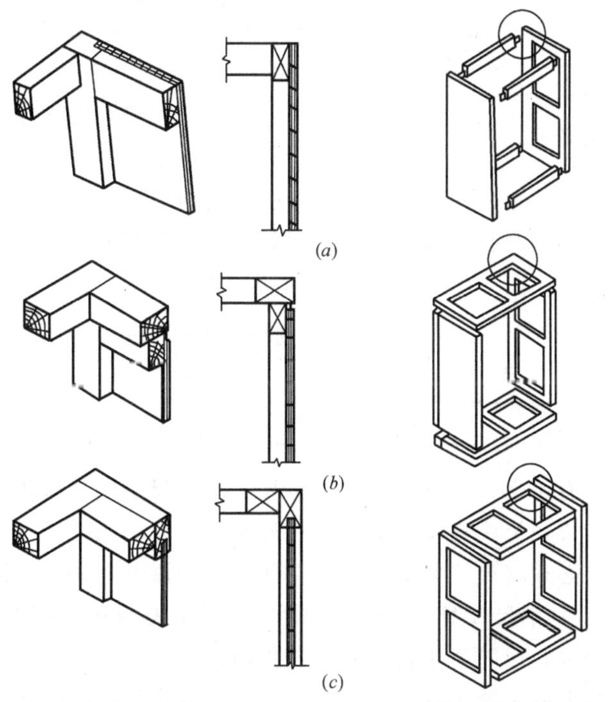

图 1-7　橱柜常见结构在图上的表示二——柜体的几种构成方式

（a）用榫接的；（b），（c）用金属零件或插入圆榫连接的

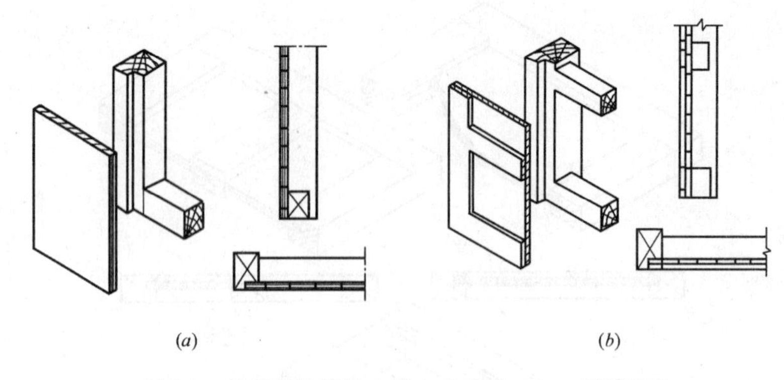

图 1-8　橱柜常见结构在图上的表示三——橱柜后壁

(a) 用榫接的；(b) 后壁面积较大

1.1.3　制图知识

(1) 常用的绘图工具

木制品图样一般是借助绘图工具和仪器绘制的，因此了解它们的性能，熟练掌握它们的正确使用方法，经常维护、保养，才能保证制图质量、提高绘图速度。

在绘图的时候，最常用的绘图工具和仪器有图板、丁字尺或一字尺、三角板、比例尺（三棱尺）、圆规、分规，还有绘图笔、橡皮、模板等。

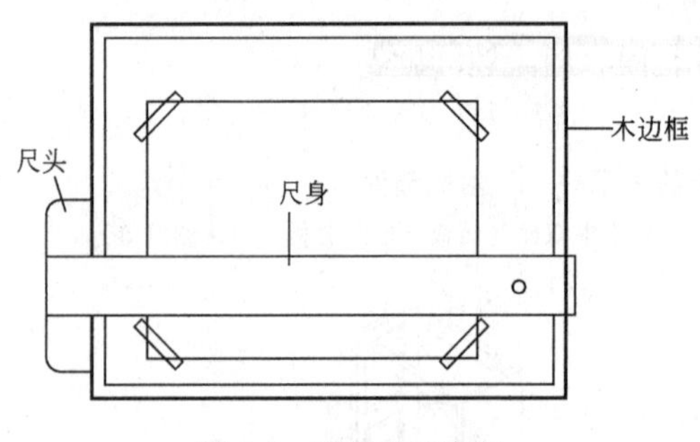

图 1-9　图板和丁字尺

1) 图板、丁字尺、三角板

图板是铺放图纸用的工具，常见的是两面有胶合板的空芯板，四周镶有硬木条。板面要平整、无节疤，图板的四边要求十分平直和光滑。画图时，丁字尺靠着图板的左边上下滑动画平行线，这时左边就叫“工作边”。如图 1-9 所示。

图板是绘图的主要工具，应防止受潮湿或光晒；板面上也不可以放重的东西，以免图板变形走样或压坏板面；贴图纸宜用透明胶带纸，不宜使用图钉。不用时将图板竖向放置保管。图板有几种规格，可根据需要选用，它的常用规格见表 1-1。

图板的规格 (mm)　　**表 1-1**

图板的规格	0	1	2
图板尺寸(宽×高)	900×1200	600×900	450×600

与图板相配的还有丁字尺、三角板。丁字尺、一字尺是用来画水平线的。丁字尺是由尺头和尺身两部分组成，尺头应牢固的连接在尺身上，尺头内侧应与尺身上边保持垂直。

使用丁字尺时，必须将尺头紧靠图板在左侧工作边滑动，画出不同高度的水平线，如图 1-10 示。丁字尺、一字尺尺身的上侧（常用刻度线）是供画线用的，不要在下侧画线。丁字尺用后应悬挂起来，以防发生弯曲或不慎折断。

三角板是工程制图的主要工具之一，与丁字尺或一字尺配合使用，三角板靠着丁字尺或一字尺上侧画垂直线（图 1-11）、各种角度倾斜线和平行线（图 1-12）。

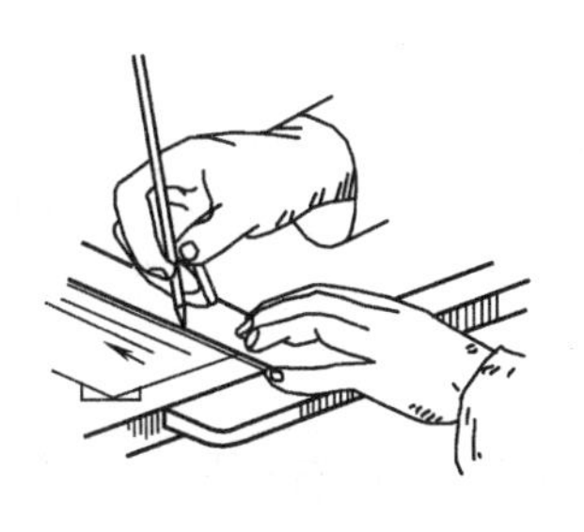

图 1-10　丁字尺画水平线

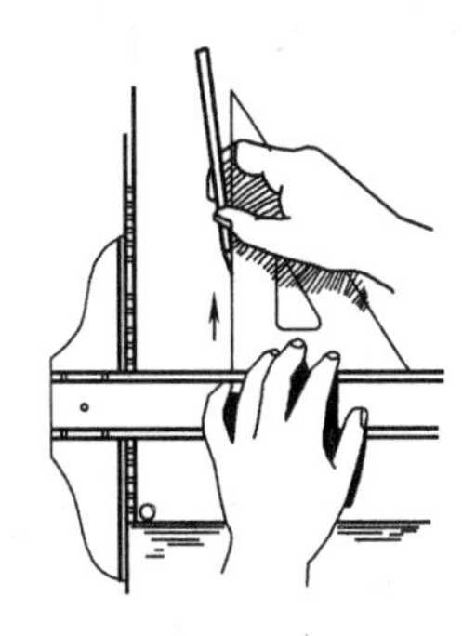

图 1-11　用三角板和丁字尺配合画垂直线

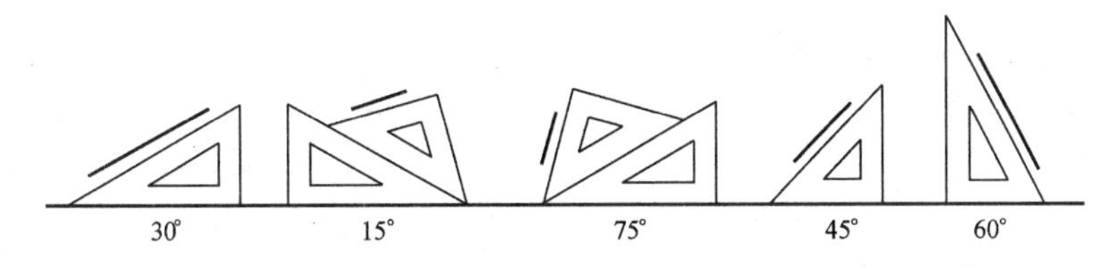

图 1-12　三角板与丁字尺配合画线

三角板以透明胶质材料制成，一副两块。三角板应注意保护其板边的平直、光滑和角度的精确。

2）比例尺

比例尺是绘图时用来缩小线段长度的尺子。比例尺通常制成三棱柱状，故又称为三棱尺（图 1-13）。一般为木制或塑料制成，比例尺的三个棱面刻有六种比例，通常有 1∶100、1∶200、1∶300、1∶400、1∶500、1∶600，比例尺上的数字以米（m）为单位。

利用比例尺直接量度尺寸，尺子比例应与图样比例相同，先将尺子置于图上要量距离之外，并需对准量度方向，便可直接量出。若有不同，可采用换算方法求得。如图 1-14 所示，线段 AB 采用 1∶300 的比例量出读数为 12m；若采用 1∶30 比例，它的读数为 1.2m；若采用 1∶3 比例，它的读数为 0.12m。为求绘图精确起见，使用比例尺时切勿累计其距离，应注意先绘制整个宽度和长度，然后再进行分割。

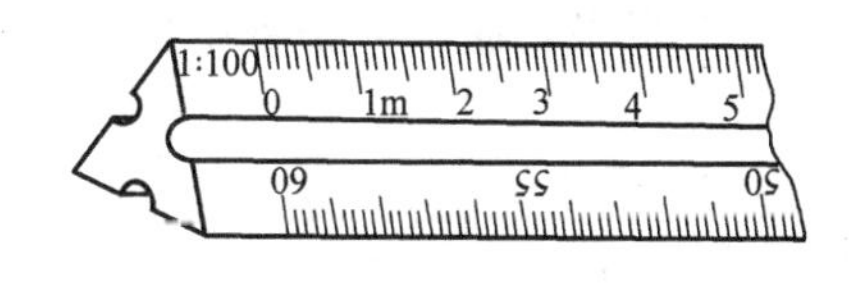

图 1-13　比例尺

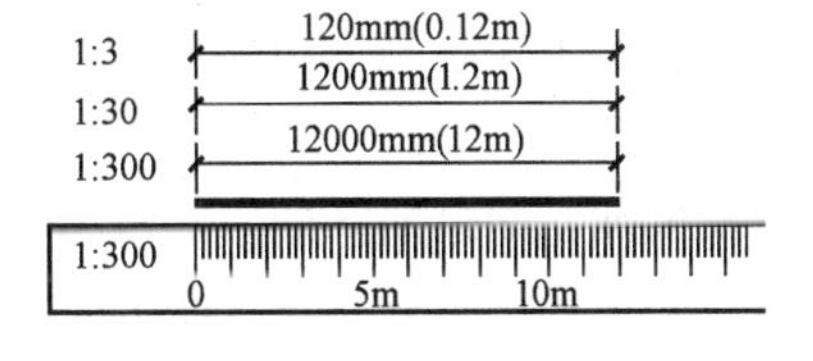

图 1-14　比例换算

比例尺不可以用来画线，不能弯曲，尺身应保持平直完好，尺子上的刻度要清晰、准确，以免影响使用。

3）圆规和分规

(a) 圆规

圆规是用来画圆和圆弧曲线的绘图仪器。

通常用的圆规为组合式，有固定针脚及可移动的铅笔脚、鸭嘴脚及延伸杆(图 1-15)。

弓形小圆规：用以画小圆。

精密小圆规：画小圆用，迅速方便，使用时针尖固定不动，将笔绕它旋转。

(b) 分规

分规是用来量取线段、量度尺寸和等分线段的一种仪器（图 1-16）。

分规的两脚端部均固定钢针，使用时要检查两脚高低是否一致，如不一致则要放松螺丝调整。

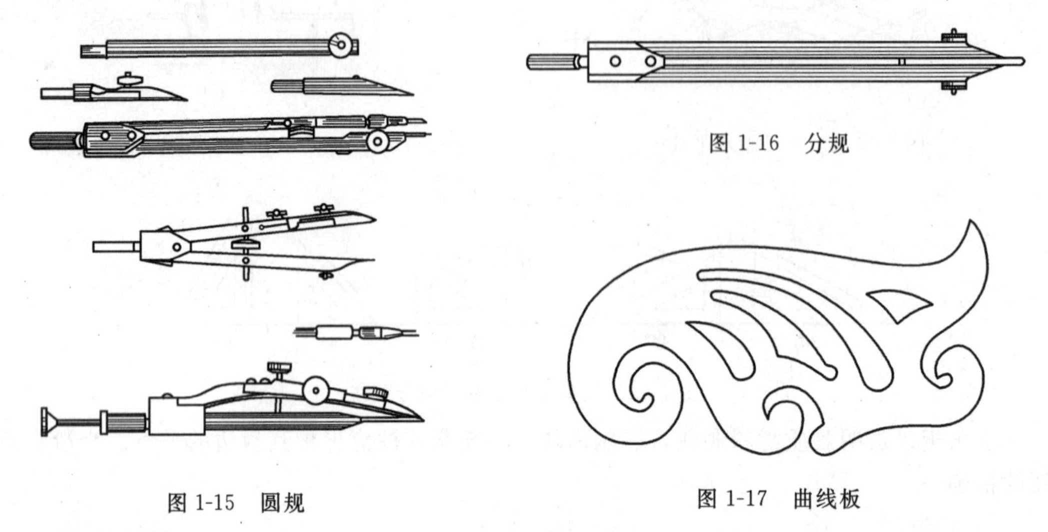

图 1-15　圆规

图 1-16　分规

图 1-17　曲线板

4) 绘图笔

绘图笔的种类很多，有绘图铅笔、鸭嘴笔、绘图墨水笔等。

绘图铅笔的型号以软硬程度来分，分别用笔端字母“H”或“B”表示，“H”表示硬的，“B”表示软的，“HB”表示软硬适宜，“H”或“B”前面的数字越大表示铅芯越硬或越软。一般用“H”打底稿，原图加深用稍软的铅笔，如“HB”或“B”等。

鸭嘴笔和绘图墨水笔是画墨线图用的，鸭嘴笔已很少使用。绘图墨水笔笔尖的粗细口径分为多种规格，可按不同线型粗细选用，画线方法与铅笔类同。

5) 曲线板、模板、擦图片

(a) 曲线板

曲线板是用来绘制非圆弧曲线的工具。曲线板的种类很多，曲率大小各不相同。有单块的、也有多块成套的，如图 1-17 所示。

曲线板画非圆弧曲线的方法 ：先定出曲线上的若干点，然后连点成曲线。具体画法可用铅笔徒手轻轻将各点连成整齐、连续而且清晰的曲线，再选择曲线板合适的一段，画出相叠合的一段曲线，曲线后边留一小段不画，画好此线段后，移动曲线板与线的后一段相结合。要使曲线连续光滑，必须使曲线板与前一段的曲线叠合一小段，各连接处的切线要互相叠合。

(b) 模板

为了提高绘图速度和质量，把图样上常用符号、图例和比例等，刻在透明胶质板上，制成模板使用。常用的模板有建筑模板，如图 1-18 所示。

在模板上刻有可用以画出各种图例的孔，如其大小已符合一定比例，只要用笔在孔内画一周，图例就画出来了。

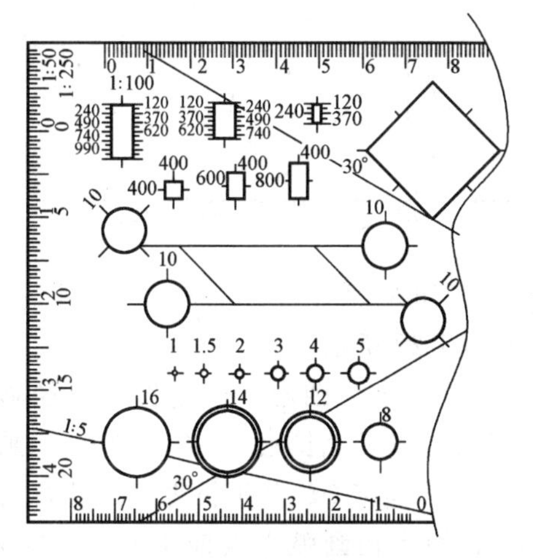
图 1-18　建筑模板

（c）擦图片

擦图片是用来修改错误图样的。它是用透明塑料或不锈钢制成的薄片，薄片上刻有各种形状的模孔，其形状如图 1-19 所示。

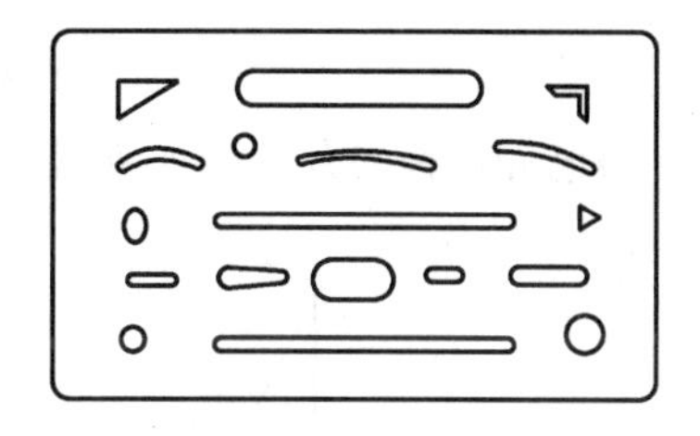
图 1-19　擦图片

使用时，应使画错的线在擦图片上适当的小孔内露出来，再用橡皮擦拭，以免影响其临近的线条。

（2）线型的画法

图样上的各种图形都是用线条组成的，线条的粗细和形状都有一定的规格要求，同时还表示一定的意义。像表示尺寸的一些线条为细实线，表示轮廓的线条为粗实线。如果线条的形状和粗细都一个样，就会使图样模糊不清，给看图带来很大的不方便。为了使图形更清楚，避免因为线条一样而看错，在正规的图样上，要正确使用规定的各种线型。

1.2　实用木工作图方法

1.2.1　直线和各种多边形作图方法

（1）由 A 点作已知直线的垂线，如图 1-20 所示。

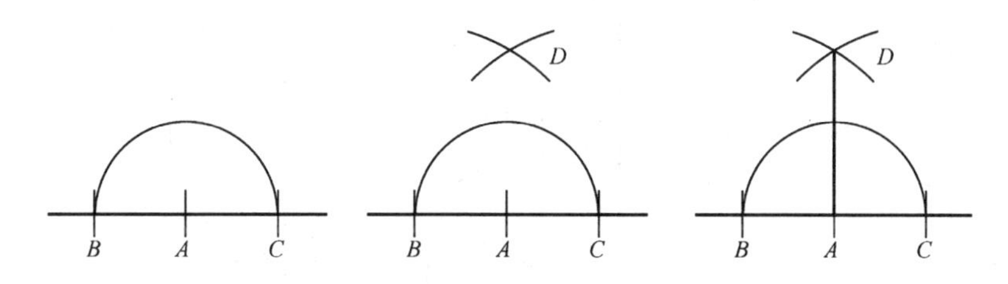

图 1-20　作已知直线的垂线

作法：1）以 A 为圆心，一段长为半径作半圆，交直线于 B、C。

2）以 B、C 为圆心，任意长为半径作弧交于 D。

3）连接 DA，即是此线的垂线。

（2）由已知线段一端作垂线（作法一），如图 1-21 所示。

作法：1）B 为线段的端点，以 A 为圆心，AB 长为半径作圆交直线于 D。

2）连接 DA，作延长线交圆于 E。

3）连接 BE，即是所求的垂线。

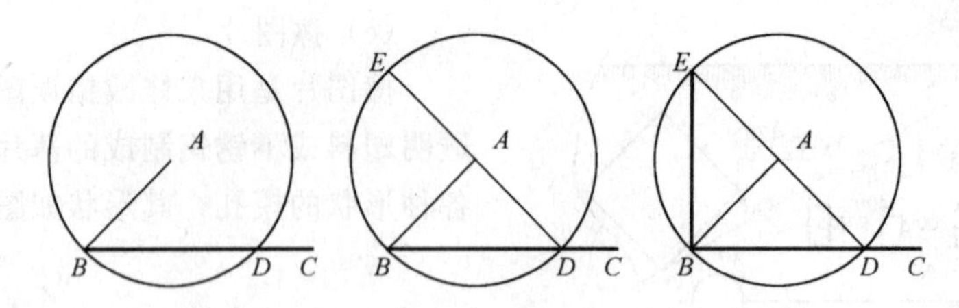

图 1-21　已知线段一端作垂线（作法一）

(3) 由已知线段 AB 一端作垂线（作法二），如图 1-22 所示。

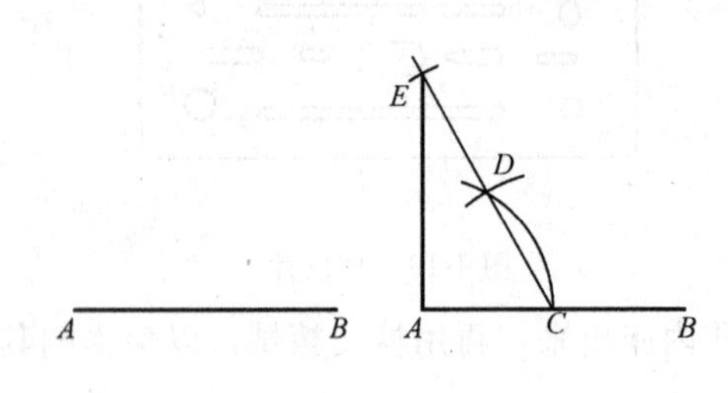

图 1-22　已知线段一端作垂线（作法二）

作法：以 A 为圆心，适当长为半径画弧交 AB 于 C，以 C 为圆心，AC 为半径 A 画弧交前弧于 D，连接 CD 并延长之，再以 D 为圆心，AC 长为半径画弧交斜线于 E，连接 AE 即为所求的垂线。

(4) 分线段为任意等份，如图 1-23 所示。

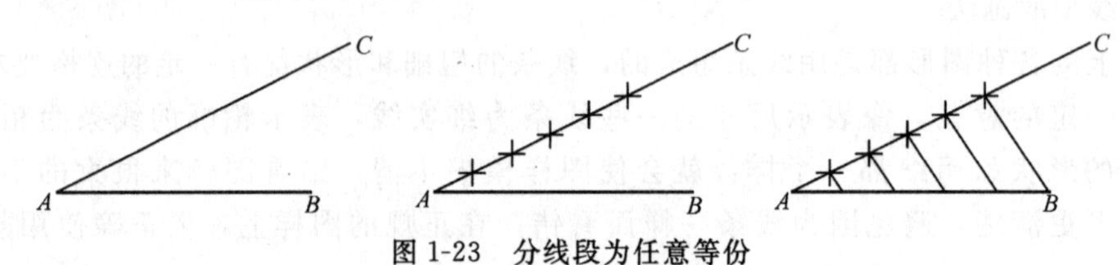

图 1-23　分线段为任意等份

作法：1) 从线段一端 A 作任意斜线 AC，夹角小于 90°。

2) 以任意长为半径，在 AC 线上截取所求的等份。

3) 将最后的等分点与 B 连接，过其余各等分点作此线的平行线，则交在 AB 线上的各点，即把 AB 分成所求的等份。

(5) 分直角为三等份，如图 1-24 所示。

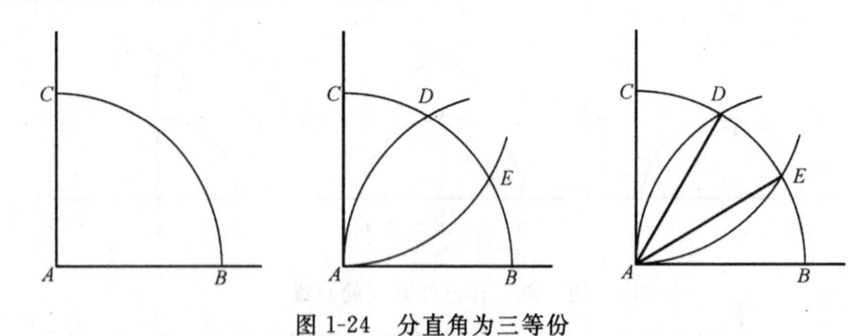

图 1-24　分直角为三等份

作法：1) 以 A 为圆心，任取一段长为半径，作弧交于直角于 B、C。

2) 以 B、C 为圆心，以原来的半径为半径，作弧交于直角于 D、E。

3) 连接 AD、AE，即直角的三等分线。

(6) 求作正三边（三角）形，如图 1-25 所示。

作法：1) 作一个圆，任取一直径 BC。

2) 以 C 为圆心，原来的半径为半径，作弧交圆于的 D、E。

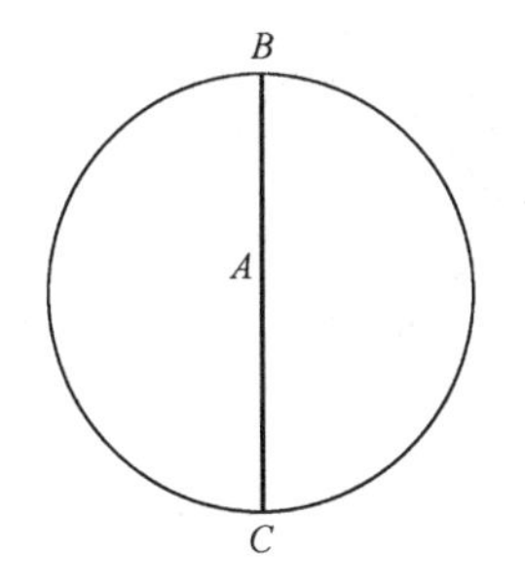

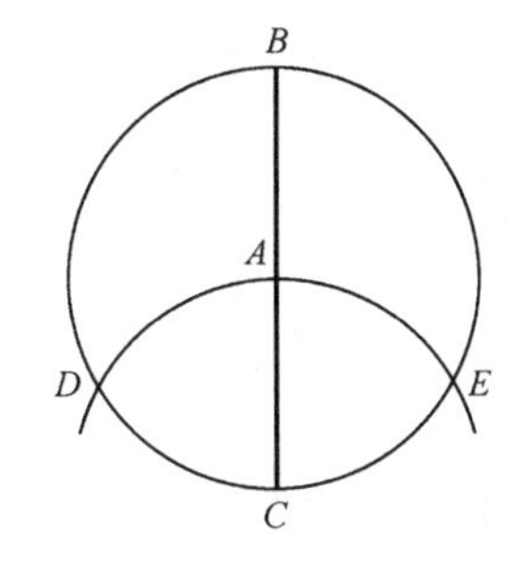

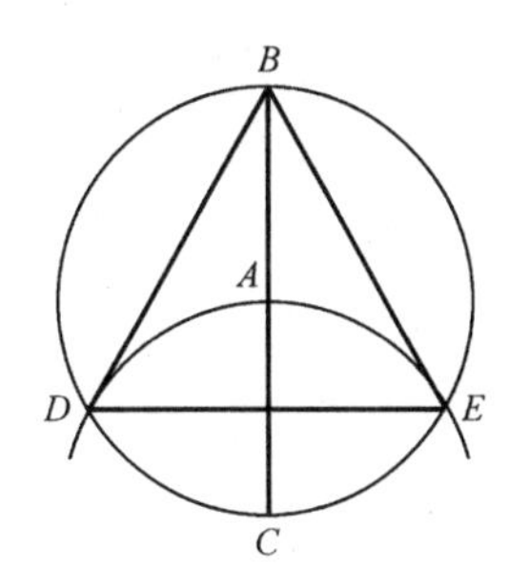

图 1-25　求作正三边（三角）形

3）连接 BD、DE、EB，即为所作的三角形。

（7）已知一边 AB，求作正三角形，如图 1-26 所示。

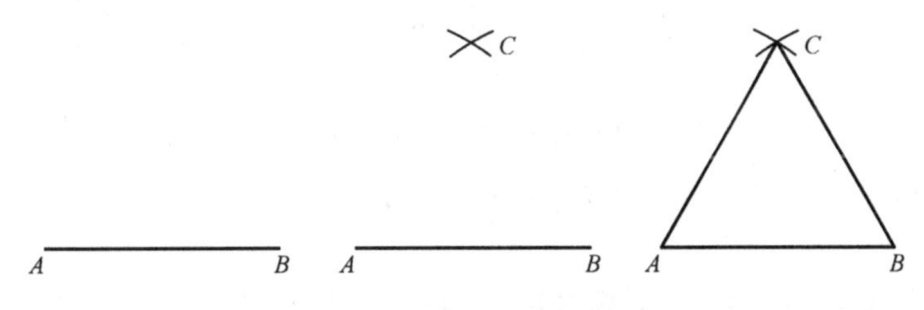

图 1-26　求作正三角形

作法：1）分别以 A、B 为圆心，AB 长为半径，作弧交于 C。

2）连接 AC、BC，即为所作的正三角形。

（8）已知一边 BC，求作正四边形，如图 1-27 所示。

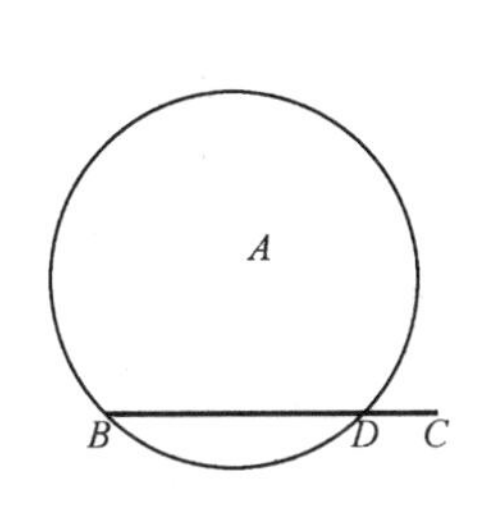

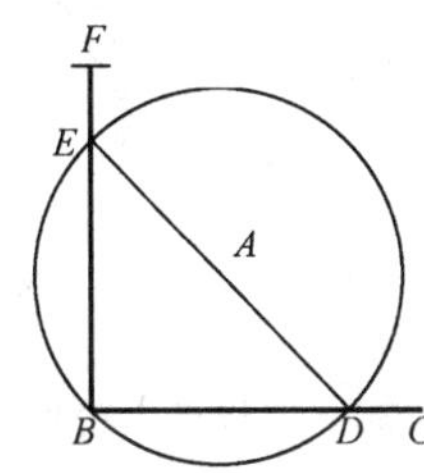

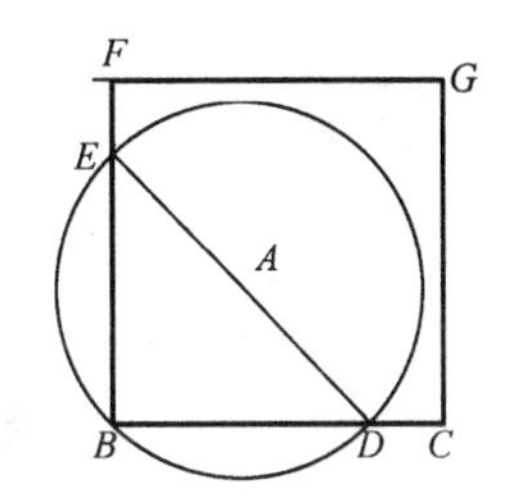

图 1-27　求作正四边形

作法：1）以线段 BC 外的点 A 为圆心，AB 为半径，作圆交 BC 线于 D。

2）连接 AD，并延长交圆于 E，以 B 为圆心，BC 长为半径画弧，交 BE 延长线于 F。

3）以 C、F 为圆心，BC 长为半径，作弧交于 G，连接 GF、GC，即为所求的正方形。

（9）求作正方形，如图 1-28 所示。

作法：1）作一圆，任取直径 BC。

2）作 BC 的垂直平分线，分别交圆于 D、E。

3）连接 BD、DC、CE、BE，即为正方形。

（10）求作正五边形，如图 1-29 所示。

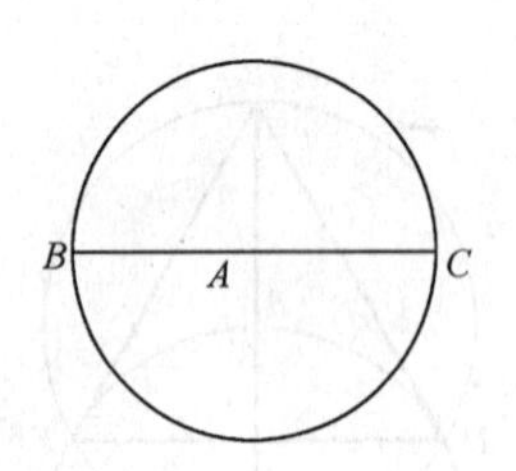

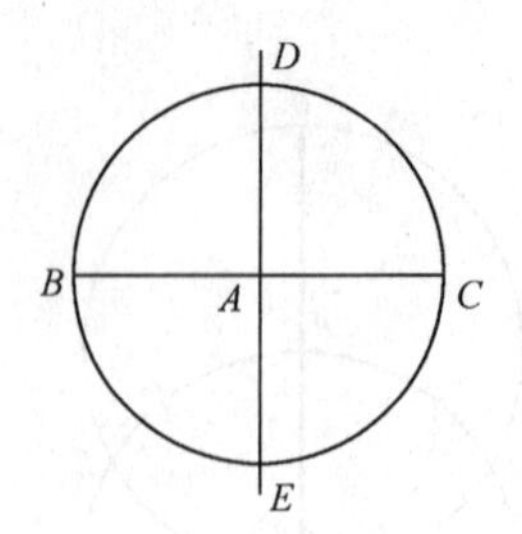

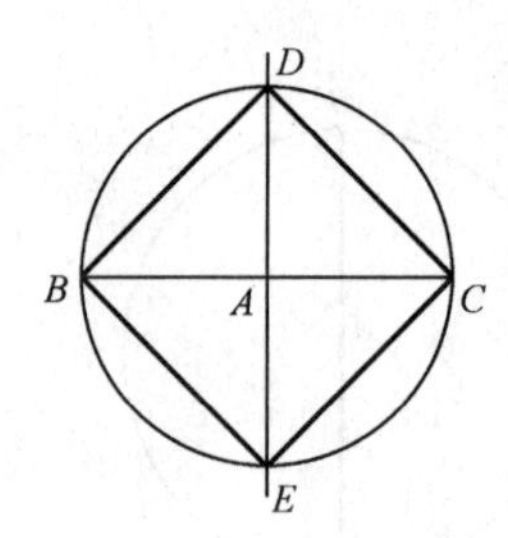

图 1-28 求作正方形

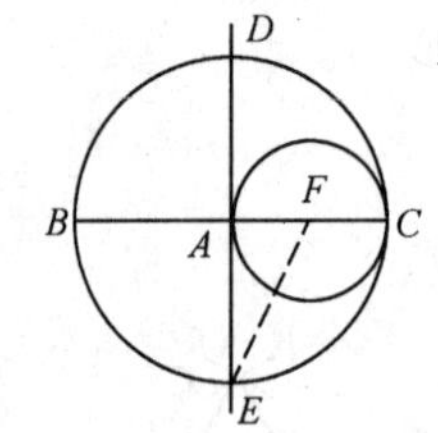

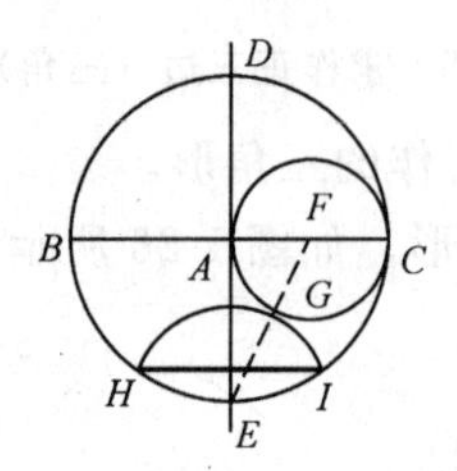

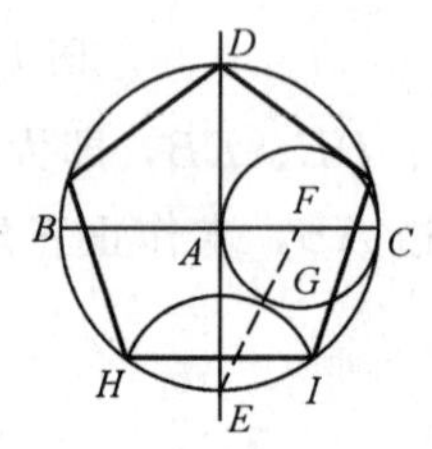

图 1-29 求作正五边形

作法：1）作圆 A 并作互相垂直的直径，再以 AC 为直径作圆 F，连接 EF，交圆 F 于 G。

2）以 E 为圆心，EG 为半径，弧交圆于 H、I，连接 HI。

3）以 HI 为半径，在圆 A 上截段，并顺次连接各点，即为所求的五边形。

（11）求作正六边形，如图 1-30 所示。

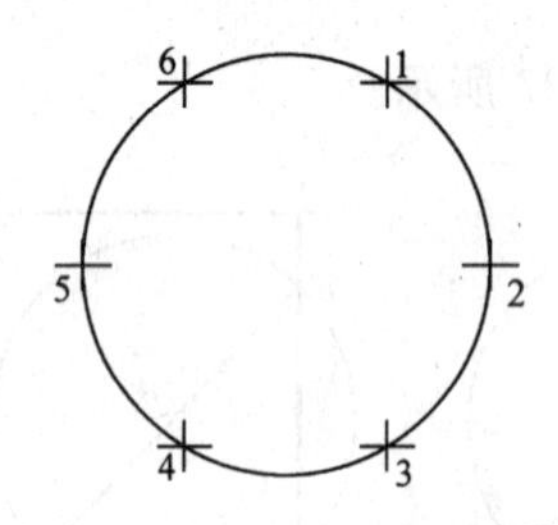

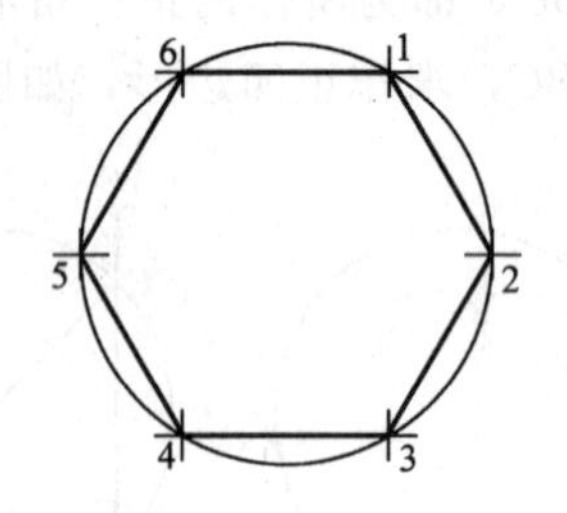

图 1-30 求作正六边形

作法：1）作一个圆，以该圆的半径在圆周上截取六段。

2）依次连接各点，即为所求的正六边形。

（12）求作正七边形，如图 1-31 所示。

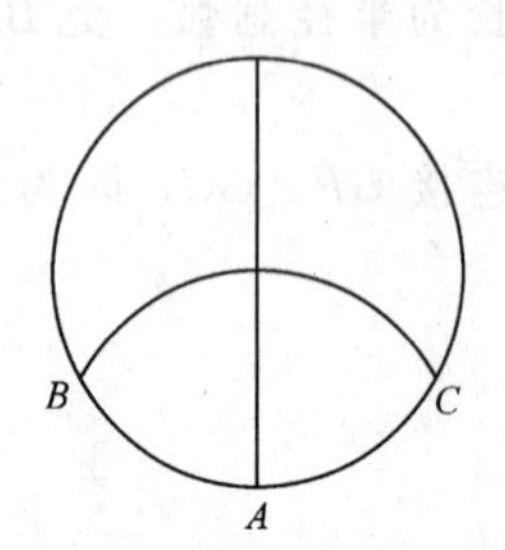

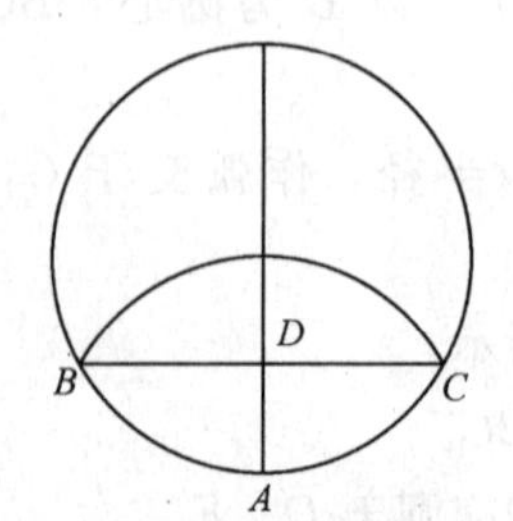

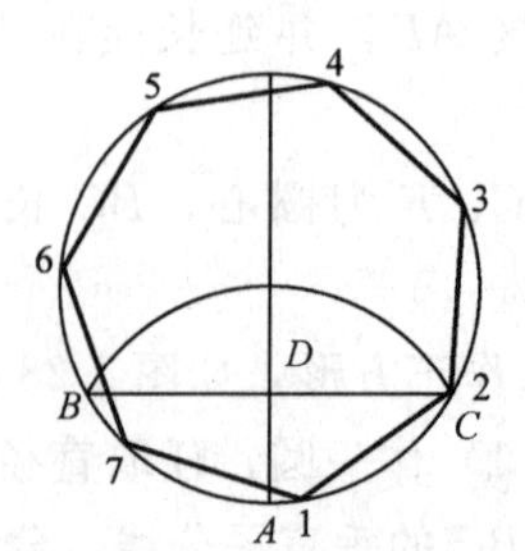

图 1-31 求作正七边形

作法：1）取圆上任意点 A 为圆心，同圆半径作弧，交圆于 B、C。

2）连 BC，交过 A 点的直径于 D。

3）以 CD 为半径，在圆上截取七段，依次连线，即为所作的七边形。

（13）已知正四边形，作八边形，如图 1-32 所示。

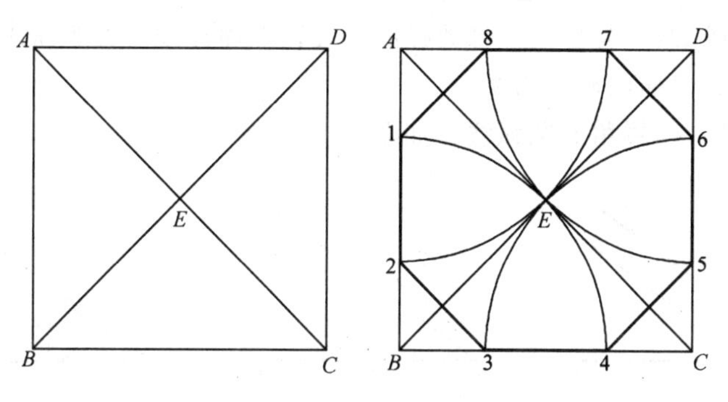

图 1-32　求作正八边形

作法：1）作正四边形对角线交于 E。

2）以各顶角为圆心，以顶角到 E 点的距离为半径作弧，变四边形于 1、2、3、4、5、6、7、8，连接各点，即为正八边形。

（14）作正九边形，如图 1-33 所示。

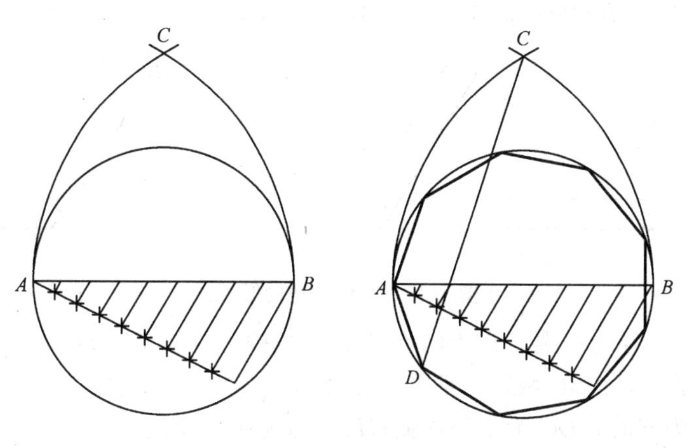

图 1-33　求作正九边形

作法：1）将直径 AB 九等分，以 A、B 为圆心，AB 长为半径，作弧交于 C。

2）连接 C 和直径上的第 2 点，并延长交圆于 D。

3）以 AD 为半径，在圆上截取九等分，并依次连线，即为所求的正九边形。

（15）作正十边形，如图 1-34 所示。

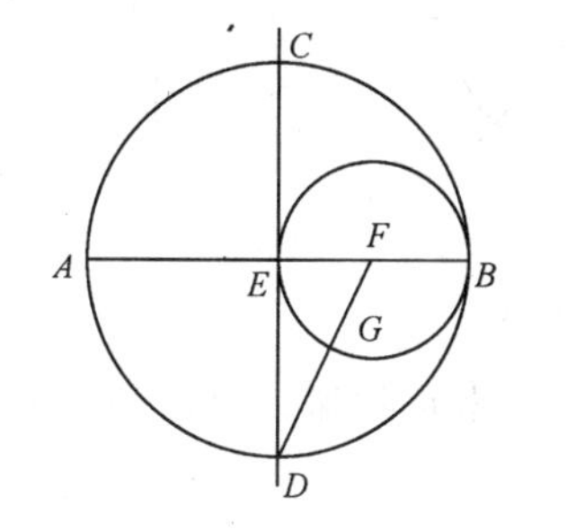

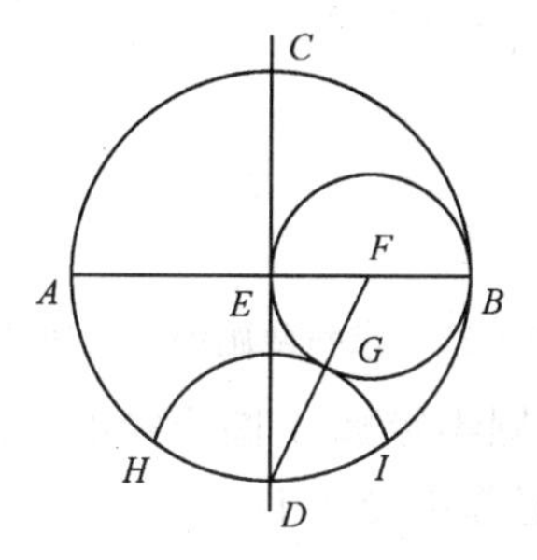

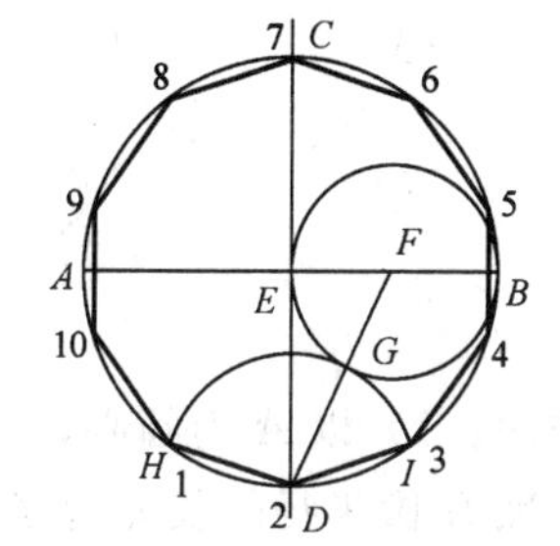

图 1-34　求作正十边形

作法：1）作相互垂直的直径 AB 和 CD，交于圆心 E，以 EB 为直径作圆 F，连 FD 交圆 F 于 G。

2）以 D 为圆心，DG 为半径，作圆交圆 E 于 H、I。

3）以 DH（或 DI）为半径，将圆截成十段，顺序连线，即为所求的十边形。

1.2.2　圆弧、圆和拱的作图法

（1）已知半径，作锐角的圆弧线，如图 1-35 所示。

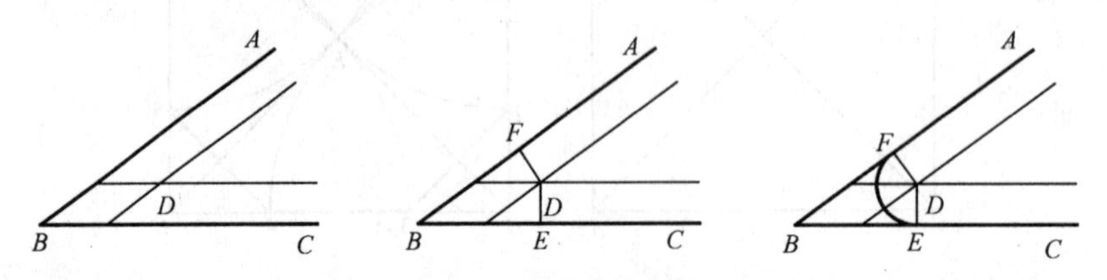

图 1-35　求作锐角的圆弧线

作法：1）以半径为距离，在角内作 AB、BC 的平行线交于 D。

2）以 D 点作 AB、BC 的垂线交于 E、F。

3）以 D 为圆心，DF 为半径作弧交 AB、BC 于 E、F，该 EF 弧线即为所求的弧线。

（2）已知半径，作钝角的圆弧线，如图 1-36 所示。

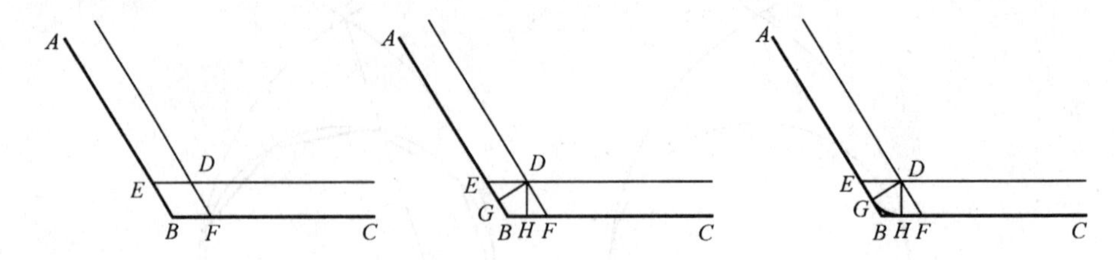

图 1-36　求作钝角的圆弧线

作法：1）以半径为距离，在角内作 AB、BC 的平行线交于 D。

2）过 D 点作 AB、BC 两线的垂直线，交 AB、BC 于 G、H。

3）以 D 点为圆心，DG 为半径作弧 GH，即为所求的弧。

（3）已知连接圆弧半径 C，作两圆的外公切圆弧，如图 1-37 所示。

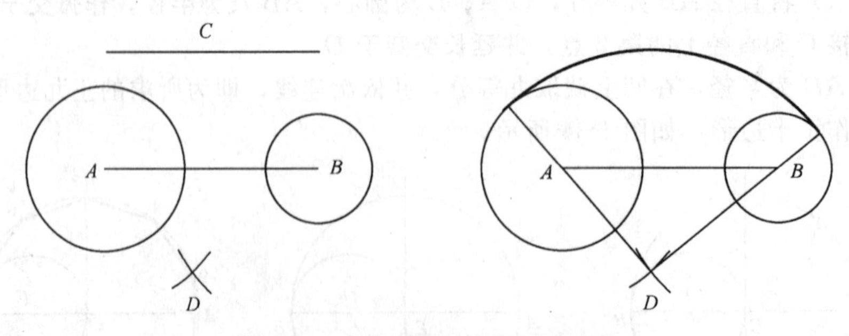

图 1-37　求作两圆的外公切圆弧线

作法：1）以 A 为圆心，C 圆半径减 A 圆半径的长度为半径作弧，再以 B 为圆心，C 圆半径减 B 圆半径的长度为半径作弧交于 D。

2）以 D 为圆心，C 为半径作弧，即为两圆的外切弧。

(4) 半圆弧分任意等分，如图 1-38 所示。

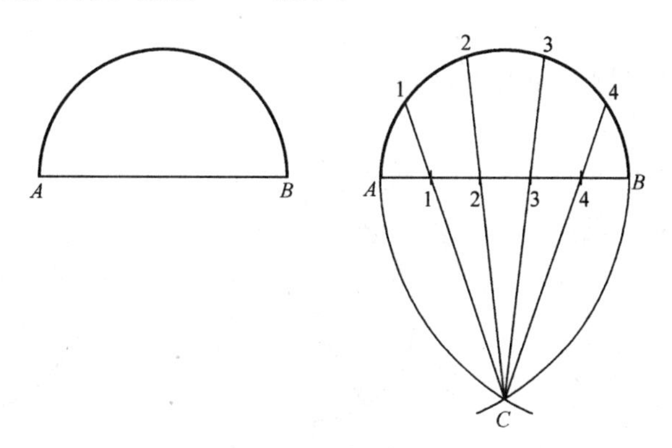

图 1-38　求作圆弧等分点

作法：1) AB 为半圆弧。

2) 将直径 AB 分为五等分，以 A、B 为圆心，AB 长为半径画弧交于 C，C 点与各平分点连线，并延长至弧线上 1、2、3、4，即为所求半圆的五等分点。

(5) 作椭圆，如图 1-39 所示。

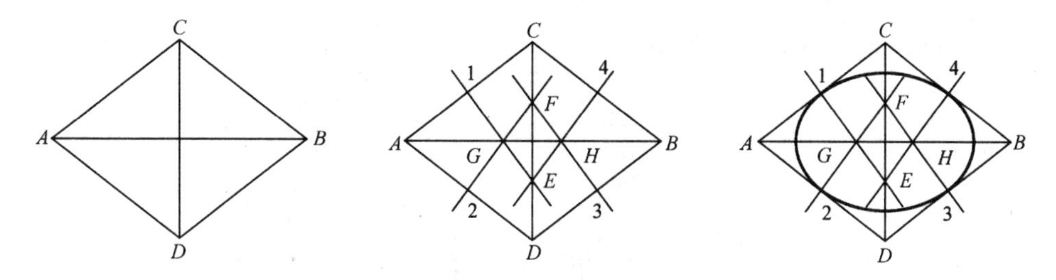

图 1-39　求作椭圆

作法：1) 作菱形 $ABCD$，并连接对角线。

2) 作 AC、CB、BD、DA 的垂直平分线，交 AB、CD 对角线于 G、H、E、F，连接并延长交 AC、AD、DB、BC 于 1、2、3、4。

3) 以 E 为圆心 $E1$ 为半径作弧，以 F 为圆心，$F3$ 为半径作弧，以 G 为圆心，$G2$ 为半径作弧，以 H 为圆心，$H3$ 为半径作弧，连接各弧即为所求的椭圆。

(6) 钉线法作椭圆，如图 1-40 所示。

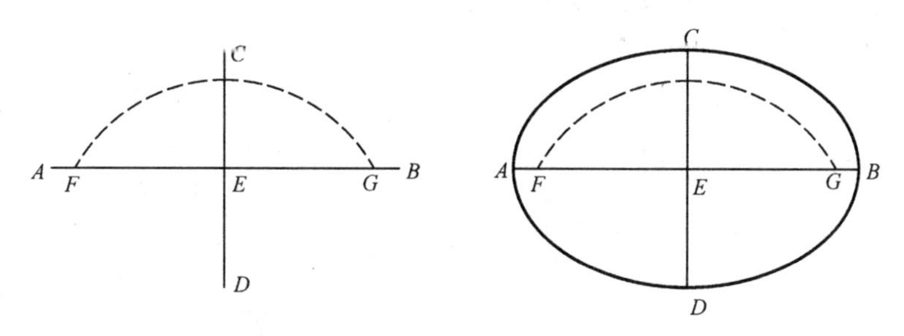

图 1-40　钉线法作椭圆

作法：1) 作长轴 AB、短轴 CD，相互垂直交于 E，以 D 为圆心，AE 为半径作弧交 AB 于 F、G。

2）在 F、G 点钉上钉子，套上线，线长度＝长轴，用铅笔拉紧线，移动铅笔所画出的图形，即为椭圆。

（7）同心圆法作椭圆，如图 1-41 所示。

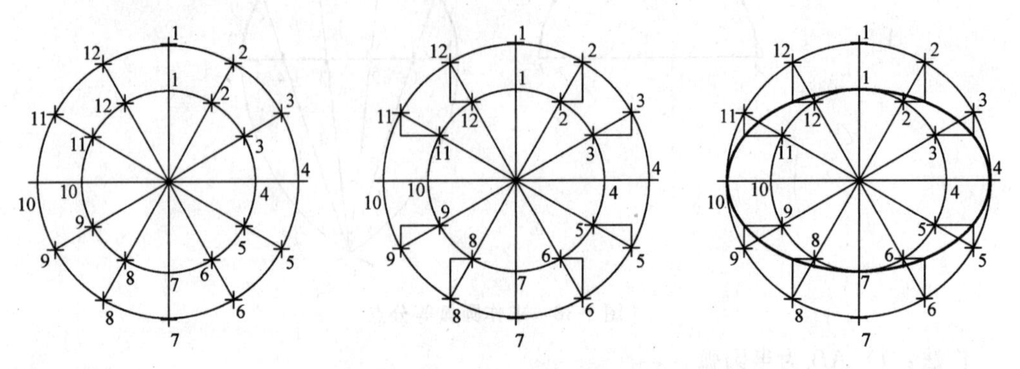

图 1-41 同心圆法作椭圆

作法：1）用长、短轴作出两个同心圆，并将圆分成 12 等份。

2）连 11-9、12-8、2-6、3-5，与水平线交成 12 个点。

3）用圆滑的曲线连接 12 个交点，即为所作的椭圆。

（8）蛋圆作法，如图 1-42 所示。

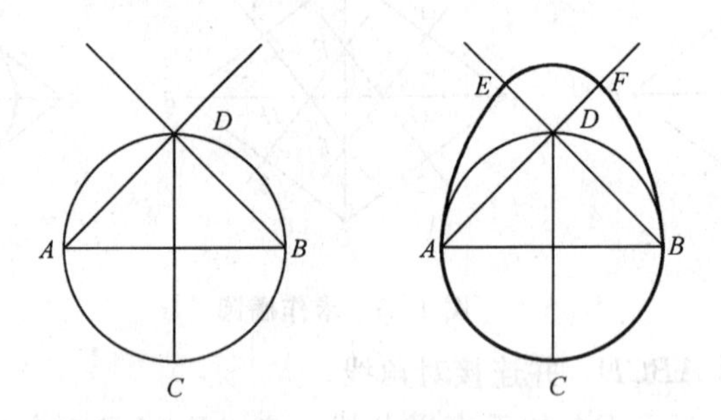

图 1-42 求作蛋圆

作法：1）作相互垂直平分的直径 AB、CD，连 AD、BD 并延长。

2）以 A、B 为圆心，AB 长为半径作弧交 AD、BD 延线于 F、E，再以 D 为圆心，DE 为半径作弧，即为蛋圆。

（9）已知弧 AB 求圆心，如图 1-43 所示。

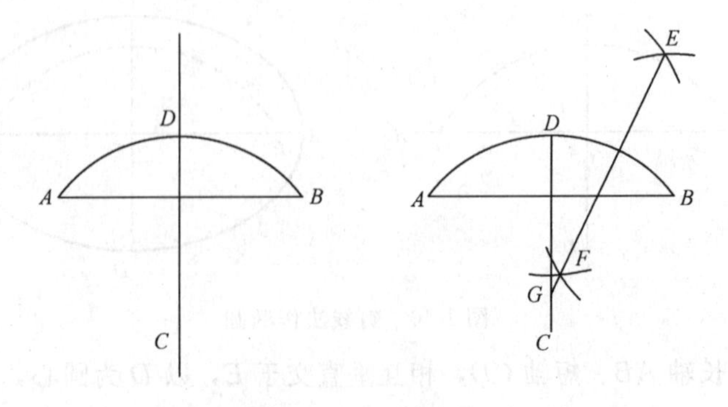

图 1-43 求作圆心

作法：1）连接 AB 线，作 AB 线的垂直平分线 CD。

2）以 D、B 为圆心，同长为半径作弧交于 E、F，连接 EF 并延长交 CD 于 G，则 G 点即为所求的圆心。

（10）弧外套弧的实际画法，如图 1-44 所示。

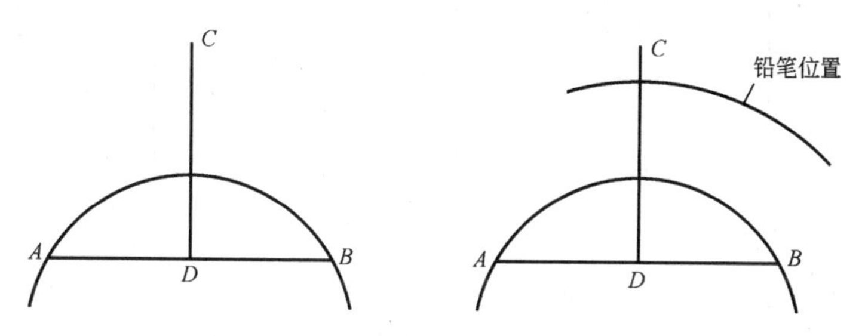

图 1-44　弧外套弧的实际画法

作法：1）作一个互相垂直的丁字架，使 $AD=DB$，在 CD 上刻字。

2）将丁字架放入弧内，使 AB 点永远落在弧线上移动，铅笔靠在 CD 线上某一刻度移动，画得的弧即为套弧（即同心弧）。

（11）已知三点求圆心，如图 1-45 所示。

作法：已知 A、B、C 三点，连 AB、BC，作 AB、BC 的垂直平分线 FE、HG，交于 D 点，则 D 点就是三点的圆心。

（12）作缺圆拱，如图 1-46 所示。

作法：作 AB 的垂直平分线，并延长于 E，连接 BD 并作垂直平分线相交 DE 于 C，以 C 为圆心，以 AC 为半径画弧，即为所求的拱线。

（13）作马蹄形拱，如图 1-47 所示。

作法：$DC=10/34AB=0.294AB$，以 D 为圆心，AD 为半径作弧。

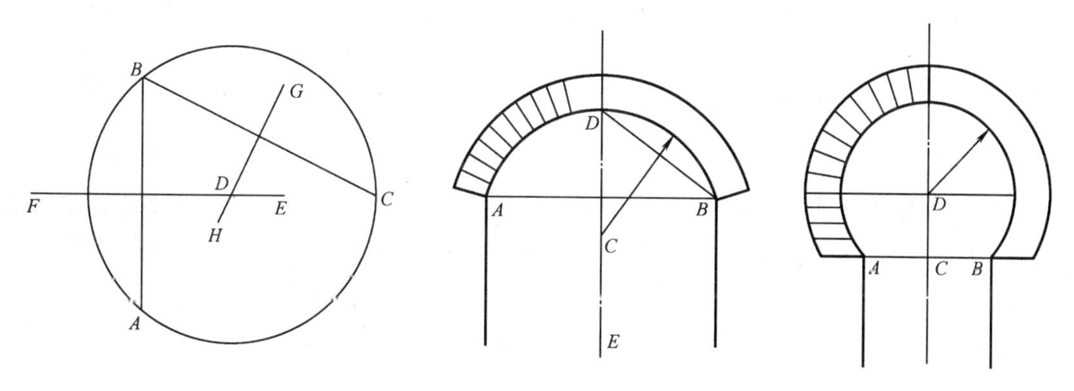

图 1-45　求作圆心　　图 1-46　作缺圆拱　　图 1-47　作马蹄形拱

（14）作并肩形拱，如图 1-48 所示。

作法：$AC=6/26AB=0.23AB$，$CD=7/26AB=0.27AB$，分别以 E、F 为圆心，以 AC 为半径作弧。

（15）作二心拱，如图 1-49 所示。

作法：$AC=1/4AB$，$DE=4/10AB$，以 G、F 为圆心，以 AC 为半径作弧，过 D 点作二圆弧的切线 DI、DJ。

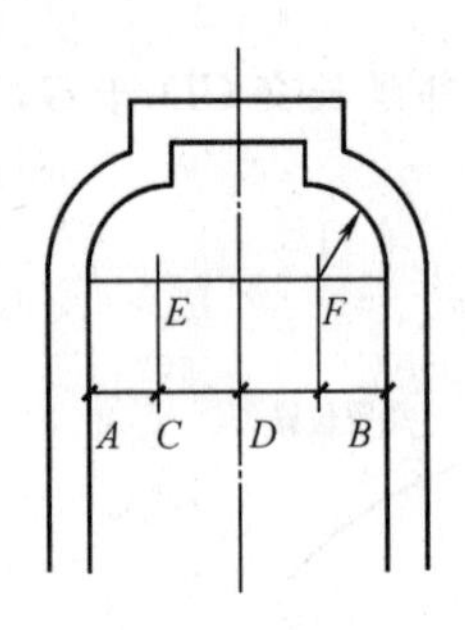

图 1-48　作并肩形拱

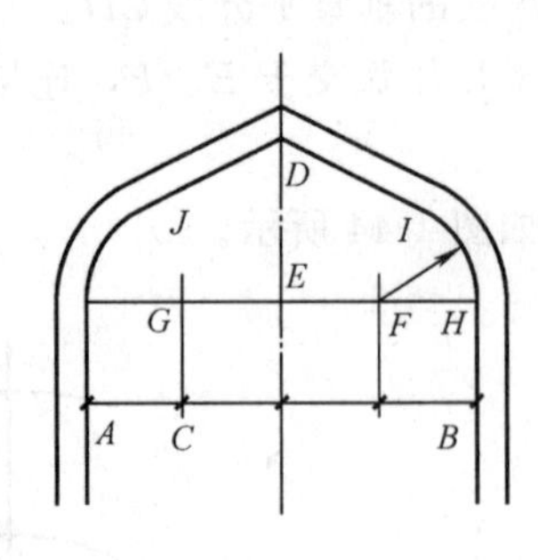

图 1-49　作二心拱

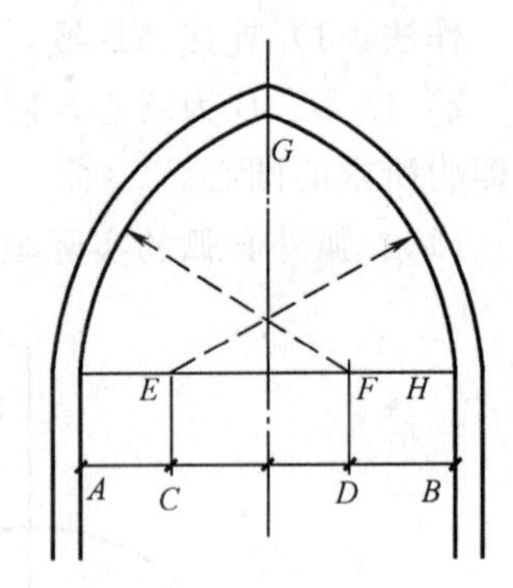

图 1-50　作二心内心拱

（16）作二心内心拱，如图 1-50。

作法：$AC=DB=1/4AB$，分别以 E、F 为圆心，AD 为半径作弧，相交于 G。

（17）作二心边心拱，如图 1-51 所示。

作法：分别以 A、B 为圆心，以 AB 为半径作二弧相交于 C。

（18）作三心花瓣拱，如图 1-52 所示。

作法：$AC=1/4AB$，分别以 G、F 为圆心，以 AC 为半径作弧，$DE=AC$，以 D 为圆心，以 AC 为半径作弧相交于 J、I 两点。

（19）作六心拱，如图 1-53 所示。

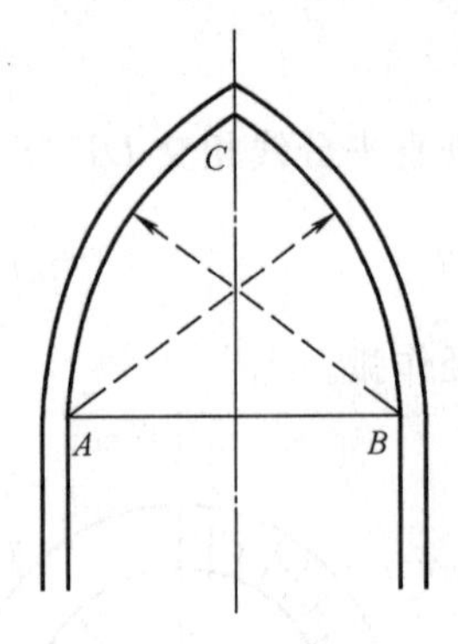

图 1-51　作二心边心拱

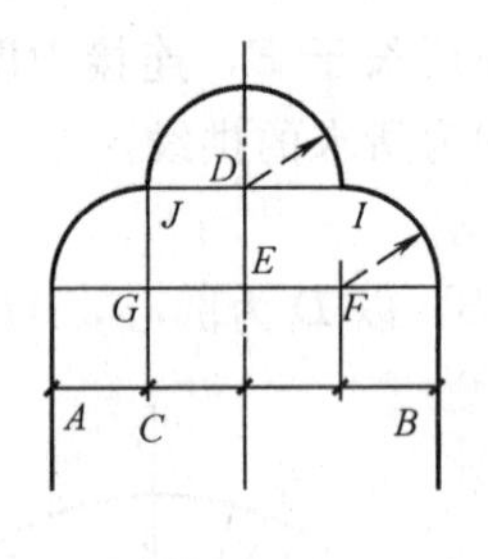

1-52　作三心花瓣拱

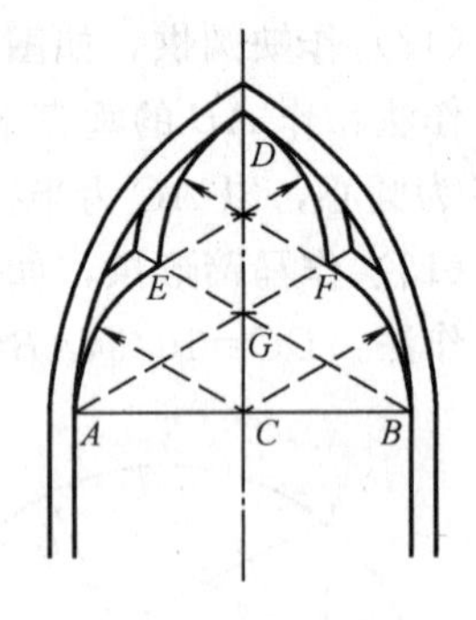

图 1-53　作六心拱

作法：分别以 A、B 为圆心，以 AB 为半径作弧相交于 D，分 CD 为三等份，连 AG、BG，以 C 为圆心，以 AC 为半径作弧，与 AG、BG 的延长线相交于 E、F，在分别以 E、F 为圆心，以 DE 为半径，作二弧 DE、DF。

1.3　放　　样

1.3.1　直接放样法

直接放样法是指按照设计图纸把需要加工的木质构件，按其实际尺寸画在样台上的一种方法。直接放样法是一种基本的画线方法，其他各种画线方法都是在直接放样法的基础上发展起来的。因此，熟练掌握这种方法，对于初学者来说是很有必要的。

熟悉图纸是放样工作的基础。在放样之前，必须熟悉图纸，领会设计意图，掌握各节点的构造形式等，以确保放样准确。熟悉图纸后，即可开始放大样。

放大样的工具有：木工方铁尺、长钢尺、钢卷尺、墨线斗、墨线笔、铅笔、活尺等。放大样时必须用同一钢尺度量，以避免不同钢尺因精度不同引起的误差。

放大样的步骤：场地清理、弹杆件中心线、弹杆件轮廓线、画节点详细构造。

1.3.2 套样板

(1) 样板要用木纹平直、不易变形、干燥（含水率<18%）的木材制作。

(2) 套样板时，要首先按照各杆件的轮廓尺寸（高度或宽度）和细部结构分别将样板开好，两边刨光，然后放在大样上，将杆件的榫齿、榫槽、螺栓孔等位置及形状画到样板上，并按照形状正确锯割后再刨光。

(3) 样板配好后，放在大样上试拼，在检查其是否以大样一致。最后在样板上弹出轴线。

(4) 样板作好后要用油漆或墨水标注杆件名称，并依次编号，妥善保管。并且经常检查是否变形，以便及时修整。

课题2 木工画线方法

木材的加工操作主要是锯、砍、凿、刨等。木材在加工前都需画线，即所谓按线加工。当用木材制造工具、器具以及木结构时，画线工作就更加重要，画线质量直接影响着木制品组装时的榫卯配合和缝隙的严密程度。如果画线发生错误，那么制作也必然随之而错，造成材料浪费。因此，要掌握画线的基本理论和技能。

2.1 基准面和基准棱（也称标准面和标准棱）

画线工作是在“毛料”经刨光后变成“净料”才开始的。毛料未刨光之前，首先要进行选料，将木料的好面当作木制品的正面。每根方形木料有四个面，首先选用相邻两个面作基准面，两个基准面相交的棱叫基准棱。两个基准面的夹角成90°，需用小方尺进行检查，如图1-54所示。基准面选定后必须进行标记，常用标记号为“V”。

2.2 过 线

将木料基准面上的画线点或线段，由基准面反映到相邻面或对应面上的方法叫“过线”。过线使用的主要工具为方尺和铅笔，如图1-55所示。

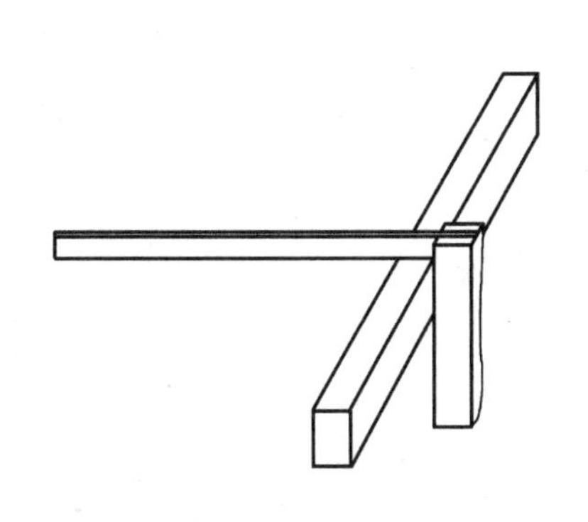

图1-54 用小方尺检查两个基准面的夹角

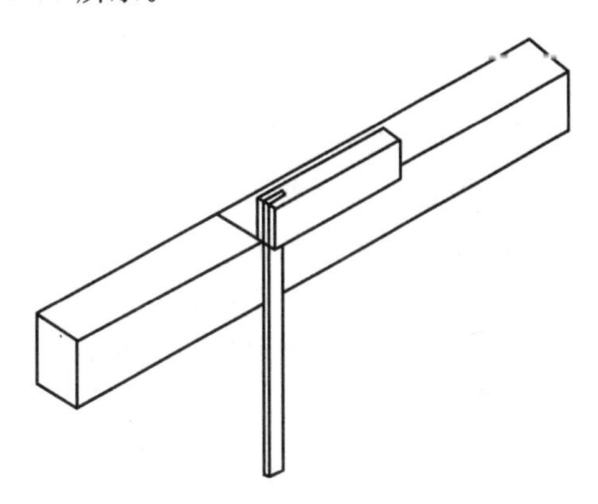

图1-55 过线

2.3 成组画线

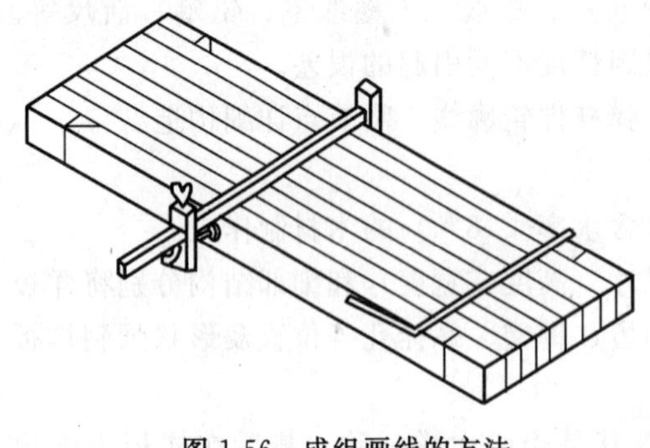

图 1-56 成组画线的方法

当需要画线的木料较多时，就可以使用画线卡子把木料排列在一起进行成组画线。成组画线之前，必须先把两个标准木料的线画好，作为成组画线的依据。排料时，应把两根标准件分别放在两端，其他料夹放在中间，然后用方尺找齐两根边料，并加以固定，如图 1-56 所示。

2.4 木工画线表示方法

木工画线表示方法见表 1-2。

画线符号 表 1-2

名　称	符　号	说　明
中心线	———	细实线，要求直、细、清晰
下料线	 —//——//—	表示按此线下料
废弃线	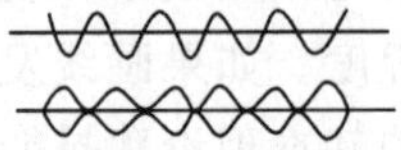 ∿∿∿ / ◇◇◇	可选用其中的一种符号表示
截料取料线	 ═//══//═	以双线外股作为下锯线
开榫画线的副线	 ═//══//═	表示榫顶位置
开榫画线的正线	———	表示榫间位置
通眼符号	⊠	表示打通眼
半眼符号	 ▱//	表示半打眼
正面符号	∫	表示正面或看得见的外表面
榫头符号	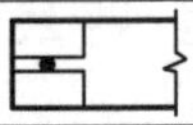 [符号]	

实训课题 木工作图

1. 实训课题目的：

(1) 熟悉制图仪器及工具的正确使用方法。

(2) 复习图纸的基本规格。

(3) 掌握实用木工作图方法。

(4) 培养学生综合解决问题的能力及动手能力。

2. 实训课题要求：

(1) 符合建筑制图标准。

(2) 作图要认真、仔细、一丝不苟。

3. 实训课题内容：

抄绘如图所示内容。

4. 实训课题注意事项：

(1) 绘图前必须将绘图工具擦净。

(2) 同一种线型宽度一致。

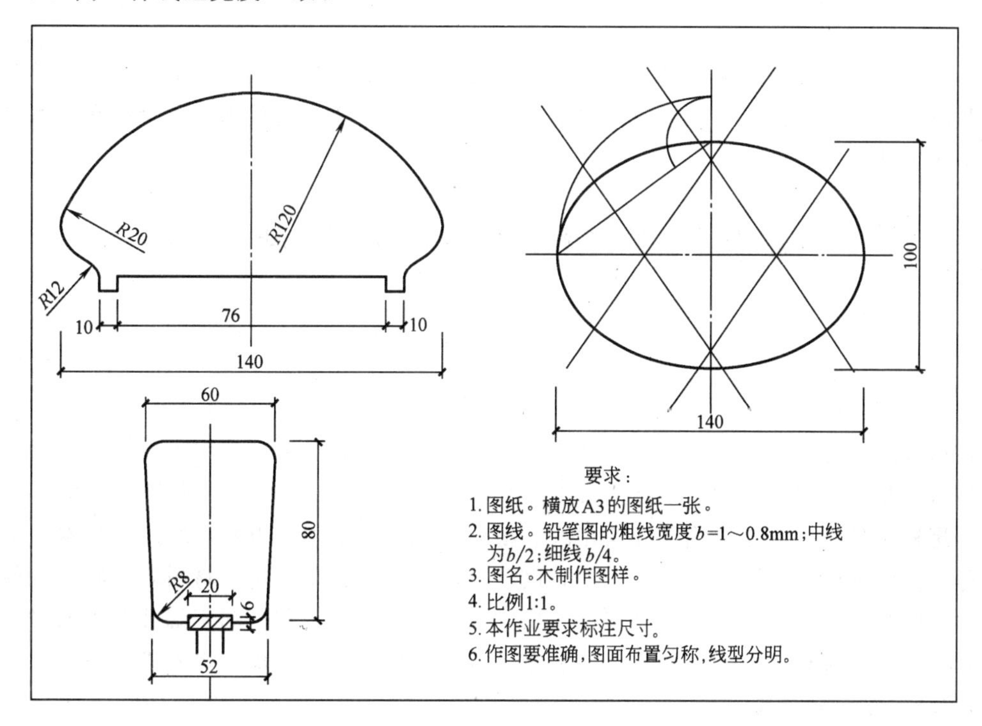

思考题与习题

1. 木工图样有何特点？
2. 通过读图，总结出识读木工图样的一般方法。
3. 常用绘制木工图样的工具有哪些？试举例说明。
4. 什么叫基准面、基准棱、过线？

单元2 木工常用材料

知 识 点：木材的种类及性质特征；木材的等级；木制品的种类、规格及选用原则。

教学目标：通过学习，能够正确识别各种木材、木制品；能够根据木材标准和木制品的规格正确选用。

课题1 常用木材的分类及性质特征

1.1 常用木材分类

1.1.1 按树种分

按树种通常分为针叶树和阔叶树两大类。针叶树的叶子呈针形，多为常绿树，树材质一般较软，故称软材类木材。如红松、落叶松、云杉、冷杉、铁杉、水杉、柏木、云南松、马尾松、樟子松。主要用于建筑工程、桥梁、家具、造船、电杆、坑木、枕木、机械模型等。阔叶树叶子呈大小不同的片状，网状叶脉，大多为落叶树，材质较坚硬，故称之为硬木，刨削后表面有光泽，文理美丽耐磨，主要用于装饰工程。属于阔叶树类的树木主要有：水曲柳、麻栎、色木、柚木、核桃楸、板栗、柞木、青冈栎、桦木等。

1.1.2 按材种分类

(1) 原条

原条指已经除去皮、根、树梢的木料，但尚未按一定尺寸加工成规定的材类。

(2) 原木

原木指已经除去皮、根、树梢的木料，并已按一定尺寸加工成规定直径和长度的材料。

原木有的不去皮称为原条，但其皮不计在木材体积以内。

(3) 成材（又称锯材）

原木经加工锯解成不同规格的木料称为成材。其规格按宽厚尺寸比例可划分为板材和方材：

板材：宽度大于等于其3倍厚度的称板材。板材又分为薄板、中板、厚板、特厚板几种。板材中厚度小于等于13mm称为薄板；厚度19～35mm称为中板；厚度36～65mm称为厚板，大于66mm为特厚板。

方材：宽度小于其3倍厚度的成材称为方材。按宽度和厚度相乘的面积大小可分为小方、中方、大方、特大方四种规格。小于等于54cm^{2}的为小方；55～100cm^{2}的为中方；101～225cm^{2}的称为大方；226cm^{2}以上的为特大方。

(4) 人造板材

建筑工程中常用的纤维板、木丝板、刨花板、层板（又称胶合板）、水曲柳板、泰柚板等都属于人造板材。人造板材适用于嵌板门心板料、木隔墙、顶棚面层、家具等。

胶合板分阔叶树材普通胶合板和松木普通胶合板两种。按材质和加工工艺质量，前者分为五级，后者分为四级；按层数胶合板分为三层板、五层板、七层板、九层板等。不同材料构成的胶合板其用途也有所不同，对于采用酚醛树脂胶和脲醛树脂胶的胶合板可用于室外工程；采用血胶、豆胶的胶合板，只能用于室内工程；只有采用脱水脲醛树脂胶和改性脲醛树脂胶的胶合板才能用于潮湿环境下的工程。

1.2 木材含水率、强度和容重

木材含水率是指木材中所含水分的重量与木材重量（不含水）之比，一般可用电动含水率测定仪瞬间测出木材含水率。测试范围为含水率在8%～40%之间的木材，并有1.5%的误差。

1.2.1 木材含水率

各种木材含水率的基本值如下：

（1）生材（新伐材）。含水率为50%～100%。

（2）湿材。水运或湿存材，含水率可大于100%。

（3）气干材。自然干燥材，含水率为12%～18%。

（4）室干材。人工干燥材，含水率为2%～15%。

（5）全干材。含水率为“0”。

其中气干材和室干材是内装修用材须达到的水平。

一般来说木材含水率越高，其中重量越重。所以，阔叶材较针叶材为重，心材比边材重，夏材比冬材重，同一横切面上，年轮狭窄的比年轮宽的要重些。同等干燥程度的木材，较重的木材硬度高、强度大。木材的强度指抵抗外部机械力破坏的能力，其顺纹抗压强度是木材力学性质中最实用的一项，极限强度平均为44.9MPa。所以，用硬杂木做家具，较小的断面就能提供很大的支承力，可以使家具外观轻盈纤巧秀丽。

1.2.2 木材容重

指天然木材单位体积的重量，一般以含水率为15%时的容重作为标准容重，单位是kg/m^3。木材容重是视木材好坏的重要标志。容重大的木材强度也大，所以可借此鉴别木材，估计木材工艺性质的好坏。根据容重，可将木材分为三等：

（1）轻材。容重小于500kg/m^3，如红松、椴木、泡桐等。

（2）中等材。容重在500～800kg/m^3之间，如水曲柳、香樟、落叶松等。

（3）重材。容重大于800kg/m^3，如紫檀、色木、麻栎等。

1.3 常用木种介绍

适于内装修及制作家具的木材种类繁多，性质各异，这里就国内及国外的常用树种作简单介绍。以了解其特性，提高成品质量、价值和使用效果。

在一般的树种当中，树干中心部分色泽较深，称为心材，外围的色泽较浅，称为边材。心材是在树木生长时由边材形成的；一般边材干燥较容易，裂纹结疤等缺陷较多，且色泽深浅不一，这是选用时应留意的。下面介绍各种木材的特性。

1.3.1 国内木种

(1) 软杂木

红松——又名果松，主要产于东北长白山、小兴安岭等地区。年轮明显，木射线细，树脂道多，材质轻软，力学强度适中；纹理直，干燥性能良好，耐水、耐腐，不易变形；加工性能良好，切削面光滑；着色、涂饰、胶结等性能较好，可作多种用途用材。

白松——产于河北、山西、东北等地。边材、心材区别不明显，呈淡白色；材质较软，纹理通直，易加工，易干燥，可作航空、家具、乐器等用材。

樟子松——产于东北大兴安岭。外皮呈灰褐色，边材呈黄白色，心材呈浅黄褐色；材质较轻软，富有弹性，耐朽力强，纹理直，易于加工，可作一般建筑、家具用材。

鱼鳞云杉——又名鱼鳞松，主要产于东北。边材、心材区别不明显，边材浅黄褐或带红，心材黄白；木射线细，树脂道小而少，肉眼下不明显。光泽美观、纹理通直，材质较软，易于加工，结构细而均匀，富有弹性，共振性良好，易于干燥，易油漆，可作家具用材。

椴木——主要产于东北、华北地区。边材、心材区别不明显，材色黄白略带红褐色或红褐。年轮明显，散孔材，木射线细，木材有杂斑。木材略轻软，纹理通直，结构略细，有绢丝光泽，加工性能良好，切削面光滑。干燥时少有翘曲，但不易开裂，不耐腐。着色、涂饰、胶结性能良好。可作胶合板、家具、茶叶箱、乐器、雕刻等用材。

杨木——主要产于东北、华北地区。边材、心材区别不明显，木材浅黄褐色，年轮略分明，散孔材，木射线细。纹理直、结构严密细致，质轻软而柔，加工容易，刨削后光滑。干燥状况欠佳，可作包装箱、造纸用材。

(2) 硬杂木

核桃木——主要产于东北、华北地区。边材、心材区别明显，边材较窄，灰白带褐色，心材淡灰褐色稍带紫。年轮明显，半散孔材、管孔中等，木射线细。木材重量及硬度中等，富有韧性，结构略粗，颜色花纹美丽，力学强度中等。干燥时不易翘曲，耐磨性好，加工性能良好，胶结、涂饰、着色性能较好，可作家具、室内装修用材。

黄菠萝——产于长白山。边材、心材区别明显，边材淡黄色略带灰白，心材灰黄褐色，年轮明显，环孔材，木射线细。材质略软，纹理直，结构粗，花纹美丽，干燥容易，干缩性小，不易翘曲。耐腐性强，切面光滑，弯曲性能较好，着色、涂饰、胶结性能均佳。为建筑及家具用材。

樟木——产于江南、中国台湾地区。心材红褐色，常杂有红色或暗色条纹。年轮明显，木射线细，散孔材，有樟脑香气，纹理斜或交错，结构细，易加工，切削面光滑，耐久，重量适中，胶结与涂饰性能俱佳。可作建筑、家具、胶合板、雕刻用材。

柞木——产于东南、东北地区。内皮淡黄褐色，边材、心材区别不明显，边材淡黄白带褐色，红褐带紫色，心材褐色至暗褐色或红褐带紫。年轮明显，略呈波浪形。环孔材，木射线有宽窄两种，材质坚硬，纹理斜行，结构粗，光泽美，力学性能高，耐磨。加工困难，切面光滑，不易干燥，易开裂、翘曲，耐腐性好。着色、涂饰性能良好，胶结性能欠佳，为建筑、农具及家具等用材。

楠木——产于四川、湖北地区。边材、心材区别不明显，材色黄褐带浅绿，有香气。纹理倾斜或交错，材质细腻，易加工，切面光滑，有光泽，耐久性强。属名贵树种，可作为建筑、家具等用材。

水曲柳——产于长白山。边材、心材区分明显，边材窄，黄白色或带黄褐色，心材褐色略黄，年轮明显，木射线细。材质略重硬，纹理直，花纹美丽，结构粗，干燥性能一般，耐腐，易加工，韧性大，易弯曲。涂饰、胶结较容易，为家具、胶合板、装修等用材。

荷木——产于西南、东南及华南湖北地区。边材、心材区分不明显，材色黄褐色至浅红褐色。年轮明显，木射线细。纹理斜或直，结构细而均匀，质略重，干燥时易翘裂，加工容易，切面光滑，胶结和涂饰性能良好。可作为家具、胶合板等用材。

槐木——产于东北及华北地区。边材窄，浅黄色，心材暗黄褐色有光泽。年轮明显，木射线细且少。纹理直，结构中等，重而硬，木材强度甚大，切削困难，但切削面光滑。耐久性强，涂饰和胶结性能好。可作为家具和车辆用材。

色木槭——产于东北及华北地区。边材、心材区分不明显，材色浅红褐色，由于初期腐朽，常呈灰褐色斑点或条纹。年轮明显，材质重而硬。结构细致而均匀，纹理直，颜色和花纹美丽，力学强度高，弹性大，耐腐。切削面光滑，干燥慢、常开裂，胶结不易，涂饰和着色性能良好。可作为胶合板、家具等用材。

1.3.2 国外木种

柚木——产于南亚，材色金黄而深褐色纹理，组织均匀有光泽，材质坚硬，耐磨、耐久性强。易加工，干燥收缩小，不变形，属油性木材，是墙面装饰的理想材料。

花梨木——产于南亚，边材暗黄褐色，心材初锯削时呈深黄色，日久呈紫红褐色。材质坚硬，纹理粗，花纹美丽，不易干燥，耐腐朽。为高级家具用材，可用于雕刻。

紫檀——产于南亚，边材灰白色，心材淡黄色至赤色，暴露于空气中变为紫色。材质坚硬而重，纹理斜，结构粗，木材有光泽，加工困难，耐久性强。是高级贵重进口木材，多用于制作仿古家具、艺术美工品、钢琴等。

柳桉——产于东南亚，边材淡灰色或红褐色，心材淡红色或暗红褐色。材质轻重适中，纹理直斜交错，形成带状花纹，结构略粗，干燥过程中稍有翘曲及开裂现象。供制作胶合板、家具用。柳桉制的胶合板又叫菲律宾板。

橡木——产于美国、日本及英国等。有白色、红色、棕色或乳白至浅黄等多种，最常见有红橡、白橡之分。两者性能相似，组织粗疏，形象较细小，有光泽，年轮明晰，硬度中等，加工容易。两者主要差别除红橡的心材色泽从特有的淡粉红色到极浅的褐色、纹理形状分明外，还在于红橡的木质非常多孔，纹理粗糙，适于表面装饰处理。橡木干燥收缩显著，心材的抗腐性极低，适于建筑内装、壁板、家具、地板及木制品。

美国白杨木——学名北美鹅掌楸，俗称白木、金香木。木质部呈白色，木心部呈天然的淡黄棕色近淡绿色，大多具有紫色条纹。市面上出售的白杨木色彩种类繁多，纹路顺直，重量轻，质地强韧，切面柔滑平顺。适于一般的窑式干燥法，易于加工、打磨、雕刻，绝缘性、隔音性强，极适合油漆、染料或其他涂抹材料。可用于家具、内装修、薄片木心板及木工艺品。

西非樱红木——材色红棕，组织均匀细致，纹理顺直，有翘曲。硬度适中，易于加工，有些交叉纹。木制坚实，耐久性强。

课题2 木材等级与材质标准

2.1 承重木结构方木材质标准

承重木结构方木材质标准见表 2-1。

承重木结构方木材质标准　　表 2-1

项次	缺陷名称	木材等级		
		Ⅰa	Ⅱa	Ⅲa
		受拉构件或拉弯构件	受弯构件或压弯构件	受压构件
1	腐朽	不允许	不允许	不允许
2	木节： 在构件任一面任何 150mm 长度上所有木节尺寸总和，不得大于所在面宽的	1/3(连接部位为 1/4)	2/5	1/2
3	斜纹：斜率不大于(%)	5	8	12
4	裂缝： 1)在连接的受剪面上 2)在连接部位的受剪面附近，其裂缝深度(有对面裂缝时用两者之和)不得大于材宽的	不允许 1/4	不允许 1/3	不允许 不限
5	髓心	应避开受剪面	不限	不限

注：1. Ⅰa 等材不允许有死节，Ⅱa、Ⅲa 等材允许有死节（不包括发展中的腐朽节），对于Ⅱa 等材直径不应大于 20mm，且每延长米中不得多于 1 个，对于Ⅲa 等材直径不应大于 50mm，每延长米中不得多于 2 个。

2. Ⅰa 等材不允许有虫眼，Ⅱa、Ⅲa 等材允许有表层的虫眼。

3. 木节尺寸按垂直于构件长度方向测量。木节表现为条状时，在条状的一面不量（如图 2-1 所示）；直径小于 10mm 的木节不计。

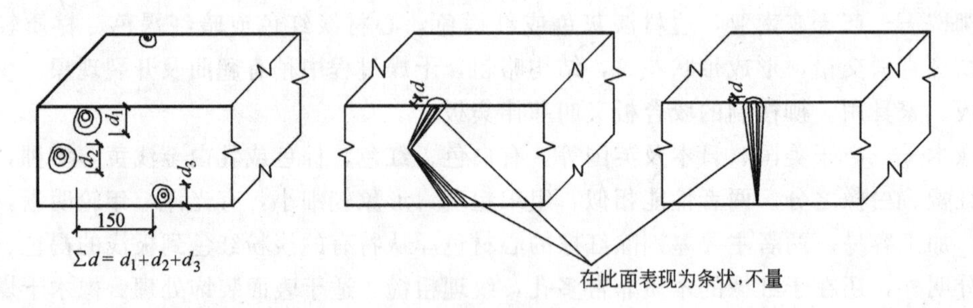

图 2-1　木节量法

2.2 承重木结构板材材质标准

承重木结构板材材质标准见表 2-2。

2.3 承重木结构原木材质标准

承重木结构原木材质标准见表 2-3。

承重木结构板材材质标准 表 2-2

项次	缺陷名称	木材等级		
		Ⅰa	Ⅱa	Ⅲa
		受拉构件或拉弯构件	受弯构件或压弯构件	受压构件
1	腐朽	不允许	不允许	不允许
2	木节： 在构件任一面任何 150mm 长度上所有木节尺寸总和，不得大于所在面宽的	1/4(连接部位为 1/5)	1/3	2/5
3	斜纹：斜率不大于(%)	5	8	12
4	裂缝： 在连接的受剪面上 连接部位的受剪面及其附近	不允许	不允许	不允许
5	髓心	不允许	不限	不限

注：同表 2-1。

承重木结构原木材质标准 表 2-3

项次	缺陷名称	木材等级		
		Ⅰa	Ⅱa	Ⅲa
		受拉构件或拉弯构件	受弯构件或压弯构件	受压构件
1	腐朽	不允许	不允许	不允许
2	木节： 1)在构件任何 150mm 长度上沿圆周所有木节尺寸的总和，不得大于所测部位原来周长的 2)每个木节的最大尺寸，不得大于所测部位原来周长的	1/4 1/10(连接部位为 1/12)	1/3 1/6	不限 1/6
3	扭纹：斜率不大于(%)	8	12	15
4	裂缝： 1)在连接的受剪面上 2)在连接部位的受剪面附近，其裂缝深度(有对面裂缝时用两者之和)不得大于原木直径的	不允许 1/4	不允许 1/3	不允许 不限
5	髓心	应避开受剪面	不限	不限

注：1. Ⅰa、Ⅱa 等材不允许有死节，Ⅲa 等材允许有死节（不包括发展中的腐朽节），直径不应大于原木的 1/5，且每 2m 长度内不得多于 1 个。
2. Ⅰa 等材不允许有虫眼，Ⅱa、Ⅲa 等材允许有表层的虫眼。
3. 木节尺寸按垂直于构件长度方向测量。直径小于 10mm 的木节不量。

2.4 胶合板结构层板材质标准

2.4.1 胶合板结构层板材质标准（表 2-4）

胶合板结构层板材质标准 **表 2-4**

项 次	缺 陷 名 称	木 材 等 级		
		I_b与I_{bt}	II_b	III_b
1	腐朽、压损严重的压应木，大量含树脂的木板，宽面上的漏刨	不允许	不允许	不允许
2	木节： 1) 突出于板面的木节 2) 在层板较差的宽面任何 200mm 长度上所有木节尺寸总和，不得大于所在构件面宽的	 不允许 1/3	 不允许 2/5	 不允许 1/2
3	斜纹：斜率不大于(%)	5	8	15
4	裂缝： 1) 含树脂的振裂 2) 窄面的裂缝(有对面裂缝时用两者之和)深度不得大于构件面宽的 3) 宽面上的裂缝(含劈裂、振裂)深 $b/8$，长 $2b$，若贯穿板厚而平行板边，长 $l/2$	不允许 1/4 允许	不允许 1/3 允许	不允许 不限 允许
5	髓心	不允许	不限	不限
6	翘曲：顺弯或扭曲$\leqslant 4/1000$，横弯$\leqslant 2/1000$，树脂条纹宽$\leqslant b/12$，长$\leqslant l/6$，干树脂囊宽 3mm，长$<b$，木板侧边漏刨长 3mm，刃具撕伤木纹，变色但不变质，偶尔的小虫眼或分散的针孔状虫眼，最后加工能修整的微小损伤	允许	允许	允许

注：1. 木节是指活节、健康节、紧节、松节及节孔；
2. b—木板（或拼合木板）的宽度；l—木板的长度；
3. I_{bt}级层板位于梁受拉区外层时在较差的宽面任何 200mm 长度上所有木节尺寸的总和不得大于构件面宽的 1/4，加工后距板边 13mm 的范围内，不允许存在尺寸大于 10mm 的木节及撕伤木纹；
4. 构件截面宽度方向有两块木板拼合时，应按拼合后的宽度定级。

2.4.2 边翘材横向翘曲限值见表 2-5

边翘材横向翘曲限值（mm） **表 2-5**

木板厚度(mm)	木 板 宽 度(mm)		
	≤100	150	≥200
20	1.0	2.0	3.0
30	0.5	1.5	2.5
40	0	1.0	2.0
45	0	0	1.0

课题 3 木制品的种类、规格与选用原则

3.1 胶 合 板

3.1.1 胶合板的分类和特征

胶合板的分类和特征见表 2-6。

胶合板的分类和特征　　表 2-6

分类标准	名　称	特　　征
按板的结构分	胶合板	按相邻层木纹方向相互垂直胶合而成的板材
	夹芯胶合板	具有板芯的胶合板，如细木工板、蜂窝板等
	复合胶合板	板芯（或某些层）由除实体木材或单板之外的材料组成，板芯的两侧通常至少应有两层木纹互为垂直排列的单板
按胶粘性能分	室外用胶合板	耐气候胶合板，具有耐久、耐煮沸或蒸汽处理性能，能在室外使用，也即是Ⅰ类胶合板
	室内用胶合板	不具有长期经受水浸或过高湿度的胶粘性能的胶合板，其中： Ⅱ类胶合板：耐水胶合板，可在冷水中浸渍，或经受短时间热水浸渍，但不耐煮沸 Ⅲ类胶合板：耐潮胶合板，能耐短期冷水中浸渍，适于室内使用 Ⅳ类胶合板：不耐潮胶合板，在室内常态下使用，具有一定的胶合强度
按表面加工分	砂光胶合板	板面经砂光机砂光的胶合板
	刮光胶合板	板面经刮光机刮光的胶合板
	贴面胶合板	表面贴装饰单板、木纹纸、浸渍纸、塑料、树脂胶膜或金属薄片材料的胶合板
按处理情况分	未处理过的胶合板	制造过程中或制造后未用化学药品处理的胶合板
	处理过的胶合板	制造过程中或制造后用化学药品处理的胶合板，用以改变材料的物理特性，如防腐胶合板、阻燃胶合板、树脂处理胶合板等
按形状分	平面胶合板	在压膜中加压成型的平面状胶合板
	成型胶合板	在压膜中加压成型的非平面状胶合板
按用途分	普通胶合板	适于广泛用途的胶合板
	特种胶合板	能满足专门用途的胶合板，如装饰胶合板、浮雕胶合板、直接印刷胶合板等

3.1.2　胶合板的规格

(1) 厚度

胶合板的厚度（mm）为：2.7，3，3.5，4，5，5.5，6……。自 6mm 起，按 1mm 递增。厚度自 4mm 以下为薄胶合板。3，3.5，4mm 厚的胶合板为常用规格。

(2) 幅面尺寸（表 2-7）

胶合板的幅面尺寸（mm）　　表 2-7

宽　度	长　度				
	915	1220	1830	2135	2440
915	915	1220	1830	2135	—
1220	—	1220	1830	2135	2440

(3) 胶合板两对角线允许偏差（表 2-8）

胶合板两对角线允许偏差（mm）　　表 2-8

胶合板公称长度	两对角线长度	胶合板公称长度	两对角线长度
≤1220	3	＞1830～2135	5
＞1220～1830	4	＞2135	6

3.1.3　胶合板外观分等允许缺陷

(1) 阔叶树材胶合板的允许缺陷（表 2-9）

阔叶树材胶合板外观分等的允许缺陷 表 2-9

<table>
<tr><th rowspan="3">缺陷种类</th><th rowspan="3" colspan="2">检量项目</th><th colspan="4">面板</th><th rowspan="3">背板</th></tr>
<tr><th colspan="4">胶合板等级</th></tr>
<tr><th>特等</th><th>一等</th><th>二等</th><th>三等</th></tr>
<tr><td>1. 针节</td><td colspan="2"></td><td colspan="5">允许</td></tr>
<tr><td>2. 活节</td><td colspan="2">最大活节直径(mm)</td><td>10</td><td>20</td><td colspan="3">不限</td></tr>
<tr><td rowspan="4">3. 半活节、死节、夹皮</td><td colspan="2">每平方米板面上总个数</td><td>不允许</td><td>3</td><td>4</td><td>6</td><td>不限</td></tr>
<tr><td>半活节</td><td>最大单个直径(mm)</td><td>不允许</td><td>10
(自5个以下不计)</td><td>25
(自5个以下不计)</td><td colspan="2">不限</td></tr>
<tr><td>死节</td><td>最大单个直径(mm)</td><td>不允许</td><td>4
(自2个以下不计)</td><td>6
(自4个以下不计)</td><td>15</td><td>50</td></tr>
<tr><td>夹皮</td><td>单个最大长度(mm)</td><td>不允许</td><td>15
(自5个以下不计)</td><td>30
(自10个以下不计)</td><td colspan="2">不限</td></tr>
<tr><td>4. 木材异常结构</td><td colspan="2"></td><td colspan="5">允许</td></tr>
<tr><td rowspan="2">5. 裂缝</td><td colspan="2">单个最大宽度(mm)</td><td rowspan="2">不允许</td><td>1
椴木 0.5
南方材 1.5</td><td>1.5
椴木 1
南方材 2</td><td>3
椴木 0.5
南方材 4</td><td>6</td></tr>
<tr><td colspan="2">单个最大长度(mm)</td><td>200
南方木 250</td><td>300
南方木 350</td><td>400
南方木 450</td><td>不限</td></tr>
<tr><td rowspan="2">6. 虫孔、排钉孔、孔洞</td><td colspan="2">最大单个直径(mm)</td><td>不允许</td><td>2</td><td>4</td><td>6</td><td>15</td></tr>
<tr><td colspan="2">每平方米板面上个数</td><td>不允许</td><td>4</td><td>4(自2mm以下不计)</td><td colspan="2">不呈筛状,不限</td></tr>
<tr><td rowspan="2">7. 变色</td><td colspan="2" rowspan="2">不超过板面积(%)</td><td>不允许</td><td>5</td><td>25</td><td colspan="2">不限</td></tr>
<tr><td colspan="5">注:1. 浅色斑条按变色计
2. 一等板深色斑条宽度不得超过 2mm,长度不得超过 20mm
3. 二等板深色斑条宽度不得超过 150mm,每平方米板面上不得多于 3 处
4. 桦木除特等板外,允许有伪心材,但一等板的色泽应调和
5. 桦木一等板不允许有密集的褐色或黑色髓斑
6. 特等、一等板的异色边心材按变色计</td></tr>
<tr><td>8. 腐朽</td><td colspan="2"></td><td colspan="3">不允许</td><td>允许有不影响强度的初腐象征,但面积不超过板面积的1%</td><td>允许初腐,但该部分单板不会剥落,也不能捻成粉末</td></tr>
<tr><td rowspan="3">9. 表板拼接离缝</td><td colspan="2">单个最大宽度(mm)</td><td colspan="2" rowspan="3">不允许</td><td>0.5</td><td>1</td><td>2</td></tr>
<tr><td colspan="2">单个最大长度为板长(%)</td><td>10</td><td>30</td><td>50</td></tr>
<tr><td colspan="2">每米板宽内条数</td><td>1</td><td>2</td><td>不限</td></tr>
</table>

续表

<table>
<tr><td rowspan="3">缺陷种类</td><td rowspan="3" colspan="2">检量项目</td><td colspan="4">面　板</td><td rowspan="3">背板</td></tr>
<tr><td colspan="4">胶合板等级</td></tr>
<tr><td>特等</td><td>一等</td><td>二等</td><td>三等</td></tr>
<tr><td rowspan="2">10. 表板叠层</td><td colspan="2">单个最大宽度(mm)</td><td colspan="3" rowspan="2">不允许</td><td>8</td><td rowspan="2">不限</td></tr>
<tr><td colspan="2">单个最大长度为板长(%)</td><td>20</td></tr>
<tr><td rowspan="3">11. 芯板叠离</td><td rowspan="2">紧贴表板的芯板叠离</td><td>单个最大宽度(mm)</td><td rowspan="3">不允许</td><td>2</td><td>4</td><td>8</td><td>10</td></tr>
<tr><td>每米板宽内条数</td><td>2</td><td>3(自 2mm 以下不计)</td><td colspan="2">不限</td></tr>
<tr><td colspan="2">其他各层离缝的最大宽度(mm)</td><td colspan="4">10</td></tr>
<tr><td>12. 长中板叠离</td><td colspan="2">单个最大宽度(mm)</td><td>不允许</td><td colspan="4">10</td></tr>
<tr><td>13. 鼓泡、分层</td><td colspan="2"></td><td>不允许</td><td colspan="4"></td></tr>
<tr><td rowspan="2">14. 凹陷、压痕、鼓包</td><td colspan="2">单个最大面积(mm^2)</td><td>不允许</td><td>50</td><td>400</td><td>3000</td><td>不限</td></tr>
<tr><td colspan="2">每平方米板面上个数</td><td>不允许</td><td>1</td><td>4</td><td>不限</td><td>不限</td></tr>
<tr><td rowspan="2">15. 毛刺沟痕</td><td colspan="2">不超过板面积(%)</td><td>不允许</td><td>1</td><td>3</td><td>25</td><td>不限</td></tr>
<tr><td colspan="2">深度不得超过(mm)</td><td>不允许</td><td>0.4</td><td colspan="3">不穿透,允许</td></tr>
<tr><td>16. 表板砂透</td><td colspan="2">每平方米板面上(mm^2)</td><td colspan="3">不允许</td><td>1000</td><td>不限</td></tr>
<tr><td>17. 透胶及其他人为污染</td><td colspan="2">不超过板面积(%)</td><td>不允许</td><td>0.5</td><td>3</td><td>30</td><td>不限</td></tr>
<tr><td rowspan="3">18. 补片、补条</td><td colspan="2">允许制作适当、且填补牢固的,每平方米板面上个数</td><td colspan="2" rowspan="3">不允许</td><td>3</td><td>不限</td><td rowspan="2">不限</td></tr>
<tr><td colspan="2">累计面积不超过板面积(%)</td><td>0.5</td><td>3</td></tr>
<tr><td colspan="2">缝隙不得超过(mm)</td><td>0.5</td><td>1</td><td>2</td></tr>
<tr><td>19. 内含铝质书钉</td><td colspan="2"></td><td colspan="2">不允许</td><td colspan="3">允许</td></tr>
<tr><td>20. 板边缺陷</td><td colspan="2">自公称幅面内不得超过(mm)</td><td colspan="2">不允许</td><td>5</td><td colspan="2">10</td></tr>
<tr><td>21. 其他缺陷</td><td colspan="2"></td><td>不允许</td><td colspan="4">按最大类似缺陷考虑</td></tr>
</table>

（2）针叶树材胶合板的允许缺陷（表 2-10）

针叶树材胶合板外观分等的允许缺陷 **表 2-10**

缺陷种类	检量项目		面板				背板
			胶合板等级				
			特等	一等	二等	三等	
1. 针节			允许				
2. 活节、半活节、死节	每平方米板面上总个数		不允许	5	8	10	不限
	活节	最大单个直径（mm）	不允许	20	30(自 10 个以下不计)	不限	
	半活节、死节	最大单个直径（mm）	不允许	5	30（自 10 个以下不计）	15	50
3. 木材异常结构			允许				
4. 夹皮、树脂囊	每平方米板面上个数		不允许	3	4(自 10mm 个以下不计)	10(自 15mm 以下不计)	不限
	夹皮	单个最大长度（mm）	不允许	15	60	不限	
	树脂囊	单个最大长度（mm）	不允许	30	60	不限	
5. 裂缝	单个最大宽度（mm）		不允许	1	1.5	3	6
	单个最大长度（mm）			200	400	800	不限
6. 虫孔、排钉孔、孔洞	最大单个直径（mm）		不允许	2	10	10	5
	每平方米板面上个数		不允许	4	5(自 2mm 以下不计)	5(自 2mm 以下不计)	不呈筛状，不限
7. 变色	不超过板面积（%）		不允许	浅色 10	30	不限	
8. 腐朽			不允许			允许有不影响强度的初腐象征，但面积不超过面积的 1%	允许防腐，但该部分单板不会剥落，也不能捻成粉末
9. 树脂漏（树脂条）	单个最大长度（mm）		不允许	150	不限		
	单个最大宽度（mm）			10			
	每平方米板面上个数			4			
10. 表板拼接离缝	单个最大宽度（mm）		不允许		0.5	1	2
	单个最大长度为板长（%）				10	30	50
	每米板宽内条数				1	2	不限

续表

缺陷种类	检量项目	面板 胶合板等级 特等	一等	二等	三等	背板
11. 表板叠层	单个最大宽度（mm）	不允许			8	不限
	单个最大长度为板长（%）				20	
12. 芯板叠离	紧帖表板的芯板叠离 单个最大宽度（mm）	不允许	2	4	8	10
	紧帖表板的芯板叠离 每米板宽内条数		2	3（自 2mm 以下不计）	不限	
	其他各层离缝的最大宽度（mm）		10			
13. 长中板叠离	单个最大宽度（mm）	不允许	10			
14. 鼓泡、分层		不允许				
15. 凹陷、压痕、鼓包	单个最大面积（mm^2）	不允许	50	400	3000	不限
	每平方米板面上个数	不允许	2	4	不限	不限
16. 毛刺沟痕	不超过板面积（%）	不允许	5	20	60	不限
	深度不得超过（mm）	不允许	0.5	不穿透，允许		
17. 表板砂透	每平方米板面上（mm^2）	不允许			1000	不限
18. 透胶及其他人为污染	不超过板面积（%）	不允许	1	10	不限	
19. 补片、补条	允许制作适当，且填补牢固的，每平方米板面上个数	不允许		6	不限	不限
	累计面积不超过板面积（%）			1	5	
	缝隙不得超过（mm）			0.5	1	2
20. 内含铝质书钉		不允许		允许		
21. 板边缺损	自公称幅面内不得超过（mm）	不允许		5	10	
22. 其他缺陷		不允许	按最类似缺陷考虑			

3.1.4 胶合板的胶合强度及含水率（表2-11）

胶合板的胶合强度及含水率 **表2-11**

材种	树种	类别	胶合强度(MPa)	含水率(%)
阔叶树材胶合板	椴木、杨木、拟赤杨	Ⅰ、Ⅱ	≥0.70	6～14
		Ⅲ、Ⅳ	≥0.70	8～16
	水曲柳、荷木、枫香、槭木、榆木、柞木	Ⅰ、Ⅱ	≥0.80	6～14
		Ⅲ、Ⅳ	≥0.70	8～16
	桦木	Ⅰ、Ⅱ	≥1.00	6～14
		Ⅲ、Ⅳ	≥0.70	8～16
针叶树材胶合板	马尾松、云南松、落叶松、云杉	Ⅰ、Ⅱ	≥0.80	6～14
		Ⅲ、Ⅳ	≥0.70	8～16

3.1.5 胶合板体积、张数的换算（表2-12）

胶合板体积、张数的换算 **表2-12**

幅面(mm)	面积(m^2)	每平方米张数(张)							
		三层		五层		七层		九层	十一层
		厚度(mm)							
		3	3.5	4	5	6	7	9	11
915×915	0.837	398	345	303	239	199	172	135	109
915×1220	1.116	294	256	222	179	147	128	96	81
915×1830	1.675	199	171	149	119	100	85	67	54
915×2135	1.954	171	147	128	102	85	73	56	46
1220×1830	2.233	149	128	112	90	75	64	50	41
1220×2135	2.605	128	109	96	77	64	55	43	35
1525×1830	2.791	119	102	90	72	60	51	40	33
1220×2440	2.977	112	96	84	67	56	48	37	30
1525×2135	3.256	102	88	77	61	51	44	34	28
1525×2440	3.721	90	76	66	53	45	38	30	24

3.2 硬质纤维板

3.2.1 硬质纤维板的规格与极限偏差（表2-13）

硬质纤维板的规格与极限偏差 **表2-13**

幅面尺寸(mm)	厚度(mm)	极限偏差(mm)		
		长度	宽度	厚度
610×1220 915×1830 1000×2000 915×2135 1220×1830 1220×2440	2.5,3.0,3.2,4.0,5.0	±5	±3	0.30

硬质纤维板面对角线长度之差每米板长不大于2.5mm，对边长度之差每米不大于2.5mm。

板边不直度每米不超过1.5mm。

缺角破边的程度以长宽度极限偏差为限。

3.2.2 硬质纤维板的外观质量（表2-14）

硬质纤维板的外观质量 **表2-14**

缺陷名称	计量方法	允许限度			
		特级	一级	二级	三级
水渍	占板面积百分比(%)	不许有	≤2	≤20	≤40
污点	直径(mm)	不许有		≤15	≤30，<15不计
	每平方米个数(个/m^2)			≤2	≤2
斑纹	占板面积百分比(%)	不许有			≤5
粘痕	占板面积百分比(%)	不许有			≤1
压痕	深度或高度(mm)	不许有		≤0.4	≤0.4
	每个压痕面积(mm^2)			≤20	≤400
	任意每平方米个数(个/m^2)			≤2	≤2
分层、鼓泡、裂痕、水湿、炭化、边角松软		不许有			

3.3 中密度纤维板

3.3.1 中密度纤维板分类

中密度纤维板的分类见表2-15。

中密度纤维板的分类 **表2-15**

类型	简称	表示符号	适用条件	适用范围
室内型中密度纤维板	室内型板	MDF	干燥	所有非承重的应用，如家具和装修件
室内防潮型中密度纤维板	防潮型板	MDF·H	潮湿	
室外型中密度纤维板	室外型板	MDF·E	室外	

3.3.2 中密度纤维板的规格及尺寸偏差

(1) 幅面规格：宽度为1220、915mm；长度为2440、2135、1830mm。

(2) 尺寸偏差应符合表2-16规定。

尺寸偏差 **表2-16**

性能	单位	公称厚度范围(mm)	
		≤19	>19
厚度偏差	mm	±0.20	±0.30
长度和宽度偏差	mm/m	±2.0	
对角线差	mm	≤6.0	
翘曲度	mm/m	≤5.0	
边缘不直度	mm/m	±1.5	

注：1. 每张板内各测量点的厚度不得超过其算术平均值的±0.15mm。

2. 当板厚度≤6mm时，不测翘曲度。

3.3.3　外观质量

（1）产品不允许有分层、鼓泡。

（2）产品的正表面应符合表 2-17 规定。

正表面质量要求　　　　**表 2-17**

缺陷名称	缺陷规定	允许范围		
		优等品	一等品	合格品
局部松软	直径≤50mm	不允许		3个
边角缺损	宽度≤10mm	不允许		允许
油污	直径≤8mm	不允许		1个
炭化		不允许		

3.3.4　中密度纤维板甲醛释放量

中密度纤维板甲醛释放量应符合表 2-18 的规定。

甲醛释放量指标　　　　**表 2-18**

级别	单位	指标值
A 级	mg/100g	≤9.0
B 级		>9.0～≤40.0

注：甲醛释放量指标适用于含水率 H（%）为 6.5 的板。对于不同的含水率，其测定值应乘以修正系数 F。

当板的含水率 $H \geqslant 4$ 或 $H \leqslant 9$ 时，系数 F 应按下列公式计算：

$$F=-0.133H+1.86$$

当板的含水率 $H<4$ 或 $H>9$ 时，系数 F 应按下列函数公式计算：

$$F=0.636+3.12e^{(-0.346H)}$$

3.4　细 木 工 板

3.4.1　细木工板的分类

（1）按板芯结构分：①实心细木工板；②空心细木工板。

（2）按板芯拼接状况分：①板芯胶拼细木工板；②板芯不胶细木工板。

（3）按胶接性能分：①室外用细木工板；②室内用细木工板。

（4）按表面加工状况分：①单面砂光细木工板；②双面砂光细木工板；③不砂光细木工板。

（5）按层数分：①三层细木工板；②五层细木工板。

3.4.2　细木工板的幅面尺寸及厚度

（1）幅面尺寸（表 2-19）

细木工板幅面尺寸（mm）　　　　**表 2-19**

宽度	长度				
915	915	—	1830	2135	—
1220	—	1220	1830	2135	2440

表板纹理方向为细木工板的长度方向。

经供需双方协议可以生产其他幅面尺寸的细木工板。

（2）厚度

1）细木工板的厚度为12，14，16，19，22，25mm。

2）经供需双方协议可以生产其他厚度的细木工板。

3.4.3 允许缺陷

（1）以阔叶树材单板为表面的细木工板外观分等允许缺陷见表2-20。

阔叶树材单板为表面的细木工板外观分等的允许缺陷 **表2-20**

<table>
<tr><th rowspan="3">缺陷种类</th><th colspan="2" rowspan="3">检量项目</th><th colspan="3">面　板</th><th rowspan="3">背板</th></tr>
<tr><th colspan="3">细工木板等级</th></tr>
<tr><th>优等品</th><th>一等品</th><th>合格品</th></tr>
<tr><td>针节</td><td colspan="2">—</td><td colspan="3">允许</td><td></td></tr>
<tr><td>活节</td><td colspan="2">最大直径(mm)</td><td>10</td><td>20</td><td colspan="2">不要求</td></tr>
<tr><td rowspan="4">半活节、死节、夹皮</td><td colspan="2">每平方米板面上总个数</td><td>不允许</td><td>3</td><td>6</td><td>不要求</td></tr>
<tr><td>半活节</td><td>最大单个直径(mm)</td><td>不允许</td><td>10(自5个以下不计)</td><td colspan="2">不要求</td></tr>
<tr><td>死节</td><td>最大单个直径(mm)</td><td>不允许</td><td>15(自2个以下不计)</td><td>15</td><td>50</td></tr>
<tr><td>夹皮</td><td>单个最大长度(mm)</td><td>不允许</td><td>15(自5个以下不计)</td><td colspan="2">不要求</td></tr>
<tr><td>木材异常结构</td><td colspan="2">—</td><td colspan="4">允许</td></tr>
<tr><td rowspan="2">裂缝</td><td colspan="2">单个最大宽度(mm)</td><td rowspan="2">不允许</td><td>1
椴木0.5
南方材1.5</td><td>3
椴木1.5
南方材4</td><td>6</td></tr>
<tr><td colspan="2">单个最大长度(mm)</td><td>200
南方材250</td><td>400
南方材450</td><td>不要求</td></tr>
<tr><td rowspan="2">虫眼、排钉孔、孔洞</td><td colspan="2">最大单个直径(mm)</td><td rowspan="2">不允许</td><td>2</td><td>3</td><td>15</td></tr>
<tr><td colspan="2">每平方米板面上个数</td><td>4</td><td colspan="2">不呈筛孔状不要求</td></tr>
<tr><td rowspan="2">变色</td><td colspan="2" rowspan="2">不超过板面积(%)</td><td>不允许</td><td>5</td><td colspan="2">不要求</td></tr>
<tr><td colspan="4">注：
1. 浅色斑条按变色计
2. 一等品深色斑条宽度不允许超过2mm,长度不允许超过20mm
3. 合格品深色斑条长度不允许超过150mm,每平方米板面上不允许多于3处
4. 桦木除优等品外,允许有伪心材,但一等品的色泽应调和
5. 桦木一等品不允许有密集的褐色活黑色髓斑
6. 优、一等品的异色边心材按变色计</td></tr>
<tr><td>腐朽</td><td colspan="2">—</td><td colspan="2">不允许</td><td>可以有不影响强度的初腐象征，但面积不允许超过板面积的1%</td><td>可以有初腐象征，但该部分单板不能剥落，也不能捻成末</td></tr>
</table>

续表

<table>
<tr><th rowspan="3">缺陷种类</th><th rowspan="3">检量项目</th><th colspan="3">面　板</th><th rowspan="3">背板</th></tr>
<tr><th colspan="3">细工木板等级</th></tr>
<tr><th>优等品</th><th>一等品</th><th>合格品</th></tr>
<tr><td rowspan="3">表板拼接离缝</td><td>单个最大宽度(mm)</td><td colspan="2" rowspan="3">不允许</td><td>1</td><td>2</td></tr>
<tr><td>单个最大长度为板长(%)</td><td>30</td><td>50</td></tr>
<tr><td>每米板长内条数</td><td>2</td><td>不要求</td></tr>
<tr><td rowspan="2">表板叠层</td><td>单个最大宽度(mm)</td><td colspan="2" rowspan="2">不允许</td><td>8</td><td rowspan="2">不要求</td></tr>
<tr><td>单个最大长度为板长(%)</td><td>20</td></tr>
<tr><td rowspan="2">芯板叠离</td><td>单个最大宽度(mm)</td><td rowspan="2">不允许</td><td>2</td><td>8</td><td>10</td></tr>
<tr><td>每米板长内条数</td><td>2</td><td colspan="2">不要求</td></tr>
<tr><td>鼓泡、分层</td><td>—</td><td colspan="4">不允许</td></tr>
<tr><td rowspan="2">凹陷、压痕、鼓泡</td><td>单个最大面积(mm²)</td><td rowspan="2">不允许</td><td>50</td><td>3000</td><td rowspan="2">不要求</td></tr>
<tr><td>每平方米板面上个数</td><td>1</td><td>不要求</td></tr>
<tr><td rowspan="2">毛刺沟痕</td><td>不超过板面积(%)</td><td rowspan="2">不允许</td><td>1</td><td>25</td><td>不要求</td></tr>
<tr><td>深度不超过(mm)</td><td>0.4</td><td colspan="2">不穿透不要求</td></tr>
<tr><td>表板砂透</td><td>每平方米板面上(mm²)</td><td colspan="2">不允许</td><td>1000</td><td>不要求</td></tr>
<tr><td>透胶及其他人为污染</td><td>不超过板面上积(%)</td><td>不允许</td><td>0.5</td><td>30</td><td>不要求</td></tr>
<tr><td rowspan="3">补片、补条</td><td>单个最大面积不超过板面积(%)</td><td colspan="2" rowspan="3">不允许</td><td>1</td><td>1.5</td></tr>
<tr><td>累计面积不超过板面积(%)</td><td>3</td><td>不要求</td></tr>
<tr><td>缝隙不超过(mm)</td><td>1</td><td>2</td></tr>
<tr><td>内含铝质书钉</td><td>—</td><td colspan="2">不 允 许</td><td colspan="2">不要求</td></tr>
<tr><td>板边缺陷</td><td>自公称幅面内不超过(mm)</td><td colspan="2">不允许</td><td colspan="2">10</td></tr>
<tr><td>其他缺陷</td><td>—</td><td colspan="4">按类似缺陷考虑</td></tr>
</table>

(2) 以针叶树材单板为表面的细木工板外观分等允许缺陷见表 2-21。

针叶树材单板为表面的细木工板外观分等允许缺陷　　**表 2-21**

<table>
<tr><th rowspan="3">缺陷种类</th><th rowspan="3" colspan="2">检量项目</th><th colspan="3">面　板</th><th rowspan="3">背板</th></tr>
<tr><th colspan="3">细工木板等级</th></tr>
<tr><th>优等品</th><th>一等品</th><th>合格品</th></tr>
<tr><td>针节</td><td colspan="2">—</td><td colspan="3">允许</td><td></td></tr>
<tr><td rowspan="3">活节、半活节、死节</td><td colspan="2">每平方米板面上总个数</td><td>不允许</td><td>5</td><td>10</td><td>不要求</td></tr>
<tr><td>活节</td><td>最大单个直径(mm)</td><td>不允许</td><td>20(自 10 个以下不计)</td><td colspan="2">不要求</td></tr>
<tr><td>半活节、死节</td><td>最大单个直径(mm)</td><td>不允许</td><td>5</td><td>30(自 10 个以下不计)</td><td>不要求</td></tr>
<tr><td>木材异常结构</td><td colspan="2">—</td><td colspan="4">允许</td></tr>
</table>

续表

<table>
<tr><th rowspan="3">缺陷种类</th><th rowspan="3" colspan="2">检量项目</th><th colspan="3">面　　板</th><th rowspan="3">背板</th></tr>
<tr><th colspan="3">细工木板等级</th></tr>
<tr><th>优等品</th><th>一等品</th><th>合格品</th></tr>
<tr><td rowspan="3">夹皮、树脂囊</td><td colspan="2">每平方米板面上总个数</td><td rowspan="3">不允许</td><td>3</td><td>10(自 15mm 以下不计)</td><td>不要求</td></tr>
<tr><td>夹皮</td><td>单个最大长度(mm)</td><td>15</td><td rowspan="2" colspan="2">不要求</td></tr>
<tr><td>树脂囊</td><td>单个最大长度(mm)</td><td>15</td></tr>
<tr><td rowspan="2">裂缝</td><td colspan="2">单个最大宽度(mm)</td><td rowspan="2">不允许</td><td>1</td><td>3</td><td>6</td></tr>
<tr><td colspan="2">单个最大长度(mm)</td><td>200</td><td>800</td><td>不要求</td></tr>
<tr><td rowspan="2">虫孔、排钉孔、孔洞</td><td colspan="2">最大单个直径(mm)</td><td rowspan="2">不允许</td><td>2</td><td>10</td><td>15</td></tr>
<tr><td colspan="2">每平方米板面上个数</td><td>4</td><td>10(自 5mm 以下不计)</td><td>不呈筛孔状不要求</td></tr>
<tr><td>变色</td><td colspan="2">不超过板面积(%)</td><td>不允许</td><td>浅色 10</td><td colspan="2">不要求</td></tr>
<tr><td>腐朽</td><td colspan="2">—</td><td colspan="2">不允许</td><td>可以有不影响强度的初腐象征，但面积不允许超过板面积的 1%</td><td>可以有初腐象征，但该部分单板不能剥落，也不能捻成末</td></tr>
<tr><td rowspan="3">树脂漏(树脂条)</td><td colspan="2">单个最大长度(mm)</td><td rowspan="3">不允许</td><td>150</td><td rowspan="3" colspan="2">不要求</td></tr>
<tr><td colspan="2">单个最大宽度(mm)</td><td>10</td></tr>
<tr><td colspan="2">每平方米板面上个数</td><td>4</td></tr>
<tr><td rowspan="3">表板拼接离缝</td><td colspan="2">单个最大宽度(mm)</td><td rowspan="3" colspan="2">不允许</td><td>1</td><td>2</td></tr>
<tr><td colspan="2">单个最大长度为板长(%)</td><td>30</td><td>50</td></tr>
<tr><td colspan="2">每米板长内条数</td><td>2</td><td>不要求</td></tr>
<tr><td rowspan="2">表板叠层</td><td colspan="2">单个最大宽度(mm)</td><td rowspan="2" colspan="2">不允许</td><td>8</td><td rowspan="2">不要求</td></tr>
<tr><td colspan="2">单个最大长度为板长(%)</td><td>20</td></tr>
<tr><td rowspan="2">芯板叠离</td><td colspan="2">单个最大宽度(mm)</td><td rowspan="2">不允许</td><td>2</td><td>8</td><td>10</td></tr>
<tr><td colspan="2">每米板长内条数</td><td>2</td><td colspan="2">不要求</td></tr>
<tr><td>鼓泡、分层</td><td colspan="2">—</td><td colspan="4">不允许</td></tr>
<tr><td rowspan="2">凹陷、压痕、鼓泡</td><td colspan="2">单个最大面积(mm^2)</td><td rowspan="2">不允许</td><td>50</td><td>3000</td><td rowspan="2">不要求</td></tr>
<tr><td colspan="2">每平方米板面上个数</td><td>2</td><td>不要求</td></tr>
<tr><td rowspan="2">毛刺沟痕</td><td colspan="2">不超过板面积(%)</td><td rowspan="2">不允许</td><td>5</td><td>60</td><td>不要求</td></tr>
<tr><td colspan="2">深度不超过(mm)</td><td>0.5</td><td colspan="2">不穿透不要求</td></tr>
<tr><td>表板砂透</td><td colspan="2">每平方米板面上(mm^2)</td><td colspan="2">不 允 许</td><td>1000</td><td>不要求</td></tr>
<tr><td>透胶及其他人为污染</td><td colspan="2">不超过板面积(%)</td><td>不允许</td><td>1</td><td colspan="2">不要求</td></tr>
<tr><td rowspan="3">补片、补条</td><td colspan="2">单个最大面积不超过板面积(%)</td><td rowspan="3" colspan="2">不允许</td><td>1</td><td>1.5</td></tr>
<tr><td colspan="2">累积面积不超过板面积(%)</td><td>5</td><td>不要求</td></tr>
<tr><td colspan="2">缝隙不超过(mm)</td><td>1</td><td>2</td></tr>
<tr><td>内含铝质书钉</td><td colspan="2">—</td><td colspan="2">不允许</td><td colspan="2">不要求</td></tr>
<tr><td>板边缺陷</td><td colspan="2">自公称幅面内不超过(mm)</td><td colspan="2">不允许</td><td colspan="2">10</td></tr>
<tr><td>其他缺陷</td><td colspan="2">—</td><td colspan="4">按类似缺陷考虑</td></tr>
</table>

3.5 刨 花 板

刨花板是木材或非木材植物生产的刨花板材料（如木料刨花、亚麻屑、甘蔗渣等）经加胶料、辅料或不加胶料、辅料，压制而成的板材。

3.5.1 刨花板分类

（1）根据用途分：①A类刨花板；②B类刨花板。

（2）根据刨花板结构分：①单层结构刨花板；②三层结构刨花板；③渐变结构刨花板；④定向刨花板；⑤华夫刨花板；⑥模压刨花板。

（3）根据表面状况分：①未饰面刨花板：（A）砂光刨花板；（B）未砂光刨花板。②饰面刨花板：（A）浸渍纸饰面饰面刨花板；（B）装饰层压板饰面刨花板；（C）单板饰面刨花板；（D）表面涂饰刨花板；（E）PVC饰面刨花板等。

（4）按所使用的原料分：①木材刨花板；②甘蔗渣刨花板；③亚麻屑刨花板；④棉秆刨花板；⑤竹材刨花板等；⑥水泥刨花板；⑦石膏刨花板。

（5）根据制造方法分：①平压刨花板；②挤压刨花板。

3.5.2 刨花板分等和规格

（1）分等

A类刨花板分为：优等品、一等品、二等品、三等品。

B类刨花板仅为一个等级。

（2）厚度

各类刨花板的公称厚度为4、6、8、10、12、14、16、19、22、25、30mm等。

注：经供需双方协议，可生产其他厚度的刨花板。

（3）幅面尺寸（表2-22）

刨花板的幅面尺寸（mm） **表2-22**

宽度	长度			
915	—	1830	—	—
1000	—	—	2000	—
1220	1220	—	—	2440

注：经供需双方协议，可生产其他幅面尺寸的刨花板。

（4）外观质量

刨花板的外观质量应符合表2-23规定。

3.6 定向刨花板

定向刨花板是用施加胶粘剂和添加剂的扁平长刨花经定向铺装后热压而成的一种多层结构板材，简称OSB板。

3.6.1 分类

定向刨花板根据使用条件分为四种类型，见表2-24。

3.6.2 厚度、幅面和尺寸公差

（1）厚度：各类定向刨花板的公称厚度为6、8、10、12、14、16、19、22、25mm等。

注：经供需双方协商，可生产其他厚度的定向刨花板。

刨花板外观质量要求 　　　　表 2-23

<table>
<tr><th colspan="2" rowspan="2">缺 陷 名 称</th><th colspan="3">A类</th><th rowspan="2">B类</th></tr>
<tr><th>优等品</th><th>一等品</th><th>二等品</th></tr>
<tr><td colspan="2">断痕、透裂</td><td colspan="4">不许有</td></tr>
<tr><td colspan="2">金属夹杂物</td><td colspan="4">不许有</td></tr>
<tr><td colspan="2">压痕</td><td>不 许 有</td><td>轻微</td><td>不显著</td><td>轻微</td></tr>
<tr><td rowspan="3">斑痕、石蜡斑、油污斑等污染点数</td><td>单个面积>40mm^2</td><td colspan="4">不许有</td></tr>
<tr><td>单个面积>10～40mm^{2}之间的个数</td><td>不许有</td><td>2</td><td colspan="2">不许有</td></tr>
<tr><td>单个面积<10mm^2</td><td colspan="4">不计</td></tr>
<tr><td colspan="2">漏砂</td><td colspan="2">不许有</td><td>不计</td><td>不许有</td></tr>
<tr><td colspan="2">边角残损</td><td colspan="4">在公称尺寸内不许有</td></tr>
<tr><td rowspan="3">在任意400cm^{2}板面上各种刨花尺寸的允许个数</td><td>≥10mm^2</td><td>不许有</td><td>3</td><td colspan="2">不计</td></tr>
<tr><td>≥5～10mm^2</td><td>3</td><td>不计</td><td colspan="2">不计</td></tr>
<tr><td><5mm^2</td><td>不计</td><td>不计</td><td colspan="2">不计</td></tr>
</table>

注：断痕、透裂、压痕计算方法见有关标准。

定向刨花板分类 　　　　表 2-24

类　型	使　用　条　件
OSB/1	一般用途板材和装修材料(包括家具),使用于室内干燥状态条件下
OSB/2	承载板材,适用于室内干燥状态条件下
OSB/3	承载板材,适用于潮湿状态条件下
OSB/4	承重载板材,适用于潮湿状态条件下

(2) 幅面：长度为 2440mm，宽度为 1220mm。

(3) 尺寸公差：定向刨花板尺寸允许公差应满足表 2-25 规定。

尺寸允许公差 　　　　表 2-25

<table>
<tr><th colspan="2">名　称</th><th>单位</th><th>允许公差</th></tr>
<tr><td rowspan="2">厚度</td><td>未砂板、板内和板间</td><td>mm</td><td>±0.8</td></tr>
<tr><td>已砂板、板内和板间</td><td>mm</td><td>±0.3</td></tr>
<tr><td colspan="2">长度和宽度</td><td>mm</td><td>±3.0</td></tr>
<tr><td colspan="2">边缘直线度</td><td>mm/m</td><td>1.5</td></tr>
<tr><td colspan="2">直角偏差</td><td>mm/m</td><td>2.0</td></tr>
</table>

3.7 装饰单面人造板

利用天然木质装饰单板（即优质木材用刨切或旋切加工方法制成的薄木片）粘贴在胶合板、刨花板、中密度纤维板及硬制纤维板表面制成的板材。

3.7.1　分类

(1) 按人造板基材品种分：①装饰单板贴面胶合板；②装饰单板贴面刨花板；③装饰单板贴面中密度纤维板；④装饰单板贴面硬质纤维板。

(2) 按装饰面分：①单面装饰单板贴面人造板；②双面装饰单板贴面人造板。

(3) 按耐水性能分：①Ⅰ类装饰单板贴面人造板；②Ⅱ类装饰单板贴面人造板；③Ⅲ类装饰单板贴面人造板。

(4) 按装饰单板的纹理分：①径向装饰单板贴面人造板；②弦向装饰单板贴面人造板。

3.7.2 规格尺寸和外观质量

(1) 装饰单板贴面人造板的幅面尺寸（表 2-26）。

装饰单板贴面人造板的幅面尺寸（mm） **表 2-26**

宽 度	长 度				
915	915	—	1830	2135	—
1220	—	1220	1830	—	2440

注：经供需双方协议可生产其他幅面尺寸的产品。

(2) 外观质量要求：

1) 装饰单板贴面人造板根据外观质量分为优等品、一等品和合格品三个等级。各等级装饰面外观质量要求应符合表 2-27 要求。

装饰面外观质量要求 **表 2-27**

<table>
<tr><th colspan="4">检量项目</th><th colspan="3">装饰单板贴面人造板等级</th></tr>
<tr><th colspan="3">名 称</th><th>项 目</th><th>优 等</th><th>一 等</th><th>合 格</th></tr>
<tr><td colspan="3" rowspan="2">(1)装饰性</td><td>美 感</td><td colspan="3">材质细致均匀、色泽清晰、木纹美观</td></tr>
<tr><td>配板与拼花</td><td colspan="3">纹理应按一定规律排列,木色相近,拼纹与板边近乎平行</td></tr>
<tr><td rowspan="2">(2)活节</td><td colspan="2">阔叶树材</td><td rowspan="2">最大单个长径(mm)</td><td>10</td><td>20</td><td>不限</td></tr>
<tr><td colspan="2">针叶树材</td><td>5</td><td>10</td><td>20</td></tr>
<tr><td rowspan="10">(3)</td><td colspan="2">半活节、死节、孔洞、夹皮和树脂囊、树胶道</td><td>每平方米表面的缺陷总个数</td><td>不允许</td><td>4</td><td>4</td></tr>
<tr><td colspan="2">半活节</td><td>最大单个长径(mm)</td><td>不允许</td><td>10,<5 不计,脱落需填补</td><td>20,<5 不计,脱落需填补</td></tr>
<tr><td colspan="2">死节</td><td>最大单个长径(mm)</td><td>不允许</td><td>不允许</td><td>4,<2 不计,脱落需填补</td></tr>
<tr><td colspan="2">孔洞(含虫孔)</td><td>最大单个长径(mm)</td><td>不允许</td><td>不允许</td><td>4,<2 不计,脱落需填补</td></tr>
<tr><td rowspan="4">夹皮</td><td rowspan="2">浅色</td><td>最大单个长度(mm)</td><td rowspan="2">不允许</td><td>20,<10 不计</td><td>30,<10 不计</td></tr>
<tr><td>最大单个宽度(mm)</td><td>2</td><td>4</td></tr>
<tr><td rowspan="2">深色</td><td>最大单个长度(mm)</td><td rowspan="2">不允许</td><td rowspan="2">不允许</td><td>15,<5 不计</td></tr>
<tr><td>最大单个宽度(mm)</td><td>2</td></tr>
<tr><td colspan="2" rowspan="2">树脂囊、树胶道</td><td>最大单个长度(mm)</td><td rowspan="2">不允许</td><td>20,<10 不计</td><td>30,<10 不计</td></tr>
<tr><td>最大单个宽度(mm)</td><td>2</td><td>4</td></tr>
</table>

续表

检量项目			装饰单板贴面人造板等级		
名称		项目	优等	一等	合格
(4)腐朽		不超过板面积(%)	不允许	不允许	1(指初腐)
(5)变色	真菌、化学变色	不超过板面积(%)	不明显	5，板面色泽要调合	20，板面色泽要调合
	异色心边材	不超过板面积(%)		10，板面色泽要调合	不限，板面色泽要调合
	伪心材	不超过板面积(%)		10，板面色泽要调合	不限，板面色泽要调合
(6)裂缝		最大单个宽度(mm)	不允许	0.5	1
		最大单个长度(mm)		100	200
		每米板宽内条数		2	3
(7)拼接离缝		最大单个宽度(mm)	不允许	0.3	0.5
		最大单个长度(mm)		200	300
(8)叠层		最大单个宽度(mm)	不允许	0.5	1
(9)鼓泡、分层		—	不允许	不允许	不允许
(10)凹陷、压痕、鼓包		最大单个面积(mm^2)	不允许		100
		每平方米板面上的个数			1
(11)补条、补片		每平方米板面上的个数	不允许		3 精细修补，木色、纹理与板面近似
		累计面积不超过板面积(%)			0.5
(12)毛刺沟痕		不超过板面积(%)	不允许	1，轻微	3，不允许穿透，穿透按孔洞计
(13)透胶、板面污染		不超过板面积(%)	不允许	不允许	1(指不显著透胶或污染)
(14)砂透		最大砂透宽度(mm)	不允许	3，仅允许在板边部位	8，仅允许在板边部位
(15)刀痕		最大单个宽度(mm)	不允许	不允许	0.3
(16)板边缺陷		最大缺边宽度(mm)	不允许	不允许	0.5
(17)其他缺陷			不影响装饰效果		

2）双面装饰单板贴面人造板必须保证有一面的外观质量符合所标明的等级要求，另一面的外观质量不低于合格品的要求。

注：对背面质量要求另有要求时，由供需双方商定。

3）单面装饰单板贴面人造板的装饰面外观质量应符合所标明的等级要求，背面必须符合相应的外观质量要求。

（3）物理力学性能

装饰单板贴面人造板的物理力学性能应符合表2-28的规定。

装饰单板贴面人造板物理力学性能要求　　表 2-28

检验项目	各项性能指标值的要求		
	装饰单板贴面胶合板	装饰单板贴面刨花板和中密度纤维板	装饰单板贴面硬质纤维板
含水率(%)	6.0～14.0	4.0～13.0	3.0～13.0
浸渍剥离实验	试件贴面胶层与胶合板每个胶层上的每一边剥离长度均不超过 25mm	试件贴面胶层上每个胶层上的每一边长度均不超过 25mm	
表面胶合强度(MPa)	≥0.50	≥0.40	≥0.30

实训课题　木材及木制品认知实习

1. 实训课题目的：

(1) 掌握常用木材的性质特征。

(2) 掌握木材的材质标准。

(3) 学会木材及木制品的识别和选用。

(4) 学会市场调查、信息采集。掌握新材料、新工艺、新方法。

2. 实训课题内容：

任课教师带领学生到建材市场，直观地认知木材及木制品，了解最新的木材信息。

3. 实训课题要求：

(1) 识别所见木材及木制品，说出其名称及性质特征。

(2) 每个学生要随时笔录相关信息资料，如材料的价格、使用量、目前流行材料等。

(3) 每个学生要写出 1500～2000 字的实训课题的小结。

思考题与习题

1. 木材的种类有哪些?

2. 通过市场调查，列举出木装修常用木种?

3. 试述承重木结构方木、承重木结构板材及承重木结构原木材质标准中的缺陷名称、木材等级。

4. 试述胶合板结构材质标准中缺陷名称、木材等级。

5. 刨花板按所使用的原料分为几种?

6. 试述硬质纤维板外观质量的缺陷名称。

单元3 木装修的配件及辅料

知 识 点： 装潢五金件的分类及适用范围；胶粘剂的组成、选择原则，常用木装修及竹木胶粘剂。

教学目标： 通过学习，能够正确识别木装修所用的各种五金件，并且能够正确选用；能够掌握胶粘剂适用范围，且能正确选用。

课题1 装潢五金件

“五金”原指的是金、银、铜、铁、锡五种金属，但现在五金制品所用的材料已远远超过了这五种金属的范畴，并且随着建筑装饰业的发展水平不断提高，各种功能多样、造型各异的五金产品不断涌现，方便和美化了人们的生活。

1.1 门 锁

锁是人们常用的一种必需品。随着公共安全防范的需要和现代科技的发展，声、光、电磁波等技术逐步运用到锁具上，进一步加强了锁具的保密性和安全性。

1.1.1 门锁的主要术语

当我们阅读锁具工具说明书及门锁方面的专业书籍时，常会遇到一些术语，见表3-1。

门锁常用术语 表3-1

术 语	说 明
锁具	各种锁类的统称
保密度	锁具具有保密性能的可靠度
耐用度	锁具的使用寿命
牢固度	锁具具有的外抗力破坏能力的程度
灵活度	锁具使用时具有的灵敏程度
互开	用本身钥匙能将另一把锁开启的现象
牙花	在钥匙上编排成一级高低不同的齿形
牙花数	在批量中钥匙牙花不相同的总数
闭合力	锁闭的瞬时，锁扣盒（板）给以锁舌压人锁体的反力
安全装置	指锁的结构中，带有防异物开启性能的装置
钥匙自然插入	钥匙插入锁芯时顺利导向性能
锁具保险	利用锁头或其他结构，能达到“外保内”的目的，为锁具保险

1.1.2　门锁的分类

(1) 按锁体安装在门梃中的形式，可以分为以下三类：

1) 外装门锁：锁体安装在门梃表面上的锁。

2) 插芯门锁：锁体插嵌安装在门梃中，其附件组装在门上的锁。

3) 球形门锁：锁体插嵌安装在门梃中，锁头及保险机构装在球形执手内的锁。

(2) 按锁具的结构可分为以下几种形式：

1) 弹子结构：一组基本形状为圆柱形的零件，其锁住或释放锁芯联动作用的结构。

2) 叶片结构：一组形状为片子的零件，起卡住或释放锁芯联动作用的结构。

3) 磁性结构：应用磁性材料制成的零件，起锁住作用的结构。

4) 密码结构：以数字编码组成的结构。

5) 电子编码结构：以电子原理编码组成的结构。

此外，对于门锁，锁舌形状有方舌、斜舌、钩舌等，按锁舌数目分为单舌和双舌；按锁头数目又分为单头锁（室外用钥匙开关）和双头锁（室内外均用钥匙开关）。锁舌可自由伸缩的叫活舌，多为斜形、圆弧形，供门开启用；要用钥匙或旋钮才能伸缩的叫呆舌，主要供锁门用，也称静舌。

门锁根据保险装置又分为单保险、双保险、三保险三种。锁保险的作用有锁舌保险、室内保险、室外保险三种。三种兼有的则称为三保险。

1.1.3　各种类型门锁的简介

门锁的基本性能如保险度、牢固度、耐用度、灵活度等的具体数据在购买锁具附送的说明书中都能详细了解到。以下仅就其主要类型加以简介：

(1) 外装门锁又称复锁。锁体安装在门梃表面上，安装、拆卸、维修、更换都比较方便，价格也较便宜，是建筑门锁中选用最广泛的类型。外装门锁分有外装单舌门锁、外装双舌门锁、外装多舌门锁和移门锁等。

1) 外装单舌门锁：又称外装弹子门锁，分为单舌单保险、单舌双保险、单舌三保险三种。

2) 外装双舌门锁：外装双舌门锁有双舌三保险、双舌双头三保险等类型。外装双舌锁室内外均装有锁头，双锁舌两面都可起锁闭作用，都用钥匙开启或锁闭。外装双舌门锁主要用在厚度为36～55mm的门上，如图3-1所示。

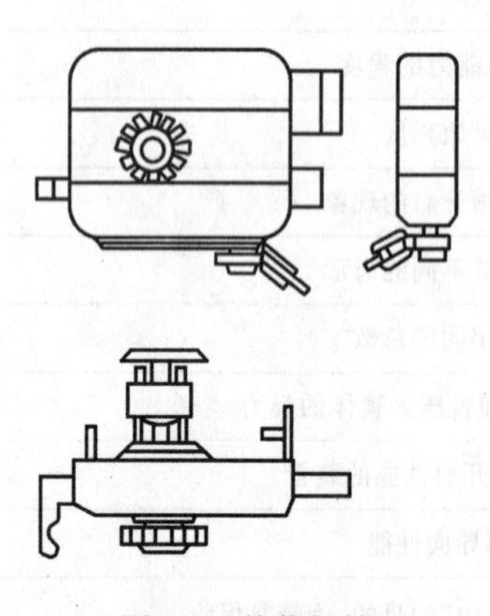

图3-1　外装门锁

(2) 插芯门锁。插芯门锁分为弹子插芯门锁和叶片插芯门锁。

1) 弹子插芯门锁：有单方舌、单斜舌、单斜舌按钮、双舌、双舌揿压插芯门锁和移门插芯门锁。主要用于35～50mm厚的木门上，如图3-2所示。

2) 叶片插芯门锁：叶片插芯门锁分单开式、双开式两种类型，如图3-3所示。

(3) 球形门锁。球形门锁多用于较高级的建筑物内。简易球形门锁常用在办公室、厕所、浴室、壁柜等木质或钢质门上，适于门厚35～55mm，如图3-4所示。

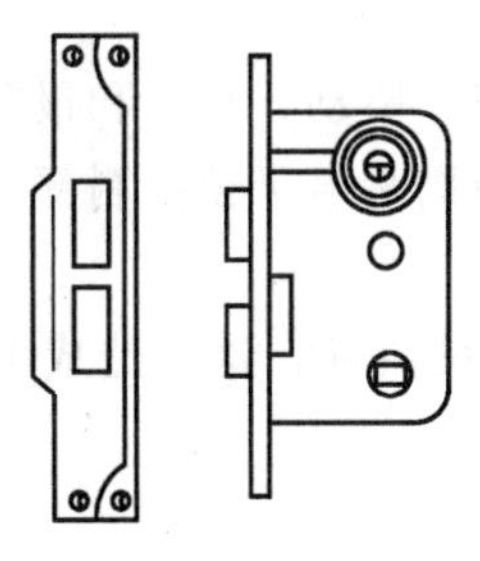

图 3-2　弹子插芯门锁

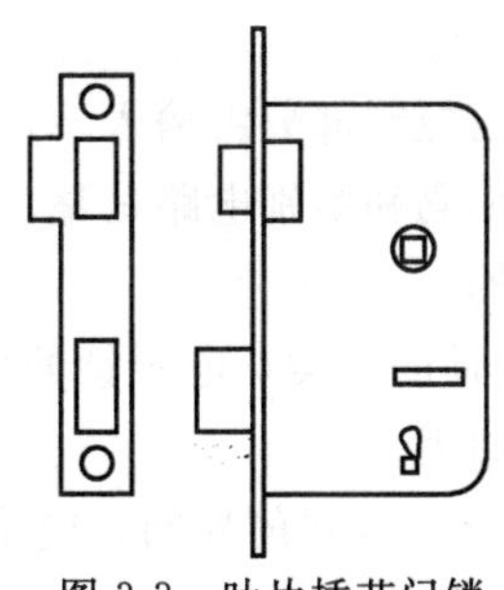

图 3-3　叶片插芯门锁

球形门锁的分类如下：

1）大门锁：外执手装有锁头，内执手装有旋钮，具有双锁舌结构的锁。

2）房间门锁：外执手装有锁头，内执手装有旋钮，锁舌带有保险柱的锁。

3）壁橱门锁：外执手装有锁头，无内执手的锁。

4）浴室门锁：外执手孔用钥匙开启，内执手装有保险机构的锁。

5）厕所门锁：外执手装有标示，用钥匙开启，内执手装有旋钮的锁。

6）防风门锁：有内外执手，适用于防风的锁。

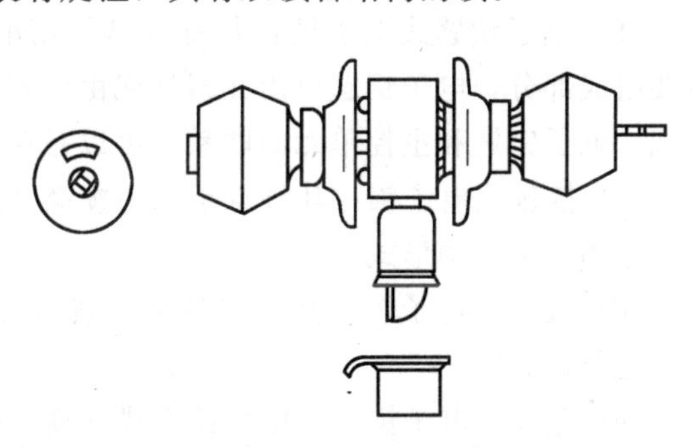

图 3-4　球形门锁

其中对于房间门锁，平时室内外用执手可自由开启，起防风作用；如欲锁闭，可在室内将旋钮揿进，室外必须用钥匙开启，开启旋钮自动弹出，解除保险。如将旋钮揿进后再旋转 70°或 90°对室外永远起保险锁闭作用。

对于厕所、浴室、更衣室门锁，平时室内外用执手可自由开启，起防风作用。门关闭后，室内将旋钮揿进，即锁闭，室外执手就无法开启，必要时用无齿钥匙可将其开启。

对于通道、防风门锁，两面执手可自由开启，无锁闭结构。

（4）电子门锁。电子锁，是由电子电路控制，以电磁铁（或微型电动机）和锁体作为执行机构的机电一体保险装置。它区别于传统的机械锁，不需用金属钥匙，使用方便，工作安全、可靠、保密性极强。

1）电子锁的结构，电子锁的一般结构如下所示：

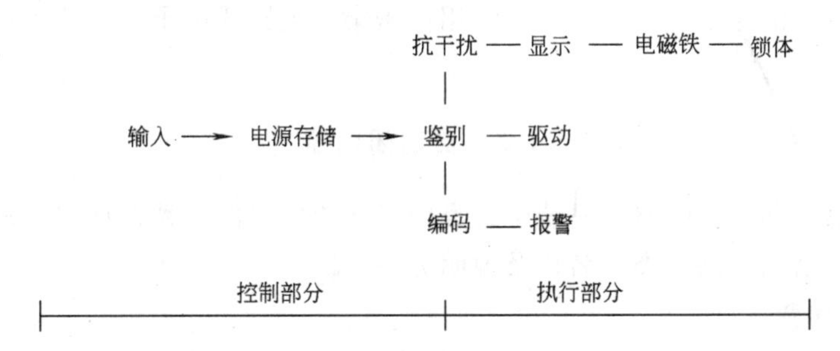

电子锁的执行机构一般采用电磁铁或微型电机拖动锁体。锁体可以分为锁舌式和锁扣

盒式。

电子锁的控制部分由输入、存储、编码、鉴别、抗干扰、驱动、显示和报警等单元组成。其中，编码和鉴别电路是整个控制部分的核心，而电源则是电子锁控制部分和执行机构不可缺少的。

2）电子锁的分类，电子锁的控制电路部分具有极大的灵活性，这是造成电子锁种类繁多的主要原因。

（A）按开锁方式的异同，电子锁可分为：

（a）卡片钥匙式电子锁：其特点是使用卡片钥匙开锁，卡片钥匙是控制电路的有机组成部分。做钥匙的卡片，就其性质而言具有多样性，如磁卡、穿孔卡等。一般把控制电路设计成平时不耗电状态。

（b）电子钥匙式电子锁：其特点是使用电子钥匙开锁，电子钥匙是构成控制电路的重要组成部分，电子钥匙可由元器件或由元器件搭成的单元电路组成，做成小型手持单元形式。电子钥匙和主控单元的联系，可以是声、光、电等多种形式。

（c）按键式电子锁：其特点是采用按键（钮）的方式开锁，简易方便，这是电子锁普遍采用的一种开锁形式。

（d）拨盘式电子锁：其特点是采用拨盘方式开锁。很多按键式电子锁可以改造成拨盘式电子锁。

（e）触摸式电子锁：采用触摸方式开锁，操作方便，相对于按键开关，触摸开关使用寿命长、造价低，因此优化了触摸式电子锁的电路。

（B）按使用元器件的异同，电子锁可分为：

（a）继电器式电子锁：采用继电器的触点联动，配合各类开关的串并联组合进行编码控制。

（b）可控硅式电子锁：采用串联、并联的可控硅进行编码控制。

（c）电容记忆式电子锁：利用电容的充放电进行编码控制。

（d）单结管延迟式电子锁：利用单接管作开锁延时器，增加了电子锁的保安性能。

（e）电子密码开关：运用模拟集成开关块，配合组合开关进行编码控制。

（f）555 电路式电子锁：将 555 时基电路接成触发器等形式，配合组合开关进行编码控制。

（g）专用保密集成电路式电子锁：作为电子锁控制电路的核心，专用保密锁集成电路的集成度较高，功能很强，需外围元件很少，安装方便、可靠。目前，在所有采用集成电路进行编码控制的电子锁当中，首推专用保密集成电路式电子锁的性能较好，但价格也比较高。

1.2 自动闭门器

自动闭门器，亦称门弹簧，是装于各类门扇下或门顶的一种自动闭门装置。根据使用情况，自动闭门器的产品分类、名称及说明见表 3-2。

1.2.1 地弹簧

地弹簧系用于比较高级建筑物的重型门扇下面的一种自动闭门器。当门扇向内或向外开启角度不到 90°时，它能使门扇自动关闭，而且可调整门扇自动关闭速度。如果需门扇

自动闭门器分类、名称及说明 表 3-2

分类	名称		说明
	一般名称	别名	
油压式自动闭门器	地弹簧	地坹、门地坹	由顶轴（装在门顶）、地轴套座（装在门座）和底座（埋于楼地面下）组成，门扇依顶轴和地轴的轴心为枢轴而旋转。门扇开启后能自动关闭，关闭速度可调整
	门顶弹簧	门顶弹弓	装于门扇顶上，特点是内部装有缓冲油泵，关门时速度较慢，均可从容通过
弹簧式自动闭门器	弹簧铰链	弹簧合页	能使门扇开启后自动关闭，单管式只能单向开启，双管式能里外双向开启
	门底弹簧	门底弹弓、地下自动门弓	分横式、直式两种。与双管式弹簧相似，能使门扇自动关闭，依地轴和顶轴的轴心与门扇边梃连接，不需另用铰链
	鼠尾弹簧	门弹弓、鼠尾弹弓、弹簧门弓	装在门扇中部的一种自动闭门器，适用于装在单向开启的轻便门上，如门扇不使用自动关闭时，可将臂梗垂直放下
	地弹簧	地坹、门地坹	与油压式自动闭门器中“地弹簧”不同之处，是这种地弹簧采用缓冲油泵，其他均可

暂时开启一段时间不要关闭时，可将门扇开启到90°位置，它即失去自动关闭的作用。当门扇开启一段时间后又需要关闭时。可将门扇略微推动一下，即可重新恢复自动关闭功能。这种自动闭门器的主要结构埋于地下，门扇上不需再另安铰链或定位器等。适用于双开门、左手及右手单开门等，如图 3-5 所示。

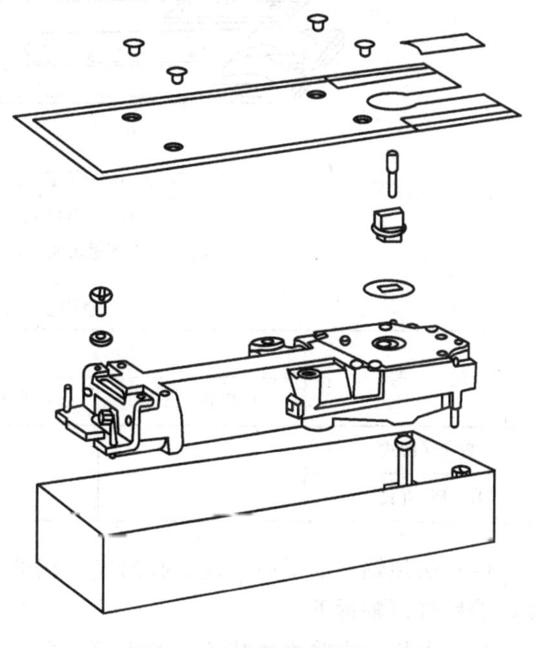

图 3-5 地弹簧主要结构

1.2.2 门顶弹簧

门顶弹簧，又称门顶弹弓，是装于门顶上的一种液压式自动闭门器，如图 3-6 所示，它能使门扇在开启后自动关闭。主要用于机关、医院、学校、宾馆等高级的房门上。只适用于单向开启门用。一般最大门宽可达 950、1100mm。

1.2.3 地弹簧

又称地下自动门弓，分横式和直式两种。相当于 200mm 或 250mm 双管式弹簧铰链一样，能使门扇开启后自动关闭，且能里外双向开启。如不需门扇自动关闭时，将门扇开启到 90°即可。适用于弹簧木门。表 3-3 是地弹簧规格举例。

下面以 204 型（横式）为例简单介绍安装方法，如图 3-7 所示。

（1）将顶轴安装于门框上部，顶轴套板装于门扇顶端，两者中心必须对准。

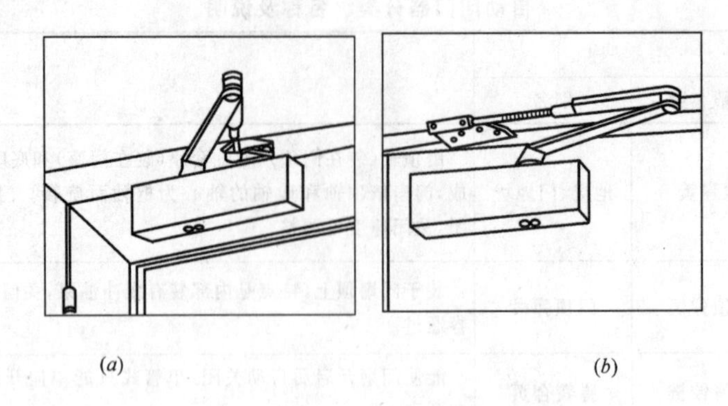

图 3-6 闭门器

(*a*) 标准安装；(*b*) 平门摇臂座安装

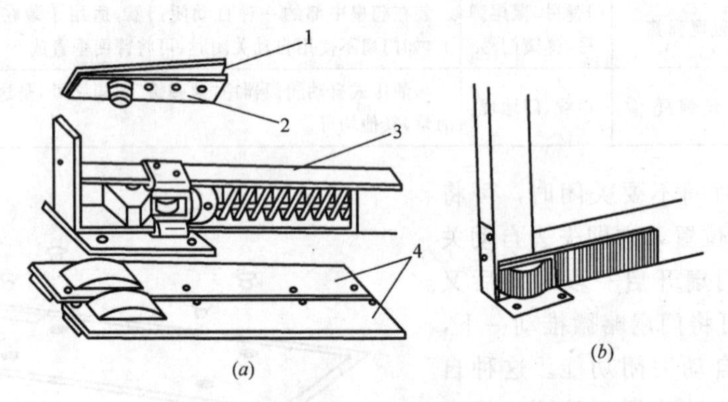

图 3-7 204 型（横式）地弹簧安装示意图

(*a*) 部件图；(*b*) 装配图

1—顶轴；2—顶轴套板；3—地弹簧主体；4—盖板

地弹簧尺寸规格 **表 3-3**

型 号	适 用 门 窗			
	门扇宽(mm)	门扇高(mm)	门扇厚(mm)	门扇重量(kg)
204 型(横式)	750～850	2100～2400	50～55	
105 型(直式)	650～750	2000～2100	45～50	25～30

(2) 从顶轴下部吊一垂线，找出安装在楼面上的底轴的中心位置和底板木螺钉孔的位置，然后将顶轴拆下。

(3) 先将地弹簧主体装于门扇下部，再将门扇放入门框，对准顶轴和底轴的中心以及底板上木螺钉孔的位置，然后再分别将顶轴固定于门框的上部，底板固定于楼地面上，最后将盖板装于门扇上，以遮蔽框架部分。

1.2.4 鼠尾弹簧

选用优质低碳钢弹簧钢丝制成，表面处理涂黑漆和臂梗镀锌或镀镍，是装于门扇中部的一种自动闭门器，如图 3-8 所示。

鼠尾弹簧器适于装在内外开启的木门上，200～300mm 适于轻便木门上，400mm 和

450mm 适于一般的门扇。

1.3 定 门 器

定门器有橡皮门碰钩（横式、竖式）、弹簧片碰钩（单双卡）、门风钩、磁性门止、磁性门碰、脚踏门止等。其种类和使用范围见表 3-4。

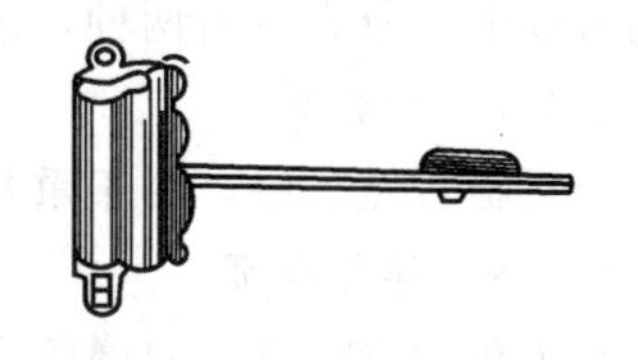

图 3-8 鼠尾弹簧器构造示意图

定门器种类和使用范围　　表 3-4

名　称	使 用 范 围
竖式橡皮门碰钩	安装在地坪上，用于内开大玻璃门或钢板门
横式橡皮门碰钩	安装在墙体上，用于内开大玻璃门或钢板门
横式单卡（双卡）弹簧片碰钩	用于内开一般钢门，安装在墙体上
门风钩	用于各种外开钢门
脚踏门止	用于各种内开钢门
磁性门止	用于各种内或外开钢门
磁性门碰	塑料纱门窗与实腹钢门窗配套用

1.4 木门窗用合页

1.4.1 普通型合页

适用于木制门窗及一般木家具上，如图 3-9 所示。

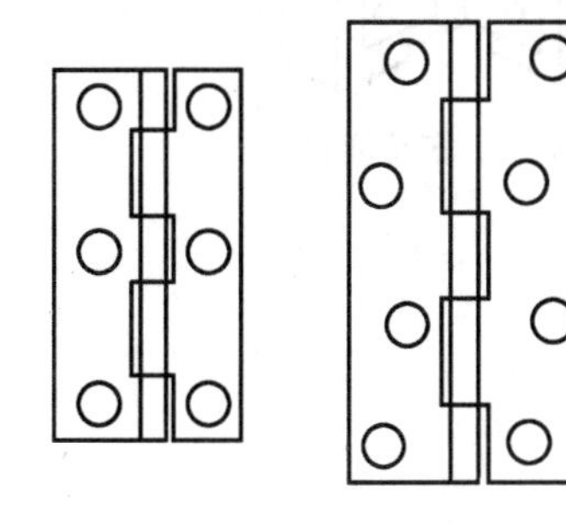

图 3-9 普通型合页

1.4.2 轻型合页

轻型合页本身厚度要小，一般有 0.60、0.70、0.75、0.80、1.00、1.05、1.15、1.25mm，显得轻薄，且螺钉直径较小。适用于木制门窗及一般木器家具上。

1.4.3 抽芯型合页

与普通合页基本相同，不同处为合页轴心可以抽出，抽出后，门窗扇即可取下，便于擦洗。

1.4.4 H 形合页

H 形合页也是一种抽芯合页，其中松配一片页板可以取下，如图 3-10 所示。它主要用于需要经常拆卸的木门上，如纱门等。其中右合页适用于向内开的右手门或向外开的左手门上，左手合页适用于向内开的左手门或向外开的右手门上。

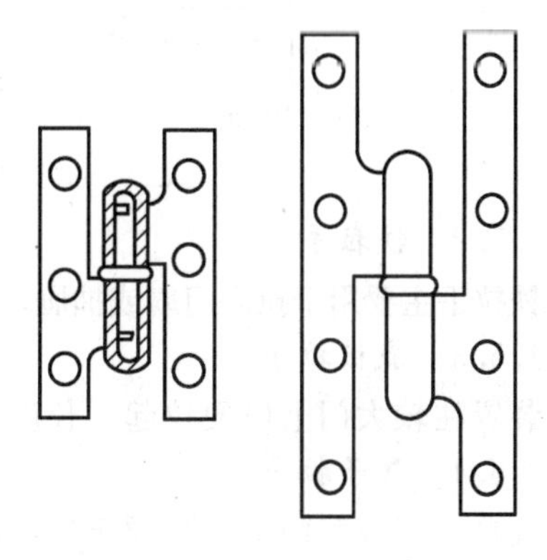

图 3-10 H 形合页

1.4.5 T 形合页

用于较宽的门窗上，如仓库、工厂大门等。

1.4.6 双袖合页

分为双袖Ⅰ型、双袖Ⅱ型、双袖Ⅲ型。用于一般门窗扇上，分为左右两种，能使门窗自由开启、关闭和拆卸。

1.4.7　方合页

合页板较宽、厚，用于重量和尺寸较大的门窗上。

1.4.8　弹簧合页

分为单弹簧合页、双弹簧合页。用于公共场所及人流出入频繁的木门上，它能使门扇开启后自动关闭。单弹簧合页只能单向开启，双弹簧合页能里外双向开启。

1.4.9　斜面脱卸合页（图 3-11）

适用于需经常关闭的门上。具有利用合页的斜面、门扇的重量而使门自动关闭的特点。

1.4.10　多功能合页

多功能合页（图 3-12）代替普通合页安装在门上使用，可省去如拉力弹簧、橡皮条、弹簧合页、闭门器或门扎头等牵引门扇物体。在 75°～90°角位置时，自行稳定，便于通风。小于 75°角则自动关闭。大于 90°角则靠门边墙。

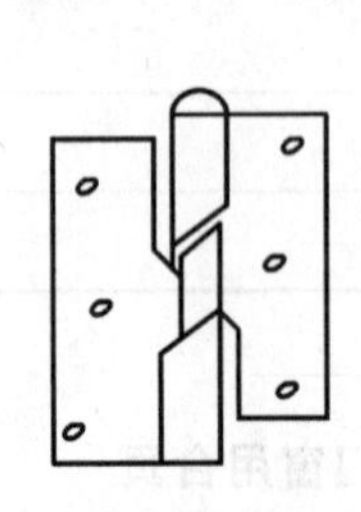

图 3-11　斜面脱卸合页

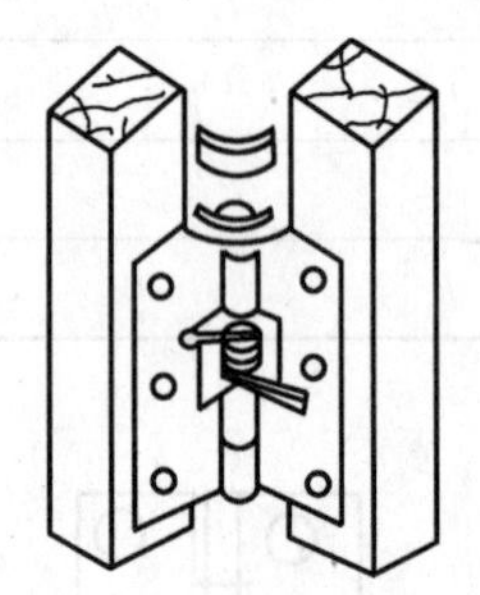

图 3-12　多功能合页

1.5　门窗拉手及执手

1.5.1　门锁用拉手及执手

门锁用拉手及执手如图 3-13 所示。

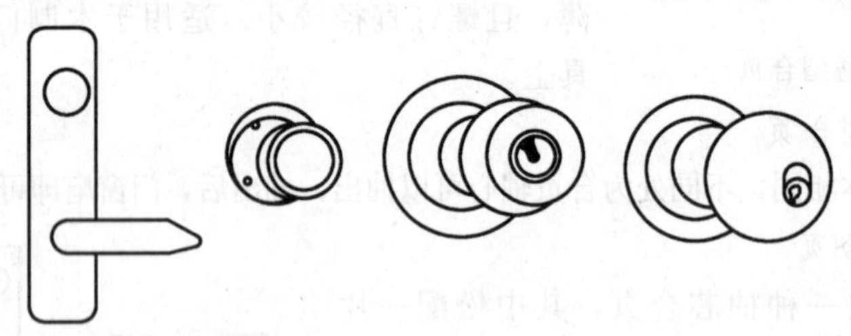

图 3-13　拉手及执手

1.5.2　铁拉手

铁拉手主要用于拉启门扇或抽屉，如图 3-14（*a*）所示，长度有 75、100、125、150mm。

1.5.3　底板拉手

装置在较大门上以便拉起。长度有 150、200、250、300mm，如图 3-14（*b*）所示。

1.5.4　管子拉手

装在大门或车门上，除便于拉启外还兼作扶手及装饰用。其长度 L＝200～1000mm，如图 3-14（*d*）所示。

1.5.5　方形拉手

装在大门或木门上，除便于拉启外还兼作扶手及装饰用，如图 3-14（*c*）所示。

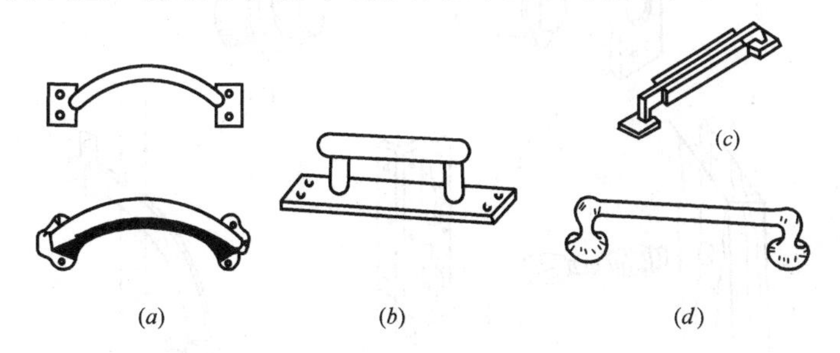

图 3-14　各种拉手

（*a*）铁拉手；（*b*）底板拉手；（*c*）方形拉手；（*d*）管子拉手

课题 2　家具五金及其辅料

2.1　家 具 五 金

2.1.1　钉

钉的种类繁多，传统钉类一般有圆钉、木螺钉、螺栓、秋皮钉、骑马钉等，其规格以钉长和钉杆直径来确定。

2.1.2　弹簧

弹簧一般用于沙发、床等家具上，有蛇行簧、小拉簧、盘簧等。蛇行簧钢丝为ϕ2.3～ϕ4.0mm，自由高度从 127～254mm。

2.1.3　其他配件

(1) 合页、脚轮、插销、拉手，如图 3-15 所示。

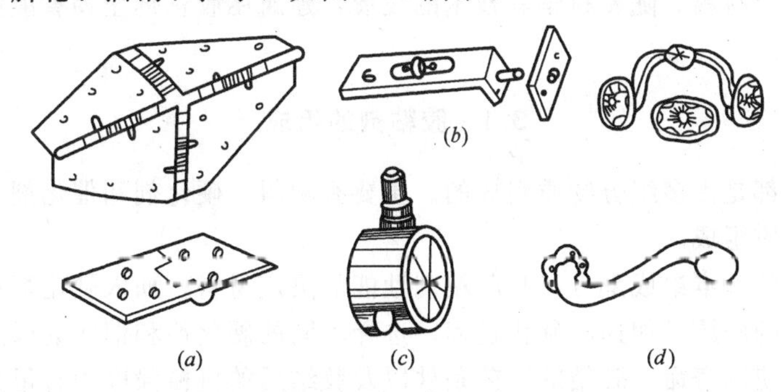

图 3-15　配件（一）

（*a*）合页；（*b*）插销；（*c*）脚轮；（*d*）拉手

(2) 碰珠、牵筋、连接件、搁板销，如图 3-16 所示。

2.2　辅 助 材 料

2.2.1　软椅、沙发等垫层材料

(1) 泡沫塑料。厚度有 5、10、15、20、25、30、35、40、45、50mm 等。

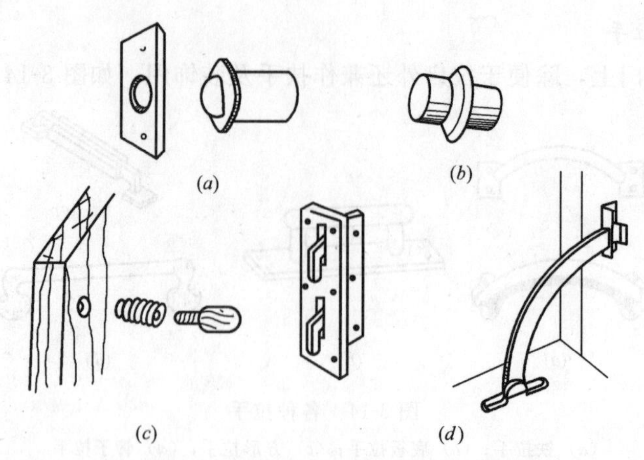

图 3-16　配件（二）

(*a*) 碰珠；(*b*) 搁板销；(*c*) 连接件；(*d*) 牵筋

（2）乳胶海绵。厚度有10、20、25、37、50、100mm等。

（3）其他有黄棕、椰子壳丝、藤芯丝、兽毛、稻草、麦秸等。

2.2.2　胶料

（1）脲醛胶。压胶合板或细木工板用。

（2）鱼漂胶、猪皮胶、牛皮胶。用于拼缝、榫胶合等，需熬煮热操作。

（3）聚醋酸乙烯乳胶。也称乳胶，冷操作使用简便。

课题 3　胶　粘　剂

凡能形成薄膜并将各种材料紧密粘结在一起的物质称为胶粘剂。它能将木材、玻璃、陶瓷、橡胶等材料紧密地粘接在一起。胶粘剂在建筑上应用极为广泛，已发展成为当代建筑不可缺少的配套材料。随着科学和技术的发展，建筑用胶粘剂正朝省能源、低成本、低公害的方向发展。

3.1　胶粘剂的组成

胶粘剂一般都是由多组分物质组成的。主要有粘料、硬化剂和催化剂、填料、溶剂和其他附加物等物质组成。

粘料是胶体的基本组成部分，是胶粘剂性能的决定材料；加入硬化剂和催化剂的是使之能硬化成坚固的胶层且加速其硬化过程。选择不同的硬化剂和催化剂以及选择不同的用量，对胶粘剂的使用寿命、胶结的工艺条件以及胶结后的机械强度均有很大的影响；填料的加入可增加胶粘剂的稠度，增大黏度，降低膨胀系数，降低收缩性，提高粘层的冲击韧性及其他机械强度。同时增加胶接接头的耐火性；在溶剂型胶粘剂组分中，需用有机溶剂来溶解粘料，调节黏度以便于施工；为满足某些特殊要求，在胶粘剂中常加入其他一些组分，如防霉剂、防老化剂、稳定剂等附加物。

3.2　胶粘剂的选择原则

胶粘剂品种繁多，不同品种的胶粘剂其组成、性质和胶结特性是不同的。即使同品种胶粘剂，配方的不同，所配成的胶粘剂的胶结性能也不同。选择胶粘剂的基本原则有以下几方面。

3.2.1　胶结材料的品种和特性

胶结材料有金属、橡胶、塑料、木材、玻璃、水泥、混凝土等。胶结可在同类材料之间进行，也可在异种材料之间进行。故在选用胶粘剂时，既要考虑胶粘剂对同种材料胶结的适应性，又要考虑异种材料胶结的适应性，两者兼顾才能得到满意的胶结质量。

3.2.2　胶结材料的使用要求

胶结材料的使用要求一般指胶结部位的受力类型、使用温度、耐介质性及耐老化性等。

(1) 胶结部位受力类型：胶结部位属高强度结构类型，则应选择热固性树脂结构胶，如环氧结构胶、酚醛结构胶等；对于次受力部位的结构，可选用热塑性树脂及合成橡胶胶粘剂，如聚丙烯酸酯、聚甲基丙烯酸酯胶粘剂、酚醛—氯丁胶粘剂等；对仅用于不承受荷载的胶结或定位的部位，可选用非结构胶粘剂，如聚醋酸乙烯、酚醛、聚酯和合成橡胶等动物胶、植物胶等。

(2) 使用温度：选用胶粘剂应注意胶结件所要承受的高低温度及冷热循环条件。不同条件下选用不同耐温性能的胶粘剂。橡胶胶粘剂为60～80℃，乙烯树脂胶为60～120℃，有机硅树脂胶可在200℃下长期使用，最耐高温的是无机胶粘剂，如磷酸—氧化铜胶粘剂，可耐1300℃高温。对于耐低温胶粘剂，一般是热固性树脂胶粘剂比热塑性树脂胶粘剂为优，可在－180℃下长期使用。

(3) 耐介质性及耐老化性：为保证经久耐用，应选用能耐相应介质，如水、火、酸碱等的侵蚀及耐大气老化的胶粘剂。

3.2.3　了解胶结工艺性

根据胶结结构的类型采用最适宜的胶结工艺及操作方法，常规的工艺步骤是：被粘物的表面处理—配胶—涂胶—晾置—贴合—固化。

3.3　常用木装修及竹木胶粘剂

3.3.1　装修胶粘剂

(1) 4115建筑胶粘剂。它是以溶液聚合的聚醋酸乙烯为基料，配以无机填料经机械作用而制成的一种常温固化的单组份胶粘剂。对多种微孔建筑材料，如木材、水泥制品、陶瓷、钙塑板等有优良的粘结性，可广泛用于会堂、商店、工厂、学校、民宅的装修中。其特点是固体含量高、早强挥发快、粘结力强、防水、抗冻、无污染、施工方便、价格合理。

(2) SG792建筑装修胶粘剂。它是以聚醋乙烯酯加无机掺合料配制而成的单组分胶粘剂。适用于在混凝土、砖、石膏板等制作的墙面上粘结木条、木门窗框、木挂镜线、窗帘盒、瓷衣钩、电器木台、瓷砖、瓷夹等。具有价格低、使用方便、粘结强度高等特点。

(3) 6202建筑胶粘剂。它是一种常温固化的双组分无溶剂触变环氧型胶粘剂，可用于建筑物五金的固定、电器安装等。对不适合打钉的水泥墙面，用该类胶粘剂更为合适，亦可用于家庭用具的密封、胶结与修补。具有粘结力强，不流淌，粘合面广，使用简便、安全和清洗方便等优点。

(4) 邦得胶（汇丽牌）。它是一种室内装潢膏状胶粘剂。具有质地细腻、均匀、初始粘附力强，贮存稳定性好，即拿即用，操作使用极为简便等特点。适用于瓷砖、塑料地板革、木地板、挂镜线、泡沫塑料、吸声板、壁毯等装饰材料的粘贴。

(5) 933型多功能装饰胶。它是一种改性乳液型强力胶粘剂，适用于室内外墙地面粘贴瓷砖、木地板、天花板、墙裙等装修工程。具有粘结强度高、耐酸碱、耐水、不老化、无毒、使用方便等特点。

(6) MD-157木地板胶粘剂。它是以有机材料和无机材料为基料制成的胶液，使用时，再掺加定量的水泥拌合而成。适于木地板与水泥砂浆地面的粘结，具有粘结强度高、耐久性、耐水性、无毒、无味等特点。

(7) 水乳性地板胶粘剂。它系以改性剂和填料 $CaCO_3$、改性聚醋酸乙烯为基体材料配制而成。适用于木制地板、塑料地板与水泥地面的粘结。具有粘结强度高、无毒、耐老化、施工简单、价格便宜等优点。

(8) 8123聚氯乙烯地板胶。它以氯丁乳胶为基料，加入增稠剂、填料等配制而成。适用于硬木拼花地板与水泥地面的粘贴。是一种水乳型胶粘剂，无毒，无味，施工方便，防水性能好。

3.3.2　竹木胶粘剂

(1) SJ-2水基胶。它由醋酸乙烯—丙烯酸共聚乳液及添加剂等组成的单组分胶液。用于各种木材的粘结，更适合于木材单片薄皮覆贴。覆贴薄木皮时，先将木材单片薄皮在处理液中浸渍，取出待用（控制含水量在70%左右）。用刷子将胶液均匀涂刷于需覆贴的部位上，覆贴薄皮后，用热熨斗压烫再用刮板将薄皮刮平，边缘有胶挤出即可。室温（15℃以上）放置4h即可进行下道工序，12h以上完全干燥。

(2) 水溶性酚醛树脂胶。它由水溶液酚醛树脂配合固化剂组成热固型或冷固型胶。具有常温固化、节约能源等特点。适用于制造耐水性胶合板、纤维板、层压板、家具等的粘结。

(3) 531脲醛树脂胶。它系脲醛树脂和固化剂氯化胺等组成。可在常温下或加热条件下固化。适用于竹、木材的粘结，也可作一般竹木器小元件的清漆。特点是价廉、粘结力强。

(4) 5011脲醛树脂胶。由（甲）5011脲醛树脂胶和固化剂氯化胺组成。用于制层压板、胶合板及竹木材质的胶粘。具有价廉、粘结强度高等特点。固化条件：常温下24h或50～60℃下5～8h。

实训课题　装潢五金件的识别和选用

1. 实训课题目的：

(1) 学会装潢五金件的识别和选用。

(2) 学会市场调查、信息采集。掌握新产品、新工艺、新方法。

2. 实训课题内容：

任课教师带领学生到建材市场，直观地认知装潢五金件，了解最新的产品信息。

3. 实训课题要求：

（1）识别装潢五金件，说出其名称及适用范围。

（2）每个学生要随时笔录相关信息资料，如各种装潢五金件的价格、使用量，安装方法等。

（3）每个学生要写出1500～2000字的实训课题的小结。

思考题与习题

1．门锁分为几类？球形门锁常用于何种门上，门厚为多少？

2．什么是电子门锁？有何特点？

3．木工用合页有几种类型？

4．列举出木装修常用的胶粘剂。试述它们的特点。

5．木制品需要的其他配件有哪些品种？

单元4　木工机具和操作方法

知 识 点： 木工常用手工工具和轻便电动机具的分类、作用、操作方法和维护保养。

教学目标： 通过学习，能够认识木工机具的加工特性，并灵活运用，以提升木制品制作的品质；熟悉木工机具的安全防护措施，以减少意外伤害的发生；培养学生操作、维护木工机具所应具备的各种知识，使之成为木工行业里优秀的工程技术人员。

木工机具分手工工具和电动机具两大类。目前，木制品加工制作的机械化程度不断提高，但在施工现场或小规模生产时，由于条件限制，仍较多采用手工工具以及轻便电动机具，因此熟悉常用手工工具和轻便电动机具的性能和操作是非常必要的。本单元主要介绍木工手工工具和电动机具的特点、使用及操作方法，其中课题1～6为木工手工工具的介绍及实训练习，课题7为木工电动机具的介绍及实训练习。

课题1　量具和画线工具

1.1　量　　具

木工常用量具的种类、用途及使用见表4-1、表4-2。

木工常用量具　　　　**表4-1**

名称	简　　图	用　途　及　说　明
直尺		直尺材料有木制、塑料制、有机玻璃制、金属制等。长度有1、3、5m等。直尺主要用于画直线、测量工件的长度、检验工件表面平整度
钢卷尺		刻度清晰、标准，使用携带方便。常用的长度有2.0、3.5、5、10m等，量度长短木料均可
木折尺		木折尺由质地较好的薄木板制成，有四折、六折及八折木尺，可以折叠，携带方便。使用时应拉直，并贴平物面。使用日久的折尺要进行核对
角尺	尺翼 尺柄	是木工重要的量具和画线工具。一般尺柄长15～20cm，尺翼长20～40cm，柄、翼垂直。是画平行线、垂直线及校验工件是否符合标准的重要工具。使用方法见表4-2

续表

名称	简图	用途及说明
三角尺	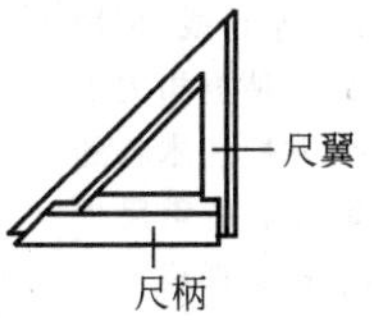 尺翼 尺柄	三角尺是木工画线时必不可少的工具，由不易变形的木料或金属片制成，为等腰直角三角形尺。使用时使尺柄贴紧物面边棱，可画出45°线及垂直线
活络尺	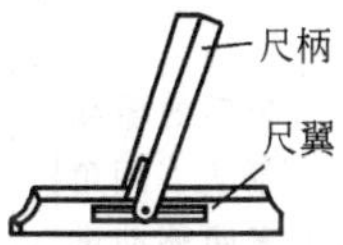 尺柄 尺翼	活络尺由尺柄、活动尺翼和螺栓组成，可任意调整角度。尺翼长一般为30cm。用以画任意角度斜线及斜面检验
圆规	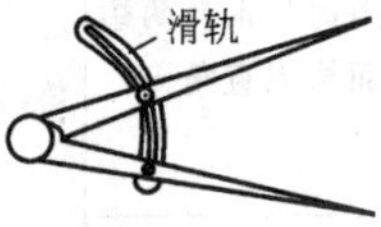 滑轨	圆规用以画圆弧或全圆及量取尺寸。此外，还可利用几何原理用于放样
塞尺	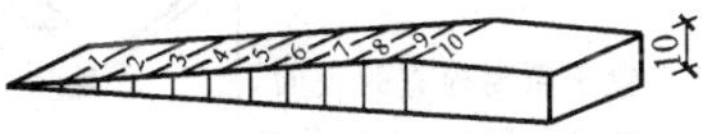 1 2 3 4 5 6 7 8 9 10 10	塞尺用于测定加工件表面高低凹凸不平的具体数据的测具，用铜质或硬木制成。使用方法是用直尺贴着加工件表面时，若两者之间露出缝隙，把塞尺伸入缝隙中去，伸入的厚度就是此缝隙大小的数值
量角器	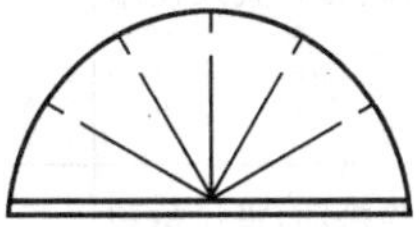	量角器用以直接测量、检验和等分部件上的各种角度
水平尺	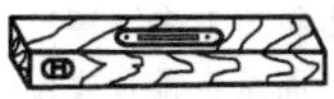	水平尺用于校验物面的水平或垂直，有木制、钢制和铝制几种。水平尺中部及端部装有水准管。将尺平置于待校验表面上，中部水准管气泡居中则表示表面呈水平。将水平尺端部有水准管的一端向上，紧贴工件立面，若端部水准气泡居中，则表示该面垂直
线锤		线锤是一个钢制的正圆锥体，上端中央有一带孔螺栓盖，可系一根细绳，用于校验物面是否垂直。使用时，手持绳的上端，锤尖自由下垂，视线随绳线，若绳线与物面上下距离一致，即表示物面为垂直

常用量具的用途、使用方法及注意事项　　表4-2

名称	作业内容	示意图	使用方法	注意事项
角尺	画垂直线	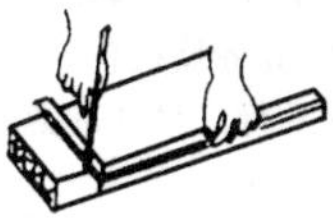	画木料基准边的垂线。使用时，左手握住角尺的尺柄中部，使尺柄的内边紧贴木料的基准边，右手执笔，沿尺翼外边画线，即为与基准边垂直的线	在使用过程中应定期验证直角的准确度。方法：取一块边部刨直的木板，将尺柄紧贴基准边，用细而硬的铅笔画一根垂线；然后将尺翻向另一边，看尺梢边部是否和铅笔线重合。如果重合，说明是直角，否则，应进行修整 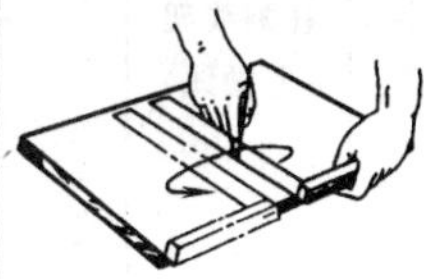
	画平行线		左手握住角尺的尺翼，使中指卡在所需要的尺寸上，并抵住木料的直边，右手执笔，使笔尖紧贴角尺外角部，同时用无名指和小指托住短尺边，两手同时用力向后拉画，即画出与木料直边平行的直线	

续表

名称	作业内容	示意图	使用方法	注意事项
角尺	画平行线		如用角尺的尺度画平行线，可用左手握住角尺的尺翼，使拇指尖卡在所需要的尺寸上，并抓住木料的直边，右手执笔，笔尖紧贴角尺外角部，两手同时向后拉画即成	在使用过程中应定期验证直角的准确度。方法：取一块边部刨直的木板，将尺柄紧贴基准边，用细而硬的铅笔画一根垂线；然后将尺翻向另一边，看尺梢边部是否和铅笔线重合。如果重合，说明是直角，否则，应进行修整 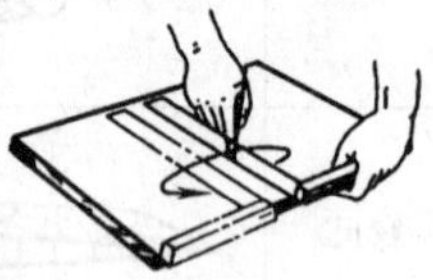
	卡方	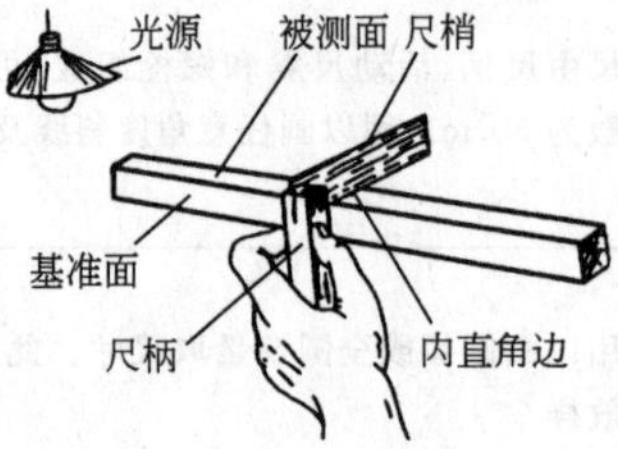 光源 被测面 尺梢 基准面 尺柄 内直角边	在刨削过程中及组装后的零部件中，检查相邻面是否垂直。用角尺内角卡在木料角上来回移动进行检验，如果尺的内边与木料两边贴紧，即表示相邻面构成直角	
	检查表面平直		将角尺立置于所要检查的表面，如尺边与木料表面紧贴，无凹凸缝隙，即为平直。可代替长直尺使用	
活络尺	斜面检查		使用时先将螺栓松动，将尺柄和尺翼的夹角调整到所需角度，拧紧螺栓，将内角卡在木料角上来回移动进行检验，可知斜面是否符合要求。图示为六棱柱体检查方法示例	—
	画倾斜于板边的平行线	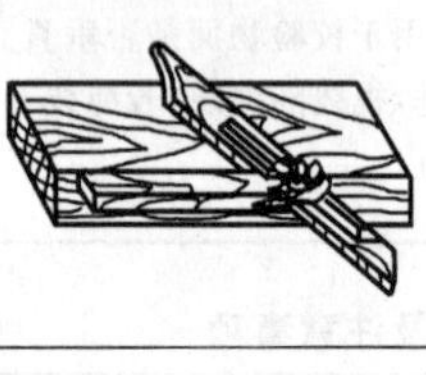	调整活络尺到所要求的角度，画线	
钢卷尺	测量工件尺寸、测量距离	—	测量时，左手握住工件，右手拇指和食指捏住尺条，将尺盒用其余三指握在手心，然后用尺端搭扣工件侧端，左手拇指将尺按住，卷尺应与工件边沿平行。尺寸起点从搭扣内侧算起	当用钢卷尺测量潮湿木料或雨天使用后，应擦干并抹上少许机油，以免锈蚀 防止尺带弯曲折断、尺头挂钩脱落、尺面被践踏
丁字角尺	在画线架上画线		需画成批档料的加工线时，可用丁字角尺，在专门的画线架上操作。由于减少了翻料次数，因而画线速度快、准确性好	当尺翼较长时，画线笔在尺翼尾部不可用力过大，以防尺梢移动将线画歪

1.2 画线工具

画线的方法有多种，如铅笔画线、竹笔衬墨画线、线勒子画线、墨斗工具弹线，还有较传统的墨株画线等。木工常用画线工具的种类、用途及使用见表4-3。

木工常用画线工具　　表4-3

名称		简图	用途及说明
木工铅笔			木工铅笔的笔杆呈椭圆形，笔头应削成扁平形，笔尖宜细不宜粗，这样精度较高。线的宽度一般不超过0.3mm，并且要均匀、清晰。画线时使铅芯扁平面沿着尺顺划
竹笔			竹笔是用竹片制作而成，笔端部薄而宽，有许多细小缝隙，便于吸饱墨汁。使用时，右手握杆，扁平的笔端在移动时应注意避免拖墨
勒线器（线勒子）		勒子档 小刀片 勒子杆 活楔	由勒子档、勒子板、活楔和小刀片等部分组成。勒子档多用硬木制成，中凿孔以穿勒子杆，杆的一端安装小刀片，杆侧用活楔与勒子档楔紧
拖线器（墨株）			用竹片或木板制成，开有各种距离的三角槽口，中间用档块来控制画线尺寸。使用时利用拖线器的三角槽口，配合画线笔来拖画直线
墨斗	墨斗	定针	是较长工件和半成品弹线的工具，一般用硬木制作。由圆筒、摇把、线轮、定针等组成。圆筒内装有饱含墨汁的丝棉或棉花，筒身上留有对穿线孔，线轮上绕有线绳，一端栓住定针
	墨斗弹线		使用时，线绳通过墨汁棉拉出，使线绳能浸透墨汁，线绳拉紧绷直，通过弹线平面，对准定在线的前后两个端点上，提线后瞬间松手使线绳弹在物面上即可。注意，线绳要拉紧，吸墨要饱满，提线要垂直于物面，不能倾斜，否则弹出的线会有弧度。如印痕不清，可以复弹

课题2　锯类工具

锯类是一种由金属钢片制成的多刃木工锯割工具，条状的叫锯条，片状的叫锯片。对木材进行锯割的目的，就是把木材纵向锯开或横向锯断，把木材锯成所需的大小、长短、厚薄的成品材，是木材加工的主要工具。

2.1 锯的种类及用途

锯的种类及用途见表4-4。

锯割过程中，锯条的锯齿不断切割木材，木材对锯齿也产生较大的挤压力，因此，锯条必须具备抵抗挤压力的强度，具备齿刃切削力的韧性。强度高的锯条张紧好，锯身不会在锯割过程中变形；韧性好的锯条有一定的可塑性和耐热性，齿刃不会变钝。所以，选择锯条时，既要选择刚性好的锯条，又要选择韧性处理好的锯条。

锯的种类及用途 表 4-4

类别	简图	名称	锯齿特征	用途及说明
框锯	锯柄 锯梁 锯条 锯标 锯索 锯扭 框锯是由锯梁支承上下锯柄，受张紧锯索的拉力、把锯条张紧。锯条支承在锯架上，由锯扭的扭转调整锯割方向或锯条与锯柄的操作角度	粗锯	锯齿稀，每 25mm 有 4～6 个齿	纵锯，在顺木纹方向锯割时使用。锯片长 800～850mm，锯条宽度一般为 3～4cm
		中锯	锯齿稍密，每 25mm 有 7～9 个齿	横锯，垂直木纹方向锯割时使用。锯片长 600～650mm，锯条宽度一般为 3～4cm
		细锯	锯齿细密，每 25mm 有 11～13 个齿	纵、横锯，开榫头和拉肩时使用。锯片长 500mm 以下，锯条宽度一般为 2～3cm
		曲线锯	锯片窄且较厚，每 25mm 有 9～11 个齿	锯圆弧和曲线时使用。锯片长 400～500mm，锯条宽度较窄，一般为 1～1.5cm
刀锯		双刃刀锯	一侧较粗，每 25mm 有 5 个齿；另一侧较密，每 25mm 有 7～8 个齿	锯片两侧都有锯齿，一边为纵锯锯齿，一边为横锯锯齿。适用于框锯使用不便的地方
		夹背刀锯	锯齿细密，每 10mm 内有 10 个齿	锯片较薄，钢夹背加强锯片背部强度，保持锯片平直。锯齿细密，木料割面光洁，多用于细木工活使用
		鱼头刀锯		也称大头锯。锯齿较粗疏，一般用于横截木材
弓锯		钢丝锯	用竹片弯成弓形，钢丝四周剁出飞棱，棱距 8～10mm	用于精细圆弧和工件的锯割。与曲线锯操作相同，右手握住锯弓上部把手，左手用力压住工件，锯削时用力要轻，细小的钢丝易折断
板锯		手锯		用于锯割较宽的木板

2.2 锯齿构造

如果锯条锯齿都在一条直线上，用来锯割就会夹锯并且易偏斜。所以一般都将锯齿尖按一定间距拨向两边，叫料路，又称锯路。锯齿尖向两侧的倾斜程度叫料度。适当的料度可使锯条与木料形成间隙，减少锯条的摩擦力，既省力又便于木屑排出。锯齿前刃短、后刃长，前刃与锯条方向的夹角称斜度。锯齿构造见表 4-5。

2.3 锯的使用

锯割是木工基本操作之一。下面以框锯为例，说明锯的使用。

锯割之前，首先要根据工件要求画线，依线锯割。框锯使用前，先把横梁绳张紧，锯条拨正，木料放置平稳。使用方法有纵向锯割、横向锯割、曲线锯割三种，见图 4-1。不论何种锯法，都用右手握住锯柄上下推拉。如果被锯的木料体积小，可把木料放在工作凳上，用一根木条的一端压住，然后用左手或脚压牢木条，不使移动，再进行锯割；如果是体积较大的木料，要用脚踏住，腾出左手帮助右手一起推拉，可以加快锯割的速度。

锯齿的构造　　　　**表 4-5**

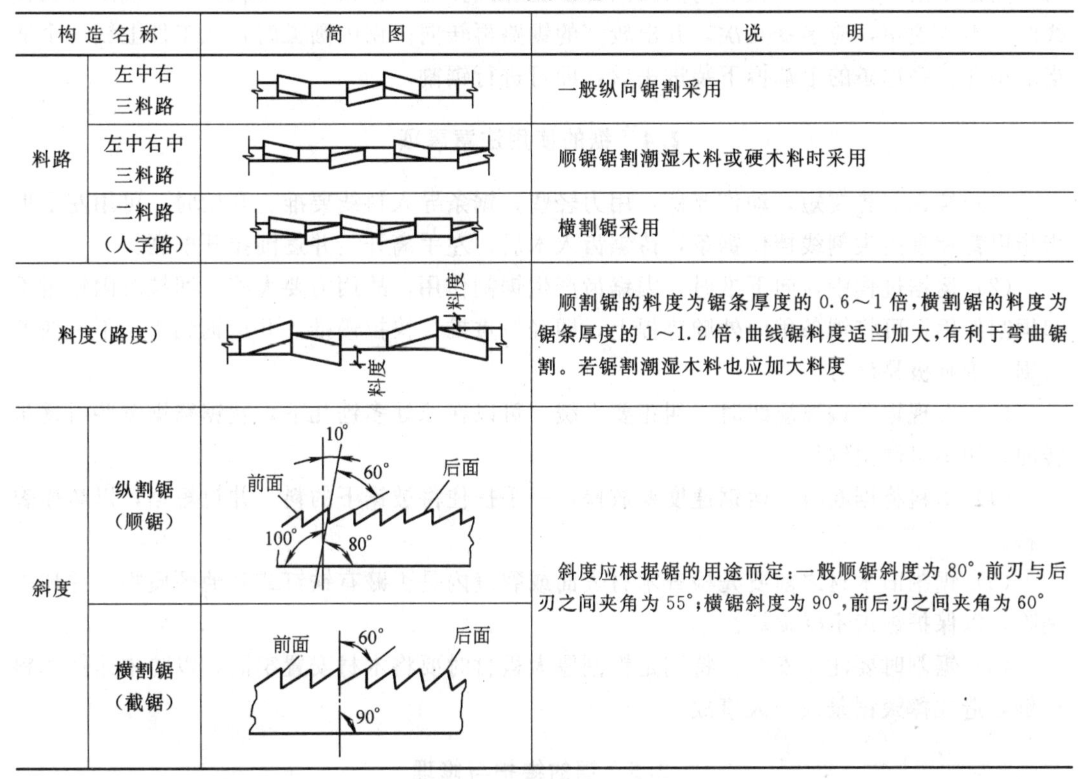

构造名称		简图	说明
料路	左中右三料路		一般纵向锯割采用
	左中右中三料路		顺锯锯割潮湿木料或硬木料时采用
	二料路（人字路）		横割锯采用
料度（路度）			顺割锯的料度为锯条厚度的 0.6～1 倍，横割锯的料度为锯条厚度的 1～1.2 倍，曲线锯料度适当加大，有利于弯曲锯割。若锯割潮湿木料也应加大料度
斜度	纵割锯（顺锯）		斜度应根据锯的用途而定：一般顺锯斜度为 80°，前刃与后刃之间夹角为 55°；横锯斜度为 90°，前后刃之间夹角为 60°
	横割锯（截锯）		

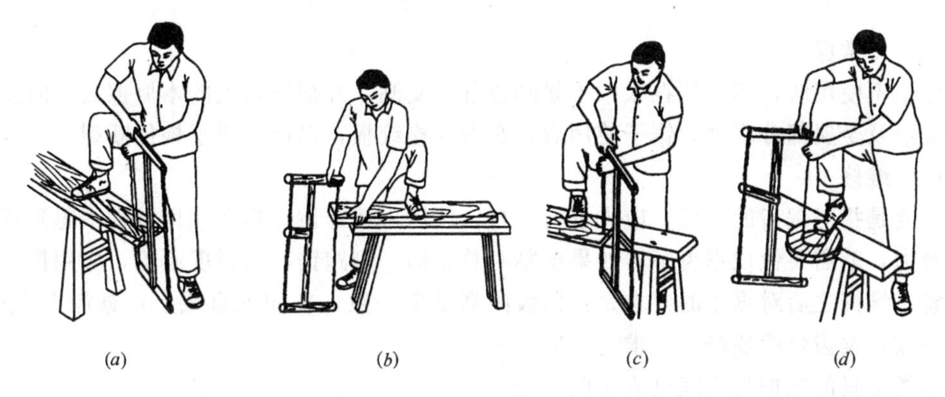

(*a*)　(*b*)　(*c*)　(*d*)

图 4-1　框锯的锯割姿势

(*a*) 纵向锯割；(*b*) 横向锯割；(*c*) 外圆弧；(*d*) 内圆弧

（1）纵向锯割：把木料放在工作凳上，右脚踏住工件，右手持锯，将锯钮夹在小指和无名指之间。开始锯时，用左手拇指引导下锯，锯齿切入后，可加速锯身的行动。一般的姿势是上身微俯，可以上下弯动，但不可以左右摇摆。为了锯割正确，眼睛、锯条和锯缝要三点成一直线。

（2）横向锯割：使用时，左脚踏紧工件。起锯时，为了稳定位置，左手大拇指宜引导锯齿上线，轻轻推拉，等锯齿没入后，再加强推拉力量。要用力均匀，快锯完时应放慢锯割速度，用手稳住木料的端部，防止木料折断。

（3）曲线锯割：操作与纵锯割相同，左手随时调整木料位置，以能够按画线锯割木料。圆弧锯割时，分外圆弧和内圆弧两种。锯外圆弧时，锯条要与木料垂直，绕不过圆弧线时，不要硬扭，应多锯几次，开出较宽的锯路再转向。锯内圆弧时，在工件上钻一个适当的小孔，将锯条的上端拆下装进去后，即可进行锯割。

2.4 锯的使用注意事项

（1）拉锯起势要短，动作要稳，用力轻些，锯条导入料线要准。开始时，可用左手拇指指甲背和食指尖刻线挡住锯条，待锯齿入木后，左手离开，并逐渐拉开框锯。

（2）运锯过程中，向下推时，因锯齿产生锯割作用，故用力要大些，回拉时因锯齿不起锯割作用，可将锯条稍向外顺势提上，即轻拉重推，快拉慢推，并运锯到头。不可快速猛锯，否则极易疲劳。

（3）发现锯条偏离墨线时，纠正要平缓。可以在原处多锯几下，就锯路锯宽些再逐步转向，切不可硬扭锯架。

（4）木料将锯断时，运锯速度要放慢，一手扶住将被锯下的料，并拉短锯，以防撕裂木料。

（5）锯割旧木材之前要先检查木材表面或裂缝内是否藏有铁钉或其他硬质物，并加以剔除，以保护锯齿不受损坏。

（6）锯割时要注意安全，特别是锯割厚大板材时要将木材安置牢固，以防中途把木料拉倒，造成摔毁锯条或伤人事故。

2.5 锯的维护与修理

（1）日常保养

锯子不使用时，不要放在太阳下暴晒或淋雨受潮，并把锯条上的木屑擦去，防止木质部分变形及金属部分腐蚀。锯子使用后，必须放松绞板，以避免锯子构件断裂。

（2）维修

主要是指对锯齿的修理，应先进行拨料，然后再锉锯齿。当在使用过程中感到进锯慢而又费力，就需要锉伐锯齿了；如果锯割时总是向一侧跑锯，则料度不均，应用拨料器进行调整。维修之后对锯齿的要求是：锯齿间高低要一致，在同一直线上；锯齿大小相等，间距一致；锯齿角度要符合要求。

锯类工具的维护与修理见表 4-6。

锯类工具的维修 表 4-6

名称		简图	使用说明
拨料路	拨料器		使用时，以拨料器的槽口卡住锯齿，用力向左或向右拨开，拨开的程度应符合料度的要求
钢锉	平锉		用于描尖
	刀锉		用于掏膛
	三棱锉		

续表

名称		简图	使用说明
锉伐	掏膛		当锯齿被磨短而影响排屑时，用刀锉或三棱锉按锯齿的角度进行锉伐，以增加锯齿的长度，使两锯齿之间锯槽加深
	描尖		当锯齿迟钝时需要用平锉把锯齿尖端锉削锋利，称为描尖。锉伐时适当加压力向前推锉，回锉时不加压力，轻抬而过

另外，还要对锯架进行维修。如发现绳索、螺母、木架拉榫处有损坏，应及时调整或修理。

课题3 刨类工具

刨是木工重要的工具之一，它的作用是把木材刨削成平直、圆、曲线等不同形状。木材经过刨削后，表面会变得平整光滑，具有一定的精度。

3.1 刨的种类

刨主要分几种，平刨用来刨削木料的平面，使其平直、光洁，槽刨主要用来刨削凹槽，线刨用来开美术线条等。

刨的种类见表4-7。

3.2 刨的使用

3.2.1 刨刃调整

安装刨刃时，先调整刨刃与盖铁两者之刃口距离，用螺钉拧紧，然后将它插入刨身中，刃口接近刨底，加上木楔，稍往下压，左手捏住刨身左侧棱角处，用锤轻敲刨刃，使刨刃刃口露出刨口槽。刃口露出多少要根据刨削量而定，一般为0.1～0.5mm，最多不超过1mm，粗刨多一些，细刨少一些。如果刃口伸出太多，可用钉锤轻敲刨身的尾部，使刃口退回一些，直至刃口符合刨削的要求。

3.2.2 推刨要领

在推刨前，应对材面进行选择。一般选较洁净整齐、纹理清楚的材面作为正面。刨削时要顺木纹推进，这样容易使刨削面平整一致，并较省力，而逆纹刨削容易发生呛槎现象，也要避免斜木纹刨削，以防斜推木料翘曲，见图4-2。

刨削操作时，手主要起控制刨身平衡、掌握刨削方向、确定刨削位置的作用。可双手握刨，也可单手握刨。

(1) 平刨的使用

刨的种类 **表 4-7**

类别	简图	名称	规格尺寸(mm)			特征	用途
			L	h	b		
平刨	刨刃 盖铁 刨柄 刨刃槽 刨身 刨梁 刨口槽 螺钉 盖铁 刨刃 平刨是由刨身、刨柄、刨刃、盖铁、刨架、螺钉、木楔等组成	粗刨	260	50	60、65	刨刃锋露出较大,刨削面不够光洁	用于木料表面粗加工。刨去木料上的锯纹、毛槎和凸出部分,使之大致平整
		中刨	400	50	60、65	锋刃露出较小,刨屑较薄	将木料刨到需要的尺寸,并使其表面达到基本光洁
		光刨	150	50	60、65	锋刃露出极小,刨屑极薄	修光木料表面,使其平整光滑
		大刨	600	50	60、65	锋刃露出极小,刨屑极薄	拼板缝用
槽刨			200	60	35	由刨身和刨档两部分组成,刨刃较厚	刨削凹槽的专用工具,可刨沟槽的宽度一般为 3～10mm,深 10～15mm
线刨		单线刨	200	60	25～30		可加宽槽的侧面和底面,清理槽的线脚,或单独打槽、裁口和起线
		杂线刨	200	60	25～30	刨底和刨刃按需要加工的线条磨制成相应形状	专为成品棱角处开美术线条的专用工具,主要用于装饰方面
裁口刨		(又名边刨)	385	40	70		刨削木构件边缘裁口

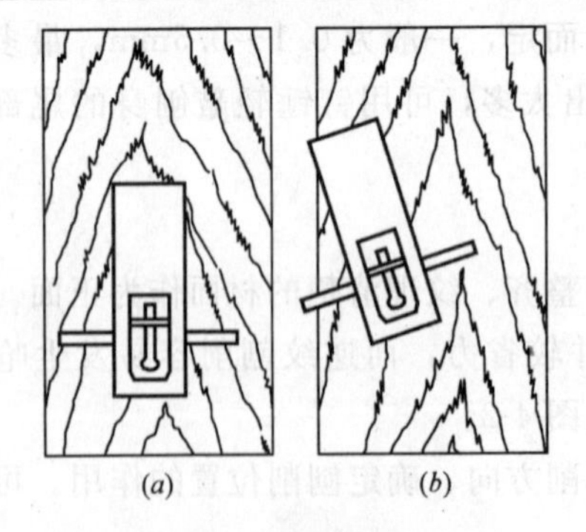

图 4-2　刨削方向
(a) 正确; (b) 错误

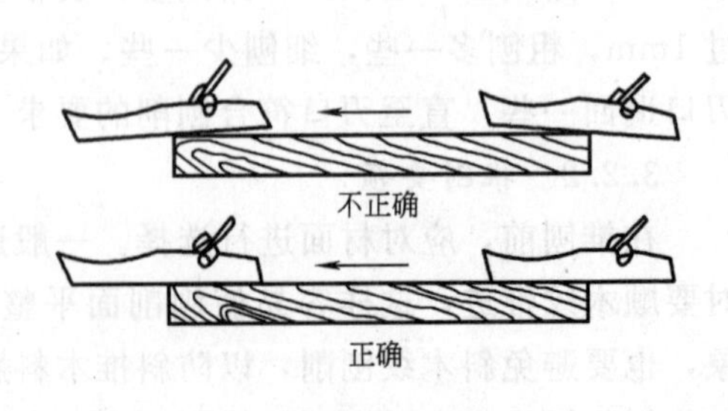

图 4-3　刨削方法

推刨时，两手紧握刨柄，食指向前伸出，大拇指须加大推力，食指略加压力，双手平行用力向前推进。推进途中用力要均匀，一直推到手臂伸直为止。开始刨削时，当刨刃接触木料，握刨柄的手指及掌部应形成一股向前的扭力，以增加食指对刨身前段的压力，使刨底紧贴加工面，推到前面时，压力逐渐减小到无压力为止。刨身退回时，须将刨尾稍微抬起，以免刃口在木材上拖磨，使刃口迟钝。

刨削时要防止翘头刨和低头刨。即在刨削时，刨底应始终紧贴木料面，开始时不要将刨头翘起来，结束时不要使刨头低下去，当刨身前段刨出料头时，拇指即对刨身后段加压，食指放松，使刨尾紧贴木料加工面以保持刨身平衡。否则刨出来的木料表面会中部凸起、两头塌下，如图 4-3 所示。

如果木料局部凸起，应先将凸起部分用粗刨刨平，然后再用长刨刨削。

第一个面刨好后，应用眼睛检查木料表面是否平直，如有不平之处要进行修刨，认为无误后，即在第一面上画出大面符号。接着再刨相邻侧面，这个面不但要检查其是否平直，还要用角尺沿着正面来回拖动，检查这两个面是否垂直。

(2) 槽刨、线刨、裁口刨的使用

槽刨、线刨、裁口刨在使用前要先调整好刨刃刃口的露出量。推槽刨姿势与平刨相同，而推线刨及裁口刨时，则应一手拿住刨，另一手扶住木料。如图 4-4 所示。

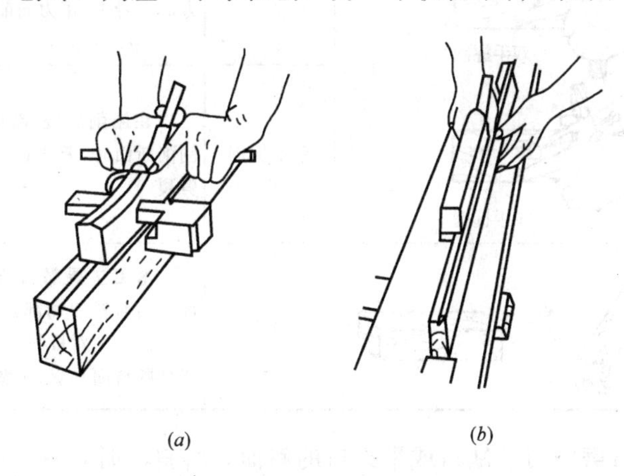

图 4-4 推槽刨、裁口刨姿势

(*a*) 推槽刨；(*b*) 推裁口刨

槽刨、线刨、裁口刨的操作方法基本相似，在刨削时不是一开始就从后端刨到前端，而是应从离前端 150～200mm 处开始向前刨削，再后退同样距离向前刨削。按此方法，人往后退，刨向前推，直到最后将刨从后端一直刨到前端，使所刨的凹槽或线条深浅一致。

此外，木工用刨还要注意“三法”，即步法、手法、眼法，见表 4-8。

3.3 刨的维护与修理

3.3.1 刨刃研磨

新购买的刨刃及刨刃用久迟钝或刨刃出现缺口等，必须进行研磨。但如果刨刃研磨方法不当，刨刃就不会锋利，也不能长期使用。刨刃研磨的方法是：

刨的使用 **表 4-8**

类别	简图	名称	说明
步法	(a)提步法；(b)踮步法；(c)跨步法；(d)行走法	提步法	适用于一次能刨到头的木料。双脚的前后关系和步间距保持不变，只在蹬地用力推刨时双脚有虚实的交替变化，同时有向前迈、向后退的连带关系
		踮步法	适用于刨长料。在原地推刨的姿势上，先以右脚接近左脚跟并站稳，左脚迅速向前跨一步，站稳后，右脚再靠近左脚跟站稳，左脚再迅速向前跨一步
		跨步法	适用于一刨推到头的起线、截口等工作。在原地推刨姿势的基础上，右脚向左脚前跨过一步，此时推刨到头，右脚再马上向后蹬，回到原位
		行走法	适用于刨长线、长槽、长缝等。在原地推刨姿势基础上右脚跨过左脚落地站定时，左脚向前走一步，依此类推
手法	双手握刨	双手握刨	双手握刨时，双手中指、无名指、小指和掌心握刨柄，食指压在刨腔两侧，拇指压在刨柄后方的刨身上，用力向前推进
	单手握刨	单手握刨	在刨削倒棱、断面时，一般采用单手推刨。刨削断面时，要先刨一面，然后翻面刨削，防止劈裂
眼法		目测	木工主要靠目测来分辨被刨木料的平直度。面对料的端部，用右眼从料头一端向另一端观察。面对板的纵长边，看两条纵长线，如两线合则材面平直、无翘曲

一般先用粗磨石磨刨刃的缺口或平刃口的斜面。磨斜面时，右手中指和食指伸直压在刨刃前部，左手握紧刨刃的中后部位，轻微加力把刨刃前推研磨，后拉是空程，轻轻带过即可，否则易使刃口滚脱。

再用细磨石把刃口研磨锋利。左手握刨刃，右手空握，中指和食指压住刨刃，在磨石上推磨两三下，磨去刃口的卷口即可。

研磨刨刃时，刃口的坡面要紧贴磨石，来回推磨。见图 4-5。

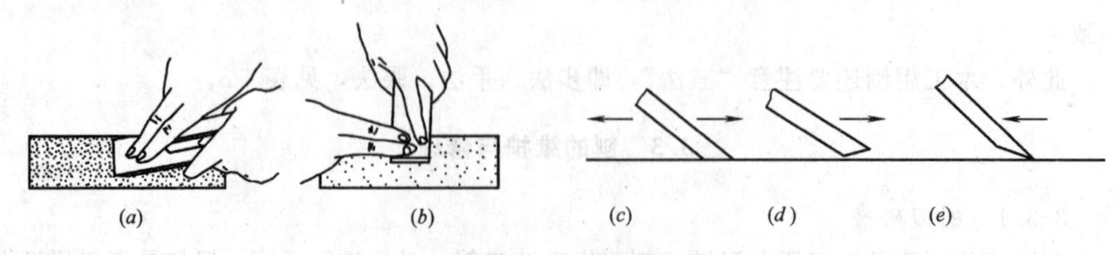

图 4-5　刨刃的研磨

(a)、(b) 刨刃的研磨；(c) 正确；(d)、(e) 不正确

刨刃口平面不能磨成弧形或斜线，必须磨成直线，并宜稍稍把两角尖磨去，如图 4-6 所示。

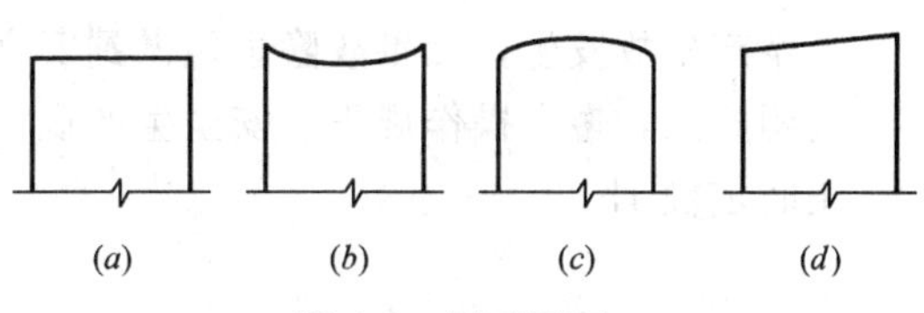

图 4-6　刨刃平面
(*a*) 正确；(*b*)、(*c*)、(*d*) 不正确

3.3.2　刨的维护

为了防止刨刃或刨身受损，在刨削之前要检查和清除木料上的杂质，尤其是铁钉必须拔除。对硬质或节疤较多的木料，调刃要小些。刨在使用时刨底要经常擦油。要经常检查刨底是否平直、光滑，如果不平整要及时修理，否则会影响刨削质量。刨用完后，应退松刨刃，如果长期不用，应将刨刃及盖铁退出。

实训课题 1　方料制作

1. 实训目的：

能合理选用木材，熟悉选料配料的一般步骤和方法；能够根据制作要求配备相应的木工工具，并能正确操作使用。

2. 实训条件：

制作两件外形尺寸为 40mm×40mm×400mm 的方料。

3. 操作步骤：

(1) 选料

制作用的木材应选用经干燥处理后的木材，否则会形成开裂、翘曲的后果。选择无裂缝、木节等缺陷的木材。

选用合适规格的木材，能减少木材的损耗率和降低成本。

(2) 配料画线

按工件外形尺寸的要求进行画线。画线时一定要考虑锯割、刨削余量。锯缝消耗量：大锯约 4mm，中锯约 2～3mm，细锯约 1.5～2mm；刨光消耗量：单面刨光约 1～1.5mm，双面刨光约 2～3mm。画线应准确、精密。

(3) 锯割

按照画线进行锯割，制得所需杆件的毛坯料。

(4) 刨削

先选择一个较为平整的大面，经精心刨削后作为基准面；然后再刨削较为平整的一相邻侧向的小面，用角尺兜方进行精心刨削，平整后为第二基准面。

其余两面则应根据实际需要的尺寸拖线。拖线之后进行另一侧向小面的刨削；最后刨削另一大面。最终得到的基本型方料，四个面平整无翘曲，四个角均为直角，即成为几何形状准确的方料。

4. 制作要求：

外形平直方正、无裂缝、木节等缺陷。

几何尺寸准确，四个面平整无翘曲，四个角均为直角。表面光滑，无明显锯、刨痕迹。

工艺正确，余量施放合理。

无生产事故发生，无事故隐患，做到安全生产。

文明施工，遵守操作规程、安全生产规程及劳动纪律。

工时定额 1h。

实训课题 2　长杆件制作

1. 实训目的：

了解制作杆件的一般步骤和方法，并能够进行带直线条线脚的杆件的手工制作。

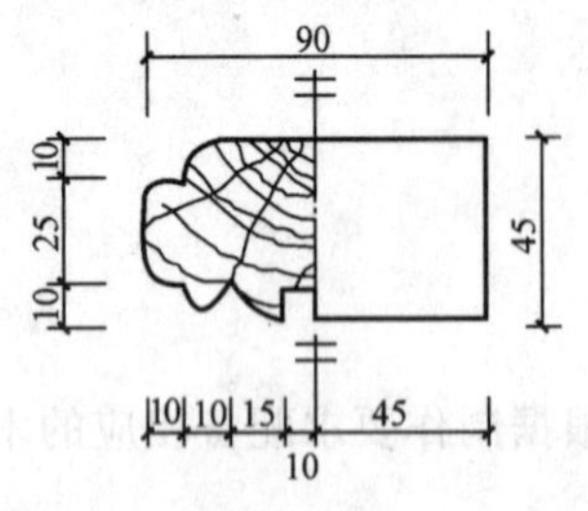

图 4-7　长杆件断面（单位：mm）

2. 实训条件：

制作如图 4-7 所示断面、长为 2500mm 的木杆件。

3. 操作步骤：

本杆件制作是按照产品的设计要求先制作基本形材，再对基本形材中要进行线脚加工部分用线画出，然后使用各种刨具经过多次手工刨削而形成。类似的手工制作适应于小量、小型、形状复杂的线脚杆件制作。其操作步骤如下：

(1) 配料

配制 50mm×100mm×2550mm 的毛坯料，外形平直方整，无裂缝、木节等缺陷。

(2) 配制基本形材

先选择一个较为平整的大面，经精心刨削后作为基准面；然后再刨削较为平整的一相邻侧向的小面，用角尺兜方进行精心刨削平整后为第二基准面；之后刨削另一侧向小面；最后刨削另一大面。最终得到的基本型方料，应该断面尺寸略大于 45mm×90mm，四个面平整无翘曲，四个角均为直角，几何形状准确。

(3) 画线

首先在基本形料的纵向量取 2500mm 的长度，在大基准面上用角尺画出齐头缝，并过线到其他三个面上。然后采用拖线的方法画出各线脚的控制线 A、B、C、D、E 及 A'、B'、C'、D'、E'各点，如图 4-8（*a*）所示。

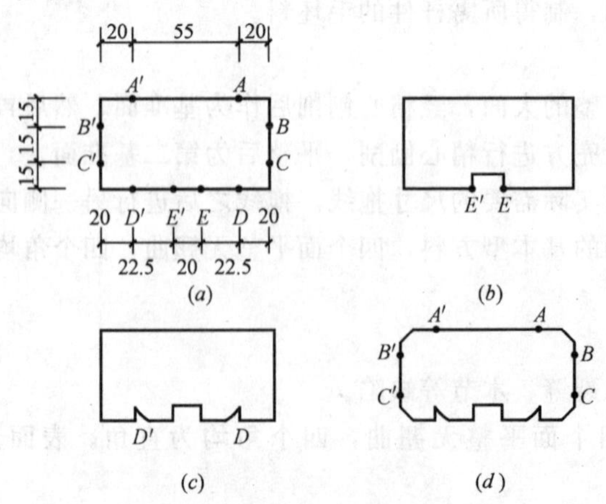

图 4-8　刨削顺序（单位：mm）

(4) 刨削凹槽 EE'

使用槽刨刨削 EE'槽的两旁边凹线，再使用落底刨刨削两槽中间部分，即 EE'槽线可制成，如图 4-8 (*b*) 所示。

(5) 刨大圆弧线

先用槽刨刨出 D 与 D'附近的凹槽，再用斜刀刨与大凹圆刨刨削大圆弧面，如图 4-8 (*c*) 所示。

(6) 削角

使用平长刨，刨去杆件的四个角，但须留得线外的部分待削区域，以便下步刨圆加工，如图 4-8 (*d*) 所示。

(7) 圆角

使用合适的凹圆刨，刨削四角的小圆弧凸线，使其大小一致、形状规则、线脚清晰。

(8) 打磨修光

使用细光刨修光杆件的各个面，然后用砂皮纸进行打磨，直至光亮为止。

4. 制作要求：

几何尺寸准确，外形平直方正、无裂缝、木节等缺陷。

四个面平整无翘曲，线脚正确，表面光滑，无明显锯、刨痕迹。

工艺正确，余量施放合理。

无生产事故发生，无事故隐患，做到安全生产。

文明施工，遵守操作规程、安全生产规程及劳动纪律。

工时定额 2h。

课题 4　凿 类 工 具

凿类工具主要用来凿孔剔槽，此外还可用来在刨削不到的狭窄槽缝内进行切削工作，也可进行雕刻之用。

4.1　凿 的 种 类

凿由凿柄和凿头两部分组成，凿柄用较硬的木质制成。凿的种类和用途见表 4-9。

4.2　凿 的 使 用

(1) 凿眼前，必须将榫头和榫眼的线画好，把工件平放在工作凳上，把木料需要凿孔的一面向上放置。木料工件长度在 400mm 以上的，左臀部可坐在它的上面进行操作，较短的木料，将其垫平，用木板压上坐牢或扎牢后，才可操作。

(2) 凿眼时，身体侧向坐在凳的右边。左手捏住凿柄，在孔近身处离画线约 2mm 处，将凿的斜口一面朝外，垂直拿稳，右手将斧背用力敲击凿的顶端，待凿切入木料内 2～5mm 时，拔起凿，向前逐步移动，继续敲凿，木屑挑出。凿到孔对面平行线内 2mm 处，将凿刃翻转过来斜面朝里垂直打凿。然后将凿放回到第一凿位置上猛击一下，剔去全部木屑，见图 4-9。

凿的种类　　表 4-9

种类	简　图	名　称	用　途　及　说　明
平凿		宽刃凿	刃口宽度 19mm 以上，适用于凿宽眼及深槽
		窄刃凿	刃口宽度 3～16mm，适用于凿较深的眼及槽
		扁铲	刃口宽度 12～30mm，适用于切削榫眼的糙面，修理肩、角、线等
斜凿		斜刃凿	可用作倒棱、剔槽、雕刻
圆凿		内圆凿	切削圆槽、圆形榫、孔等
		外圆凿	凿圆孔及雕刻

图 4-9　凿的操作姿势

（3）凿透孔时，应先凿背面，待深度超过一半后将木料翻身凿正面，等孔凿通后，用凿刃紧贴榫孔端壁垂直地凿去凸起的内缘壁，从而保证孔内方正，棱角平直规整。

4.3　凿的操作要领

（1）锤要打准打稳，凿要扶直扶正

用锤打凿时，应使锤的中心打在凿柄的中心点上，否则容易伤手。扶凿时凿刃对正凿眼，凿身与凿眼面基本垂直。

（2）一楔晃三晃

右手每击 1～2 锤，凿刃打入木料一定深度后，必须暂停锤击，而用左手前后晃动凿子，但不要左右晃动凿子。因为如果只打不晃，则越打越深，凿子就会夹在眼中，不易拔出。

（3）凿半线，留半线，合在一起整一线

即凿眼时要考虑与开榫配合。如果开榫锯半线，凿眼也要凿去半线宽，两者合到一起宽度正好为一线，则合榫严密、平整。

（4）锯不留线凿留线，合在一起整一线

如果开榫时不留墨线，则打眼时就要留下墨线。

（5）开榫眼，凿两面，先凿背面再正面

一般凿眼时，要先把背面打到一定深度，暂不要除净渣，待深度超过半孔之后再翻过来打正面，可避免正面眼端木材劈裂。等榫孔凿通后，用凿刃紧贴榫孔端壁垂直地凿去凸起的内缘壁，从而保证孔内方正，棱角平齐规整。

（6）切削木材面，扁铲来当先

用凿凿眼，里面多不整齐，锯割榫头也易留下棱角和榫根重台，此外如榫肩线角的修理、门窗扇合页的安装等，都需要对木料进行局部切削工作。切削工具以扁铲为主，有的部位还要使用圆凿、圆铲等工具。

4.4 凿的修理

用钝以及未开刃口的凿子，须先在砂轮机或油石上粗磨，然后在细磨石上磨锐。但需注意，凿子窄，所以不可在磨石中间研磨，以防磨石中间出现凹沟。

研磨凿刃时，要用右手紧握凿柄，左手横放在右手前面，拿住凿的中部，使凿刃斜面紧贴在磨石面上，用力压住，均匀地前后推动，见图 4-10。要注意磨凿刃时，来回的角度要一致，使凿刃斜面平整，不得磨成圆弧形，见图 4-11。刃口磨锋利后，将凿翻转过来，把平面放在磨石上磨去卷边，凿刃的正面应磨成直线形，这样不仅晃凿方便，而且操作时不易跑线，切忌磨成凸形，见图 4-12。

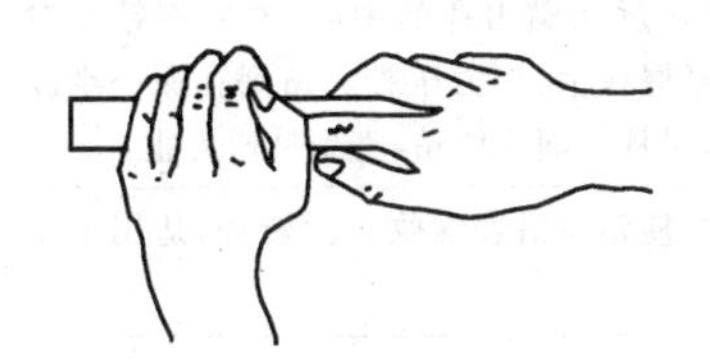

图 4-10　磨凿手势

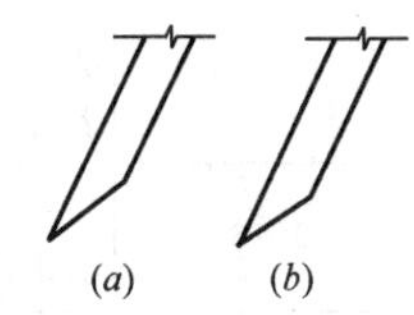

图 4-11　凿刃角度
(a) 正确；(b) 不正确

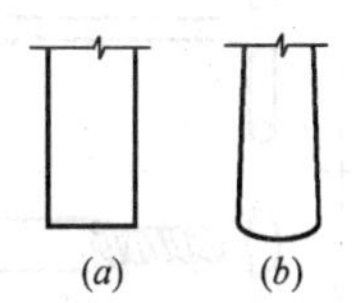

图 4-12　凿刃正面
(a) 正确；(b) 不正确

实训课题 3　凿眼

1. 实训目的：

正确操作凿类工具进行凿眼，巩固量具、画线工具的使用。

2. 实训条件：

在实训课题一制作的一根方料的两端分别凿透孔和半孔。孔到端头留 10mm，孔长 40mm，宽 10mm，位置在中间。

3. 操作步骤：

(1) 画线

在画线前，首先要查看基本形材木料的材质情况，凿孔位置要避开木节、裂缝等质量缺陷处，可用拖线方法画出。将杆件放在工作台上，量出有关尺寸，以相邻的两个标准直边为依据，拖线画出孔的凿子刃口靠边线与孔的宽度线（宽度线可不画）。用角尺画出榫眼的长度线。

(2) 凿眼

把木料平放在工作凳上，把凿孔的一面向上，用脚踏住。左手紧握凿柄，右手持斧头击打凿顶部进行凿眼。凿透孔时应先凿背面孔，待深度超过半孔之后再凿正面。

4. 制作要求：

几何尺寸准确，孔内方正，棱角平直规整。

工艺正确，合理选用工具。

无生产事故发生，无事故隐患，做到安全生产。

文明施工，遵守操作规程、安全生产规程及劳动纪律。

工时定额 1h。

课题5　钻孔工具

5.1　钻的种类

钻是木工穿孔用的工具，以旋转切削的力量穿透木材。钻的种类及用途见表4-10。

钻的种类　　表4-10

名称	简　图	钻孔直径(mm)	用途及使用说明
麻花钻		8～50	木件上钻圆孔。钻杆长度为500～600mm,用优质钢制成。先在木料正反面画出孔的中心,然后将钻头对准孔中心,两手紧握执手,用力压拧。钻到孔深一半以上时,将钻退出,再从反面开始钻,直到钻通为止
螺纹钻		3～6	上下移动钻套,使钻身沿着螺纹方向转动,适用于钻小孔,携带方便
弓摇钻		6～20	适用于钻木料上的孔眼。左手握顶木,右手将钻头对准孔中心,钻头与木料面垂直,按顺时针方向摇动摇把,钻透后将倒顺器反向拧紧,按逆时针反向摇动摇把,钻头即退出
牵钻		2～8	适用于钻小孔。左手握握把,钻头对准孔中心,右手水平推拉拉杆,使钻杆旋转,钻头保持与木料面垂直
手摇钻		6～20	用手或肩胛按住上端,摇动手柄,即可在木料上钻眼,使用方便省力

5.2　钻的操作要领

在钻孔时，钻杆要与木料面垂直，钻头尖部应对准孔的圆心点。

使用手摇钻和麻花钻钻孔时，钻至孔深度一半以上时，应将木料翻转，从反面再钻，以免将木料表面拉裂。

实训课题4　钻孔

1. 实训目的：

正确操作钻孔类工具进行钻孔，巩固量具、画线工具的使用。

2. 实训条件：

在实训课题三所用的方料上钻两个孔，孔径10mm，间距20mm，在杆件的中间位置。

3. 操作步骤：

（1）画线

定出两个孔的中心位置。

（2）钻孔

钻头对准孔的中心，钻杆与木料面保持垂直，按要求钻孔。

4. 制作要求：

位置正确，尺寸大小准确。

工艺正确，合理选用工具。

无生产事故发生，无事故隐患，做到安全生产。

文明施工，遵守操作规程、安全生产规程及劳动纪律。

工时定额 1h。

课题 6 其他辅助工具

木工作业时除了上述工具外，还需要一些其他辅助工具，常用的辅助工具见表 4-11。

木工常用辅助工具（单位：mm） **表 4-11**

名称		简 图	用 途 及 说 明
敲击工具	羊角锤		羊角锤为常用工具，用来敲击工件和钉子，背面可用来拔钉子、撬动工件
	平头锤	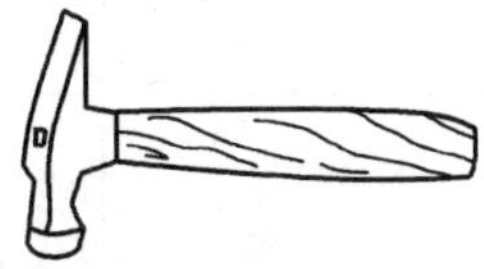	平头锤只能敲击
钳子	钢丝钳	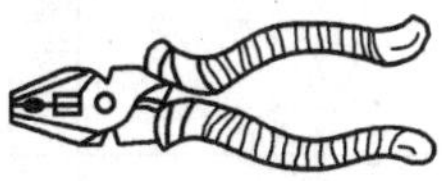	钢丝钳用来夹断钢丝、铁丝，也可用来拔小钉子
	钉子钳	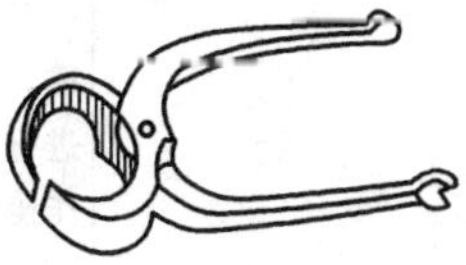	钉子钳主要用于将圆钉拔出
斧子	单刃斧	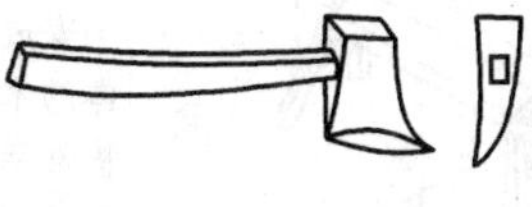	单刃斧的刃在一侧，适合砍而不适合劈。吃料容易，木料易砍直，适用于家具制作等较小的木作工程。砍削时应顺木纹方向进行，否则会造成纹理撕裂
	双刃斧	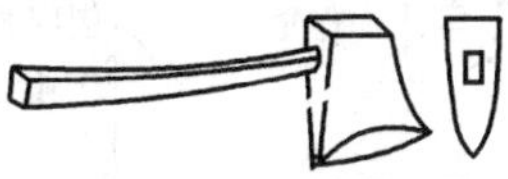	双刃斧的刃在中间，砍劈均可。一般用于工地支模、做屋架、砍木桩等，应用广泛

续表

名称	简图	用途及说明
木锉	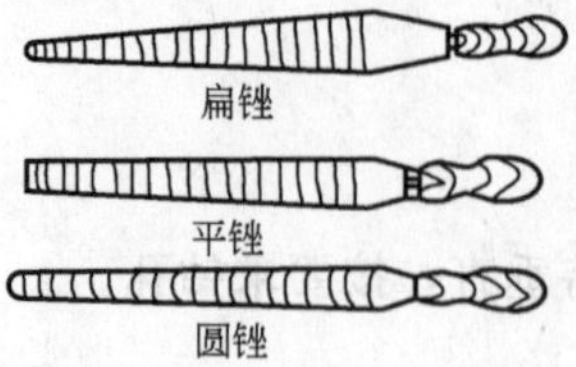 扁锉 平锉 圆锉	木锉可用来锉削或修正木制品的孔、凹槽及不规则的表面等，有扁锉、圆锉、平锉等
扳手	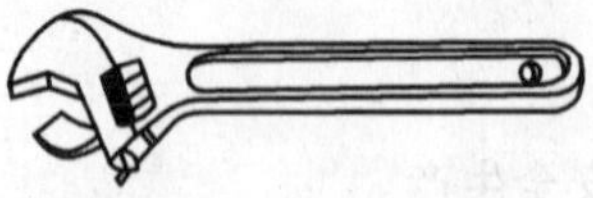	是松紧螺栓的专用工件，有呆扳手和活络扳手两种
螺钉旋具	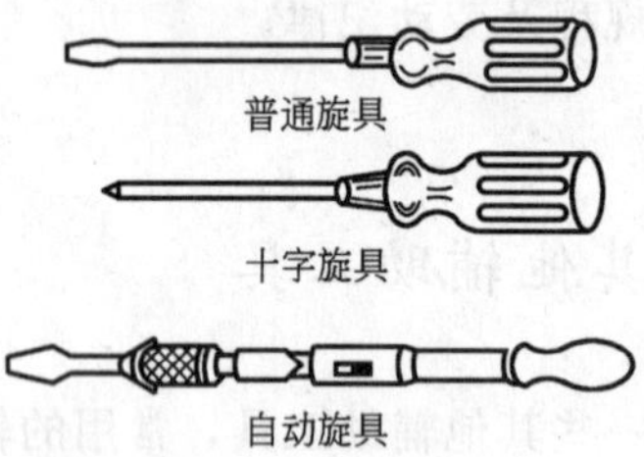 普通旋具 十字旋具 自动旋具	又称螺丝批、改锥、起子。主要用于装卸各种形式和规格的木螺钉，如安装木门窗、小五金件等。有普通型旋具、十字槽旋具和自动旋具
钉冲	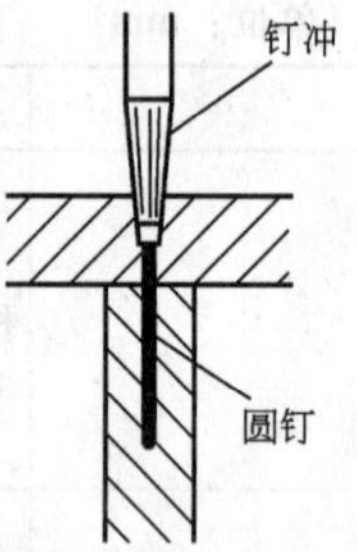 钉冲 圆钉	用于将各类钉头冲入木材表面约1～2mm，不使外露。左图为用钉冲将圆钉冲入木料的示意图
锯角箱	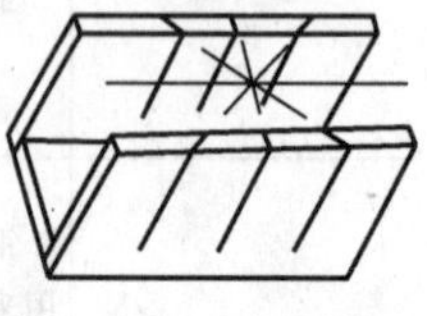	常用于45°斜角拼接件的锯割
工作凳	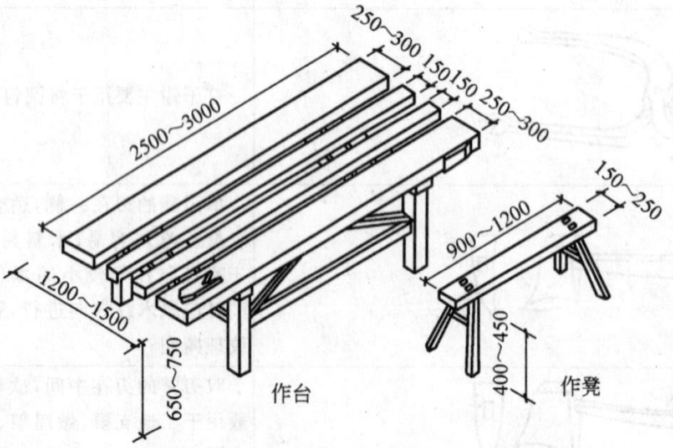 250～300 150 150 250～300 2500～3000 1200～1500 650～750 作台 150～250 900～1200 400～450 作凳	又叫长凳，常用松木或轻质硬木制成，凳面厚50mm。在工作凳上主要进行锯割、凿眼、装配等作业，平时可作坐凳用
工作台		安放工件、工具，并能在上进行具体的木制品制作作业的装置。台面板常用杉木或不易变形的松木作成，并设刨削阻挡限位设置。主要进行刨削画线、锯小型榫头、雕刻、安装等作业

课题7 电动机具及其操作

建筑装饰工程施工中装饰机具是保证建筑装饰工程施工质量的重要手段，是提高工效的基本保证，并有效地减轻劳动者的工作强度。在建筑装饰工程中，小型装饰机具必须完整齐备，才能保证装饰施工的正常进行。如木工电动机具，目前已经部分取代传统的手工工具。

由于装饰材料大部分是成品或半成品，基本上采用装配或半装配，所以常用的装饰施工机具，按用途可分为锯、刨、钻、磨、钉等几大类。对一些特殊施工工艺，还需有专用机具和一些无动力的小型机具配合。装饰工程由于受装饰部位及施工现场条件的限制，多使用轻便的装修机具，总的特点是：重量轻，大部分机具单手自由操作；体积小，便于携带与灵活运用；工效快，提高工作效率。

7.1 电 圆 锯

电圆锯是木材、胶合板、石膏板、石棉板、塑料板等装饰施工现场作业应用最广的机具之一。电圆锯的结构简单、轻便，功能多，维护方便，学用起来时间短，易操作。其加工速度比手工锯快10倍以上，而其劳动强度降低。使用电圆锯还可以降低材料消耗，提高加工精度。电圆锯可以一机多用，稍作一些调整或换上适当的锯片，就可完成多种加工工序，而且锯入的厚度、锯口的宽窄、锯断面的各种角度，均可随意调定。

电圆锯由电机、锯片保护罩、调节底板等构成。圆锯片的锯割运动是由电机经过罩壳内的齿轮变速获得的。当电圆锯不工作时，保护罩处于下落位置，而锯割时则自动收起。调节底板起支承机体的作用，用来调节锯割的深度和角度，其外形如图4-13所示。

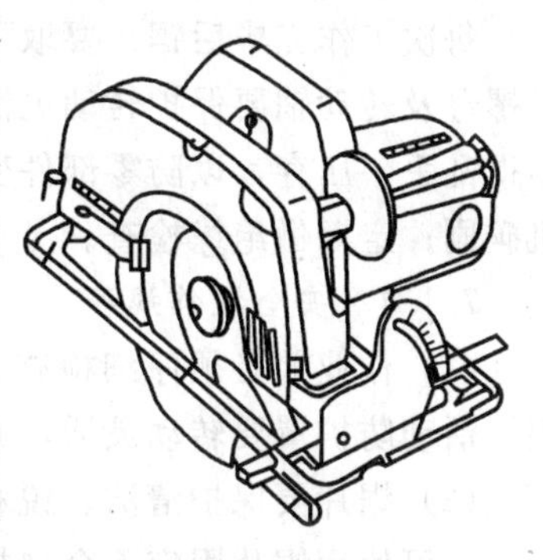

图4-13 电圆锯

7.1.1 机具和锯片的选用

电圆锯的选用应根据所锯割材料的厚度来确定。当电锯锯割潮湿材料时，应选择带有撑开刀片的圆锯，以防止反冲、回弹和夹锯。切割较薄型材料如三合板、纤维板时，宜选择较小机型的圆锯；而切割厚度尺寸较大的材料时，应以深度尺放最大所能锯入深度确定，确保材料能一次锯透。在潮湿环境条件或交叉作业时，最好选用带有“回”标志的双重绝缘的机型，确保人身绝对安全可靠。

锯片要根据已选定好的电圆锯的型号规格以及锯割材料的材质、尺寸和有关要求来选择。

7.1.2 操作与使用

(1) 工作前的检查：检查锯片是否符合工作需要，是否有裂纹、变形现象，如有则应更换。接下来看锯片锁紧螺栓是否紧固。检查固定防护罩是否紧固无松动，活动防护罩是否转动灵活，电源开关是否灵活有效，电源是否与铭牌相符。然后接通电源，扣下扳机再松开，开关应自动断开弹回原位。电机运转是否正常，有无漏电、异响，调节底板各螺栓紧固件是否灵活有效。全部检查确认无误后，方可开始作业。

(2) 加工方式：有斜角锯割和直线锯割。先拧松调节底板前方角度尺上的蝶形螺母，按要求调整所需角度：斜角锯割在0°～45°内调整，直线锯割则将角度调为0°。调好确认后，拧紧该螺母使角度固定。如为斜角锯割将底板前的顶部导板左边较浅的缺口与工件上的切割线对正，而直线锯割则将顶部导板右边较深的缺口与工件上的切割线对正。

(3) 底板及导尺的调节：通过调节底板可控制锯入材料的深度。导尺的作用是保证电圆锯做出精确的直线锯割。

松开固定防护罩上固定深度尺的蝶形螺母，底板即可上下移动，调到所需的锯割深度，拧紧该蝶形螺母。如果作为割断加工，一般是将刀片调到刚能锯断工件的深度，这样可以减少摩擦、防止夹锯、减少电机负荷，防止烧锯片。

导尺的调节是通过底板右前方蝶形螺母来完成，松开该螺母，导尺可左右移动，调到所需位置，然后拧紧该螺母，将导尺固定。在作业时需将导尺紧贴工件滑动，以保证精确的直线锯割。如做同样宽度多件加工时，借助导尺可使加工简单化，且所锯割尺寸完全一致。

(4) 锯割作业：一切检查、调整工作完成，确认无误后，即可接通电源开始工作，右手握住后部把手，左手握紧前部把柄，将底板贴放在要锯割的工件上，但不要让锯片与工件接触。然后启动开关使圆锯运转，待锯片达到最高动转速时，沿工件表面紧靠导尺，平稳向前推动圆锯完成锯割作业。在推进过程中，要做到保持进速均匀，顶部导板缺口与工件切割线始终对正，以确保锯口干净、平滑。

7.1.3 维护与保养

每次工作完毕后锯片要取下架好，切勿挤压，以防变形、断裂；各紧固调节螺栓、蝶形螺母及转动轴要保护转动灵活，定期上油以防锈蚀；机具不用后，要有固定机架存放，不得乱丢、压存，以防零部件变形；各紧固件放松，以防螺栓疲劳变形；定期检查更换电机碳刷；定期做绝缘检查。

7.1.4 安全操作规程

(1) 作业前必须仔细检查工件，所有安全装置务必完好有效，固定防护罩要安装牢固，活动防护罩要转动灵活，并且应能将锯片全部护住。

(2) 锯片要保护清洁、锐利，无断齿、裂纹，安装要牢固，所用锯片必须与电圆锯配套，不可使用锯片固定不合规格的产品。严禁使用不配套的套环和螺栓。

(3) 作业时手及身体各部必须离开锯割区。在锯片转动时，不可用手拿取切断的加工件。在断开开关后，锯片尚在转动时，不可用手或其他物体接触锯片，更不可作业时随意将其他物件插入锯割区。作业中禁止戴手套，不要穿肥大的衣服，不要系领带、围巾等。

(4) 加工大块工件必须加以支撑稳定。所加支撑的数量以工件平稳，不晃动为标准；当加工短小工件时，应将工件设法夹住。决不能用手拿着工件进行加工。纵锯木料时必须使用导尺或直边挡板。

(5) 当发生夹锯时，应马上断开电源开关，使转动停止，不可强行工作，以防严重回弹或损坏锯片。更不要把手放在机具的后部去帮助操作，以免圆锯回弹到手上造成伤害事故；当发生异响、电机过热或电机转速过低时，应立刻停机检查。

(6) 圆锯底板较宽的部分应放在有坚固支撑的工件部位，以免锯断后机具重心倾斜。决不可以用台钳反夹圆锯，而在上面锯割木料。

（7）作业完毕断开电源开关后，锯片由于惯性，要慢慢减速停止。所以在放下电锯时，必须确认下方的活动防护罩是否完全复位，锯片是否停转，否则决不可马上放下。

（8）操作时佩戴防护眼镜，以防木屑飞入伤眼。

7.2 曲 线 锯

曲线锯可按设计图形在金属板材、木料、塑料板、橡胶板等上面锯割较小曲率半径的几何图形和图案简单的花饰，还可以按各种不同的角度进行锯割，并且加工精度较高。因此，曲线锯是装饰作业必备的机具之一。

曲线锯由电机、变速箱、曲柄滑块机构、平衡机构、锯条及装夹装置等组成。其外形如图 4-14 所示。

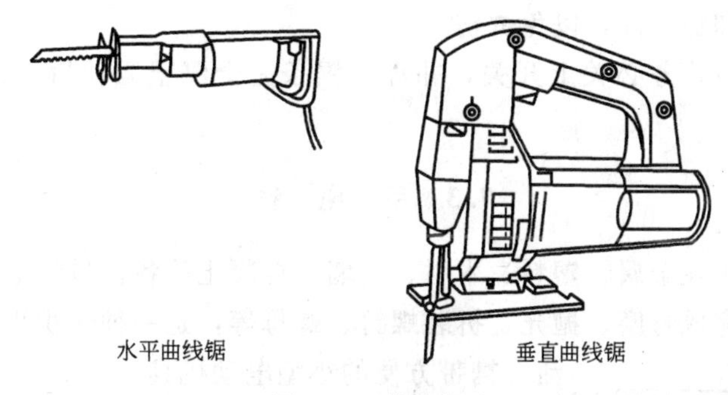

图 4-14 曲线锯

7.2.1 操作与使用

（1）使用前先做好工作前的检查工作。如开关是否灵活可靠、能否复位。检查锯条是否完好无损，然后接通电源。

（2）先将曲线锯底板可靠地贴平在工件表面，按下开关，待锯条全速运动后靠近工件，然后平稳匀速地向前推进。

（3）若要锯割材料中间的曲线，可先用钻钻一个能插进曲线锯条的洞，然后再进行锯割。

（4）锯割时使用导尺可以保证精确的直线锯割；使用圆形导件，可以锯割圆和圆弧；如需要锯割斜面，在操作前先拧松底板调节螺钉，使底部旋转。当底板转到所需角度时，拧紧调节螺钉，紧固底板即可作业。

（5）若在锯割薄板料时，发现工件有反跳现象，则是锯条齿距过大，应更换细齿锯条。

7.2.2 维护与保养

（1）每次工作完后要擦整个机具、清除缝隙间的杂物，注意保持机具的清洁，并要有固定的机架存放，不得乱丢、乱放，以免受到挤压和磕碰，而使零件变形或损坏。不用的锯条取下后，一定要放到安全的地方架好，切勿挤压，以防变形和断裂。

（2）定期检查更换电机的碳刷，当碳刷磨损到 5～6mm 时要及时更换。经常保持碳刷的清洁，并且使其在夹内能自由滑动。

（3）轴和轴承，要定期上油，以保护运动灵活。

(4) 定期做绝缘检查，发现绝缘不够，有漏电现象时，应立即排除。特别是在潮湿环境作业时，要定期对电机做干燥处理。

7.2.3 安全操作规程

(1) 工作前检查所有安全装置，务必完好有效，开关是否灵活，能否复位。

(2) 锯割之前，检查工件下面是否留有适当的空隙，以防锯条碰到其他物品，造成物品和锯条的损坏。在锯割墙壁、地板、顶棚等上面的材料时，事先一定要检查好所要锯割的部位，是否有通电电线，锯割时手一定要抓在机具的绝缘把手上。

(3) 锯割小的工件，应将工件固定住，不要锯割超过规定的工件。锯割金属材料必须使用冷却液。

(4) 锯割过程中，不能将曲线锯任意提起，以防锯条受到撞击而折断。操作后不可立刻用手去触摸锯条和加工件，以免烫伤。

(5) 工作完毕后，务必关上开关，并等到锯条完全停止运动后，方可将锯条移离加工件。

7.3 手 电 钻

手电钻主要用于在金属、塑料、木材、砖墙、混凝土等各种材料上钻孔、扩孔，如果配上不同的钻头可完成打磨、抛光、拆装螺钉、螺母等，是一种体积小、重量轻、操作灵活、携带方便的小型电动机具。

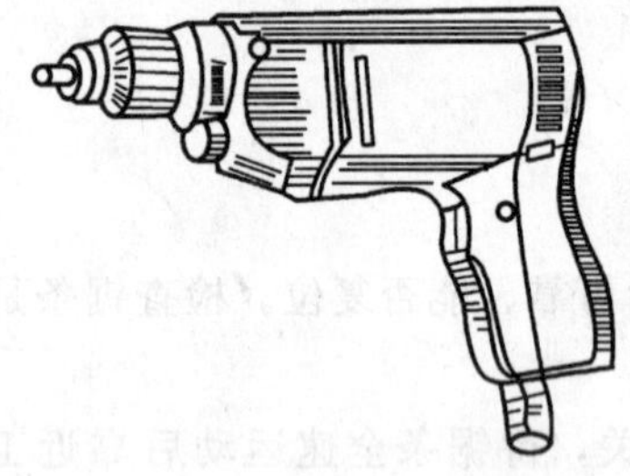

图 4-15 手电钻

电钻一般由电机及其传动装置和开关、钻头、夹头、壳体、调节套筒及辅助把手组成。通过开关控制电机转动，带动变速装置使钻头旋转，根据不同的要求，选用不同的钻头完成各种作业，其外形如图 4-15 所示。

7.3.1 操作与使用

(1) 使用前先检查电源是否符合要求，再空转试运行，检查传动机构工作是否正常。确认机具、导线绝缘良好，开关灵活有效，以免造成安全事故。

(2) 按工作内容和不同的孔径，选择合适的手电钻和钻头，不能超越电钻的技术性能强行钻孔。钻头确保锋利适用，确认钻头和夹头无杂物缠绕，装好钻头后，用所配专用扳手紧固。

(3) 钻孔时将钻头顶部放在预钻孔的圆心，轻压握牢、站稳，接通开关，在孔将钻透时，要减少压力，以免钻透造成人员、材料损伤。金属钻孔较深时需加入少许机油，用以润滑和降温。

7.3.2 维护与保养

(1) 工作完毕后要拆下钻头，清除残屑尘土，盘好电源线挂放好，切不可堆压。

(2) 经常检查各紧固螺栓，确保无松动。

(3) 夹头滚柱等转动部分和电机要定期加注润滑油。

(4) 定期检查电机碳刷，其磨损到 5mm 时要及时更换。

(5) 电机工作时间过长会发热，这时要暂停作业，待电机冷却后再继续工作。

(6) 在潮湿天气要定期作干燥处理。

7.3.3 安全操作规程

(1) 工作前要确认开关在断开位置再将插头插入电源插座。现场有易燃易爆品或过于潮湿时不得作业。

(2) 不准用电源线拖拉手电钻，以防机具损坏和漏电。使用手电钻作业，要有漏电保护装置，电缆线要挂好，不可随地拖拉。

(3) 电钻把柄要保持干燥清洁，不沾油脂。使用有辅助把柄电钻时要双手握牢，两脚站稳。

(4) 只可单人操作。作业中不准戴手套，留长发的人要戴好帽子，双脚一定要站稳，身体不可接触地的金属体以免触电。仰面作业时要戴防护眼镜。

(5) 加工较小工件时，要用台钳夹牢，不可用手扶握工件作业。

(6) 作业中出现卡钻头或孔钻偏等问题时，要立即切断电源开关，作调整处理。严禁带电硬拉、硬压来调整，以免发生事故。

(7) 拆装钻头时，必须用专用扳手，不能使用其他工具乱拧、乱砸。

7.4 电　刨

刨类机具按其用途主要有手提式电木刨和台式电木刨。其中装饰现场施工中手提式电木刨用得较多，它是一种对木材进行刨削加工的小型电动机具。适用于木材表面的刨削、裁口、刨光、修边等。特点是结构紧凑，体积小，便于携带，操作灵活，不受场地、部位的限制，因此手提式电刨是装饰施工现场必不可少的工具之一。

手电刨是由电动机、外壳、传动机构、刀片夹及刀片（工作头）、切削量调节手柄、把手等组成。其工作原理是利用电动机带动传动装置来传递能量，使刀体作高速旋转运动来达到刨削的目的，外形如图 4-16 所示。

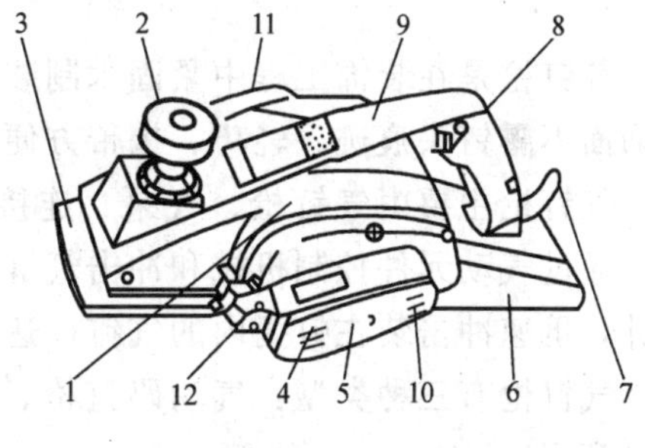

图 4-16 手提式木工电动刨

1—罩壳；2—调节螺母；3—前座板；4—主轴；5—皮带罩壳；6—后座板；7—接线头；8—开关；9—手柄；10—电机轴；11—木屑出口；12 碳刷

7.4.1 操作与使用

(1) 先将工件夹持牢固，已安装完的木构件也必须保持其稳固，否则无法操作。

(2) 按加工要求即粗刨还是精刨调节好深度加工切削量，用一只手握深度调节把手，另一只手紧握工具手柄进行调节。

(3) 在启动前先将刨削口的前端平放在工件的开端处，而刨削刀口不要接触工件。启动开关，使电刨的刃口沿着工件平稳缓慢地推进切入工件，操作过程自始至终工具底面与工件保持水平状态，以保证工件刨削表面平整。

(4) 对于较长的工件，用工具前端的螺栓将导刨器固定在刨身的一侧，当推动工具前进时保持与工件在同一直线。

(5) 如需裁口，将导刨器装在工具的一侧，然后将它调节在工件需刨槽的宽度位置，沿着边沿已设定的距离进行刨削。

(6) 如需刨削棱边，底板前部中央有一道精确的槽沟，这槽沟是作为工件棱边刨削倒角之用。将前部底板的 90°槽沟吻合在工件棱边上，斜着推进工具。

7.4.2 维护与保养

(1) 在工具使用完毕后应清理干净，保持工具手柄清洁、干燥，并避免油脂等污染。

(2) 按工具使用说明及时加注润滑油及更换失效零件。

(3) 经常检查安装螺钉是否紧固妥善，定期检查导线有无破损，工具是否绝缘。

(4) 当不使用时，工具应置于干燥处。

(5) 定期替换和检查碳刷。当磨损达到 6mm 以下时就需要替换。要保持碳刷清洁，并使其在夹内能自由滑动。

7.4.3 安全操作规程

(1) 使用前务必留意工具铭牌上所标明的运转电压及使用范围。

(2) 按说明书正确地安装紧固好刨刀，以免在运行中因未经紧固好，造成刀片飞离而酿成事故。

(3) 进行刨削时应确定工件没有钉子或其他硬物，避免损伤刀刃和导致事故。

(4) 由于启动时电机在惯性的冲动下会使刨具从操作者手中跳脱，因此必须牢固地握持。在操作时遇到刀具咬合在工件上，不要强行开动。

(5) 在整个操作过程中，工件要夹持平衡，不要偏于一端，免出事故。工具在活动部分还未完全停下来时，不要把它搁下。

(6) 在正式启动前或不使用时，换用主件如刀片，务必将工具拔离电源插座。

(7) 电刨使用完毕，要进行保养。

7.5 气 钉 枪

气钉枪是在装饰工程中紧固木制装饰面、木结构件的一种机具，具有速度快、省力、装饰面不露钉头痕迹、轻巧、携带方便、使用经济、操作简单等优点。

气钉枪主要由气钉枪、气泵、连接气管等组成，它是利用有压气体（空气）作为介质，通过气动元件控制机械和冲击气缸，实现机械冲击往复运动，推动连接在活塞杆上的击针，迅速冲击装在钉壳内的气钉，达到连接各种木质构件的目的。

气钉枪有三种类型：气动码钉枪、气动圆头钉射钉枪、气动 T 形射钉枪。外形如图 4-17 所示。

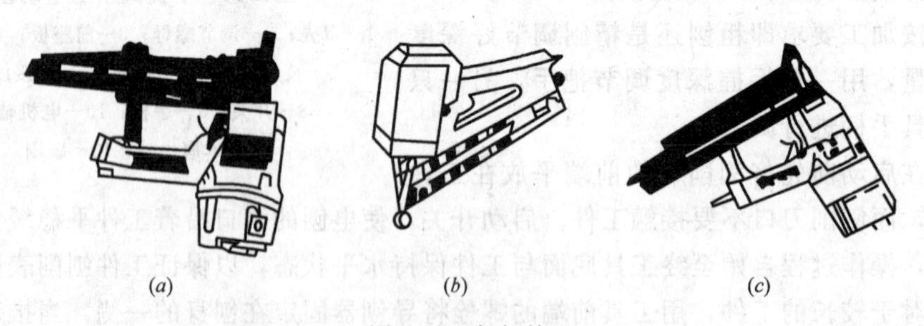

图 4-17 气钉枪

(*a*) 气动码钉枪；(*b*) 气动圆头钉射钉枪；(*c*) 气动 T 形射钉枪

气钉枪的技术性能见表 4-12。

7.5.1 操作与使用

(1) 右手抓住机身，左手拇指水平按下卡钮，并用中指打开钉夹一侧的盖。

气钉枪的技术性能　　表 4-12

类　型	空气压力(MPa)	每秒射钉枚数(枚/s)	盛钉容量(枚)	重量(kg)
气动码钉枪	0.40～0.70	6	110	1.2
	0.45～0.85	5	165	2.8
气动圆头钉射钉枪	0.45～0.70	3	64/70	5.5
	0.40～0.70	3	64/70	3.6
气动 T 形射钉枪	0.40～0.70	4	120/104	3.2

(2) 将钉推入钉夹内，钉头必须向下，必须在钉夹底端。

(3) 将盖合上，接通气泵即可使用。

7.5.2　维护与保养

(1) 应保持机具清洁，每次使用完后，应对整个机具进行擦洗上油。

(2) 各紧固调节螺栓、蝶形螺母及转动轴要定期上油，以防锈蚀，保持灵活。

(3) 各紧固件应常放松，以防螺栓疲劳变形。

(4) 机具使用完毕后，要存放在固定的机架上，不得乱扔、乱放，以免受到挤压、磕碰而使零件变形损坏。

(5) 要及时更换易损件，擦洗灰尘，用带尖的小工具取出卡住的钉。

7.5.3　安全操作规程

(1) 工作前检查机具各部件是否完好有效。

(2) 操作时，应戴上防护镜。

(3) 不得将枪口对准人。

(4) 正在使用的气钉枪，其气压应小于 0.8MPa。

(5) 气钉枪使用完后或需要调整、修理、装钉时，必须取下气体连接器，取出所有的钉。

(6) 不得用于除木质以外的其他材质的连接固定。

(7) 不得使用电等其他能源，必须使用干燥的气体。

7.6　木工修边机

木工修边机适用于木工修整木制品的棱角、边框、开槽。它操作简便，效果好，速度快，适合各种作业面使用，是一种先进的木制品加工工具。易于握持，具有带滚珠轴承结构的刀具，且深度可调。

7.6.1　维护与保养

(1) 应注意保持机具的清洁，每次工作完后，要擦整个机具，并要有固定的机架存放，不得乱丢、乱放，以免受到挤压和磕碰，而使零件变形或损坏。

(2) 各紧固调节螺栓、蝶形螺母及转动轴要保持转动灵活，定期上油，以防锈蚀。

(3) 定期做绝缘检查，发现绝缘不够，有漏电现象时，应立即排除，特别是在潮湿环境作业时，要定期对电机作干燥处理。

(4) 刀头的安装应使刀头完全插入套爪夹盘孔之后，用附送的扳手拧紧套爪夹盘。

(5) 拆卸刀头时，要按安装步骤的相反顺序进行，先用附送的扳手拧松套爪夹盘。

7.6.2　安全操作规程

(1) 工作前检查所有安全装置务必完好有效。

(2) 确认所使用的电源与工具铭牌上标出的规格是否相符。

(3) 作业中，要双手握住手柄同时工作。

(4) 如有异常现象，应立即停机，切断电源，及时维修。

(5) 电源线应挂好或放在安全的地方，而不要随地拖拉、乱放或接触油及锋利之物。

7.7 电动砂光机

电动砂光机一般用于修整作业，将工件表面磨光。电动砂光机如图 4-18 所示。

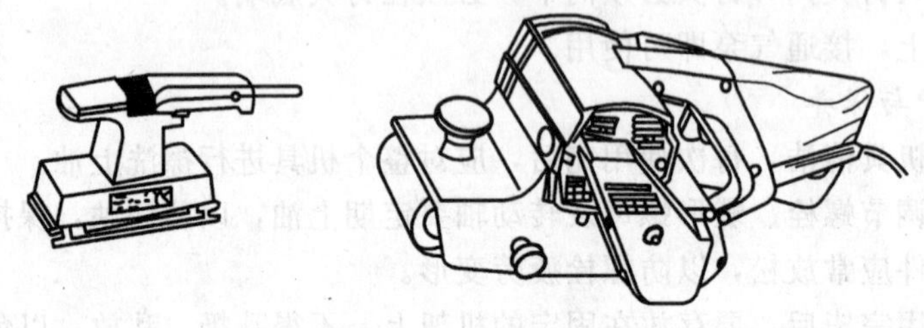

图 4-18 电动砂光机

7.7.1 操作与使用

(1) 主手柄一般用来操作砂光机，而前面的辅助手柄用来引导方向；

(2) 拿起砂光机，离开工件并起动电机，当电机达到最大转速时，以稍稍向前的动作把砂光机放到工件上；

(3) 先让主动辊轴接触工件，向前移动后，就让平板部分充分接触工件；

(4) 砂光机平行于木材的纹理来回移动，前后轨迹稍微搭接；

(5) 不要给机具施加压力或停留在一个地方，以避免造成凹凸不平；

(6) 为了达到木制品的表面磨光修饰要求，可用粗砂带先作快磨，用细砂带磨最后一道。

7.7.2 维护与保养

(1) 对机器要定期检查，任何一个碳精刷磨损到大约 1/3 长度时就要全部更换；

(2) 定期以多个砂带对比检查砂带，如果磨损了就及时更换；

(3) 砂带和电动机不要沾上油类和水。

7.7.3 安全操作规程

(1) 操作时要保持软线远离转动的砂带，以防磨破电线；

(2) 要确保工件上没有钉子和其他尖利的硬物，以免刺破砂带；

(3) 安装和调换砂带时，一定要切断电源，把砂光机侧放，通过杠杆及前后滚轴位置变换，将调整到砂带的外侧边于前后滚轴的外边齐平。可以提高磨光质量及延长砂布使用寿命；

(4) 如有异常现象，应立即停机，切断电源，及时维修。

7.8 电动螺钉旋具（俗称电动螺丝刀）

电动螺丝刀主要用于紧固木螺钉或退出木螺钉，如图 4-19所示。

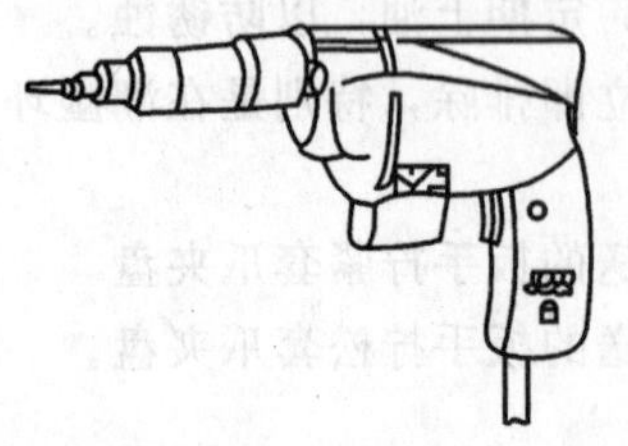

图 4-19 电动螺钉旋具

在电动螺丝刀上装置有正、反转按钮，当要紧固木螺钉时按正转按钮，螺丝刀顺时针方向旋转，拧入木螺钉；当按反转按钮时，螺丝刀逆时针方向旋转，将木螺钉退出。

实训课题5　电动机具操作

1. 实训目的：

能够根据制作要求配备相应的机具，并能正确操作使用、维护保养。

2. 实训条件：

结合后面章节的制作要求，进行木料的锯割、刨削、钻孔、打磨等。

3. 操作步骤：

（1）机具的检查与调试

在进行加工前，必须对相应的电动机具进行检查与调试。

电源：电压是否正常，电线是否完好无损，相应的开关、插头是否正常，如不合要求，则应由电工人员进行修理。

机体：通过试运转，观察机具运转动作有否异常，判断其声音是否正常。若有异常，则应找出原因，并进行排除，否则应请有关人员进行维修。

工作刀具：是否完整和无缺陷，对有缺陷的工作刀具，必须进行维修或调换。

当经检查一切合格后，就可进行试加工，试看锯割或刨削木料等的情况，调整刀具的安装位置，或修磨刀具的工作刃口，直至合乎要求为止。

（2）材料配制

按制作要求选择合适的木料（树种、规格、干燥处理），按工件的要求，进行画线和锯解，制得各工件的毛坯料。

（3）刨削

将各工件的毛坯料进行刨削，制成基本形材。要求表面平整光洁、方正平直。

（4）深度加工

即对基本形材进行外形形状加工、连接点加工、表面修饰等。如凿孔、开槽、修光等。

4. 操作要求：

合理选用机具，并能正确操作与使用。

符合制作要求。

建立健全安全管理制度，落实安全技术措施。无生产事故发生，无事故隐患，做到安全生产。

文明施工，遵守操作规程、安全生产规程及劳动纪律。

课题8　木 工 机 械

8.1　锯 割 机 械

锯割机械是用于锯割木材的加工机械，锯割机械的种类很多，性能也有所不同，一般用到的有带锯机和圆锯机两种。

8.1.1　带锯机

带锯机主要用于木材纵向锯割，有跑车带锯机、平台带锯机和细木工带锯机。跑车带锯机又叫大带锯，主要用于纵向锯断大直径原木为方材或板材。平台带锯机又叫小带锯，主要用于锯割各种规格的板方材及处理板皮等，如图 4-20 所示。细木工带锯机的形状基本上同平台带锯机，但体型与规格较小，且锯条与锯齿比较细小，主要用于锯割细小木料的直线与曲线部分。

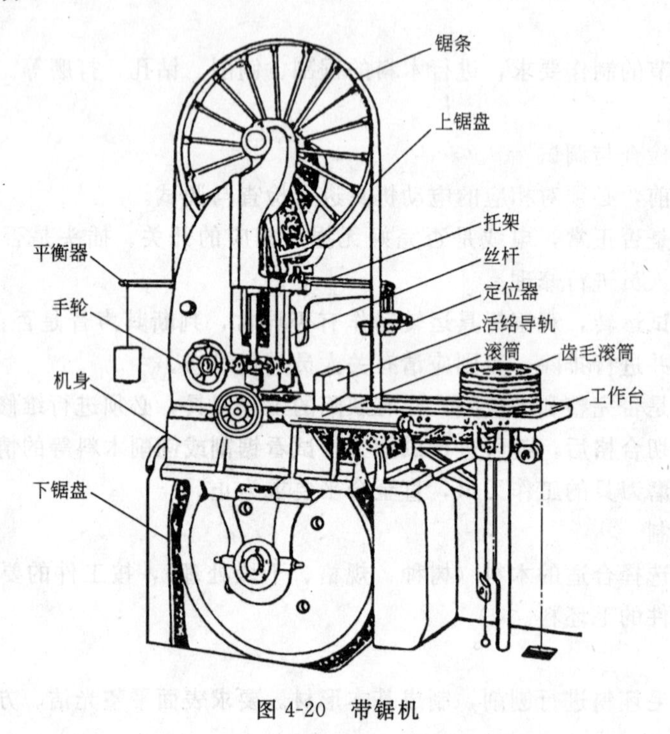

图 4-20　带锯机

带锯机操作前必须做好相应的准备工作，如挂锯条、调整平衡器、调整锯卡、导板等，操作时常由 2～4 人分工组合，分上手、下手、上料等，操作时应紧密配合，掌握锯割方向，以免把锯材锯成废料。

8.1.2　圆锯机

圆锯机主要用于纵向锯割木材，其机型有复杂和简单等不同类型。图 4-21 为常用的一种圆锯机。一般的圆锯机，加工出来的锯材割面比较毛糙，但也有圆锯机由于转速大、锯片特殊，锯割面比较光洁。

圆锯是用得较多的机械。操作前，应检查锯片是否有断齿或开裂现象，然后安装锯片。锯片应与主轴同心，其内孔与轴的空隙不应超过 0.15～0.2mm，否则会产生离心惯性力，使锯片在旋转中摆动或振动。法兰盘的夹紧面必须平整，应严格垂直于主轴的旋转中心。法兰盘直径应与锯片直径大小相适应，要保持锯片安装牢固，并装好防护罩及保险装置。

操作时，要两人同时配合进行，上手推料入锯，下手接拉锯尽。上手掌握木料一端，紧靠导板，水平地稳推入锯，步子走正，照直线送料；下手等料锯出台面后，接拉后退锯尽木料。两人步调一致，紧密配合。上手推料，距锯片 300mm 以外就要撒手，人站在锯

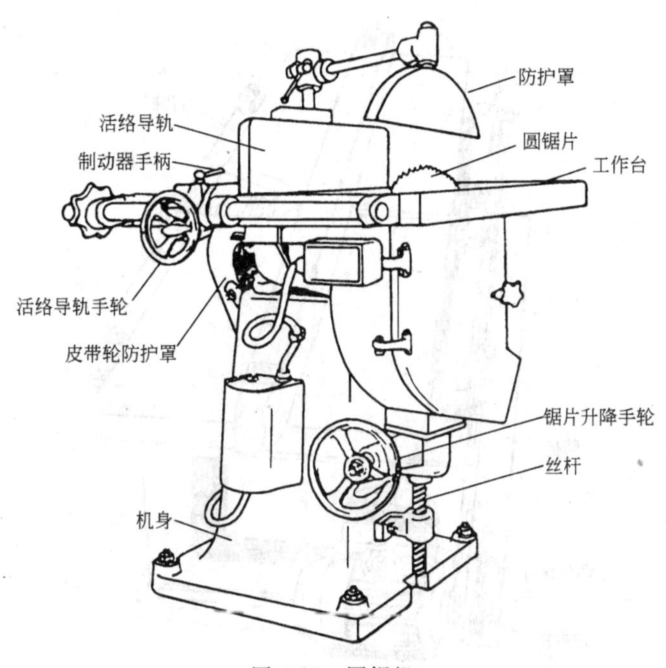

图 4-21　圆锯机

片的侧面。下手回送木料时，要防止木料碰撞锯片，以免弹射伤人。锯割短料时，必须用推杆送料，以确保安全。进料速度按木料软硬程度、节子情况等灵活掌握，推料不要用力过猛，节子处速度要放慢。

锯台、锯片周围要保持清洁，碎料、边皮要用木棒及时清理。停机后应让锯片自行停转。

圆锯机在高速运转中，轴承和锯轴容易损破，必须经常检查和润滑。正常生产中每 3 周加黄油 1 次，换油时注意清除轴承箱内的杂质，以减少轴承的磨损。

8.2　刨削机械

刨削机械是对木材表面进行切削刨光加工的机械，有的刨削机械还有刨削凹槽、加工花式线脚的功能。用得比较多的是平刨机与压刨机两种。

8.2.1　平刨机

平刨机又称为手压刨，可以用来刨削工件的一个基准面或两个成直角的相邻平面，也可以利用调整导板和加设模具刨削斜面或曲面，是木工加工使用广泛的刨削机械。

平刨机的型号很多，但结构原理基本相同，如图 4-22 所示。

平刨机操作前，要先调整工作台。平刨有前后两个台面，刨削时后台面的高度应与刀旋转的高度一致，如果前台面比后台面高，便失去了刨削作用；前台面如果过低，则增加刨削厚度。还应校对导板与平面是否成直角，与刀轴是否垂直。

此外，还应检查机械各部件及安全防护装置。刨刀要锋利，钝的刨刀不但刨削效率低，而且刨到节子或戗茬处木料常被拨退跳动，手指容易受伤。刨刀安装要用螺栓拧紧固定。对所刨木料应仔细检查，清除砂灰和钉子，对有严重缺陷的木料应挑出。刨削前要进行试车 1～3min，经检查机械各部分运转正常后，才能开始刨料。

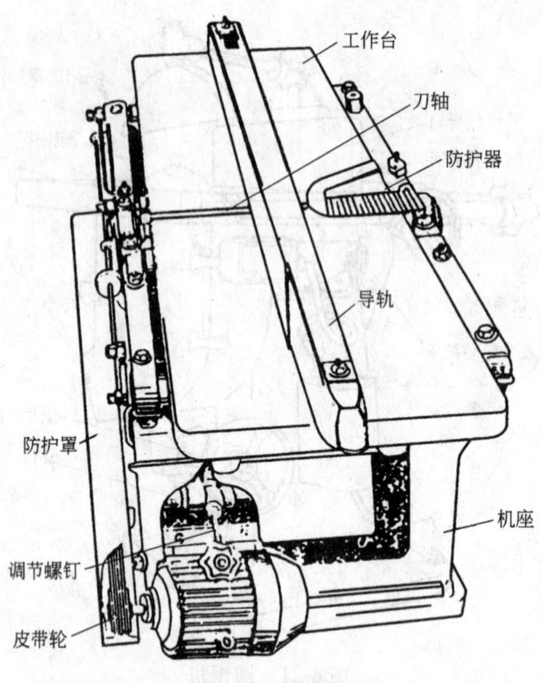

图 4-22　平刨机

操作时，人要站在工作台的左侧中间，左脚在前，右脚在后，左手按压木料，右手均匀推送，不可猛力推拉，如图 4-23 所示。切勿用手指按木料侧面，以防刨伤手指。

刨削时，要先刨大面，后刨小面。刨小面时，左手既要推压木料，又要使大面紧靠导板，右手在后稳妥推送。当木料快刨完时，要使木料平稳地推刨过去，遇到节子或戗茬处，木质较硬或纹理不顺，在刨削中木料容易跳动，故推送速度要放慢，思想要集中。两个人操作时，应互相密切配合，上手台前推送要稳准，下手台后接料要慢拉，待木料过刨口 300mm 后方可去接拉。木料进出要始终紧靠导板，不得偏斜。

刨削长 400mm、厚 30mm 以下的短料和薄板要用推棍或推板推送，如图 4-24 所示。长 300mm、厚 20mm 以下的木料，不要在平刨机上刨削，以免发生伤手事故。

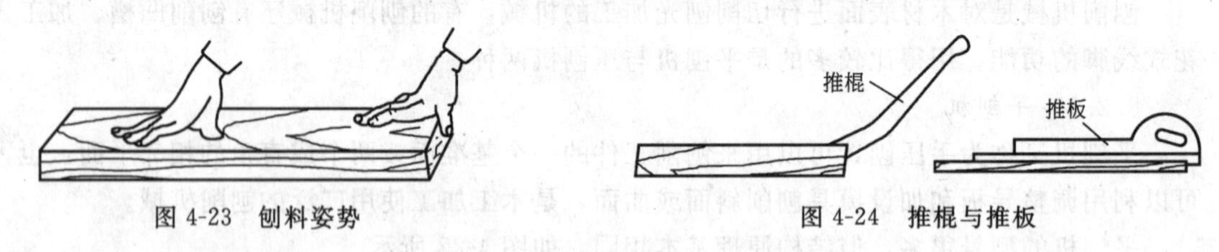

图 4-23　刨料姿势　　　图 4-24　推棍与推板

8.2.2　压刨机

压刨机是将已平刨过一个平整面的木料，对其相对的面进行刨削，从而制成一定厚度和不同宽度的规格工件的加工机械。如图 4-25 为一种压刨机示意图。

操作前，应按照加工木料要求的尺寸与机床标尺刻度仔细加以调整。调整以后，可先用木料沿台面的两边刨削一次来检验。如果两边刨出的木料厚度不一，可能是台面歪斜，此时可调整台面下的齿轮和丝杠；也可能是刀刃距离台面高度不一致，则应重新调整刨刀。调整合适后试运转 1～3min，待转速正常后即可进料，每次吃刀深度不超过 2mm。

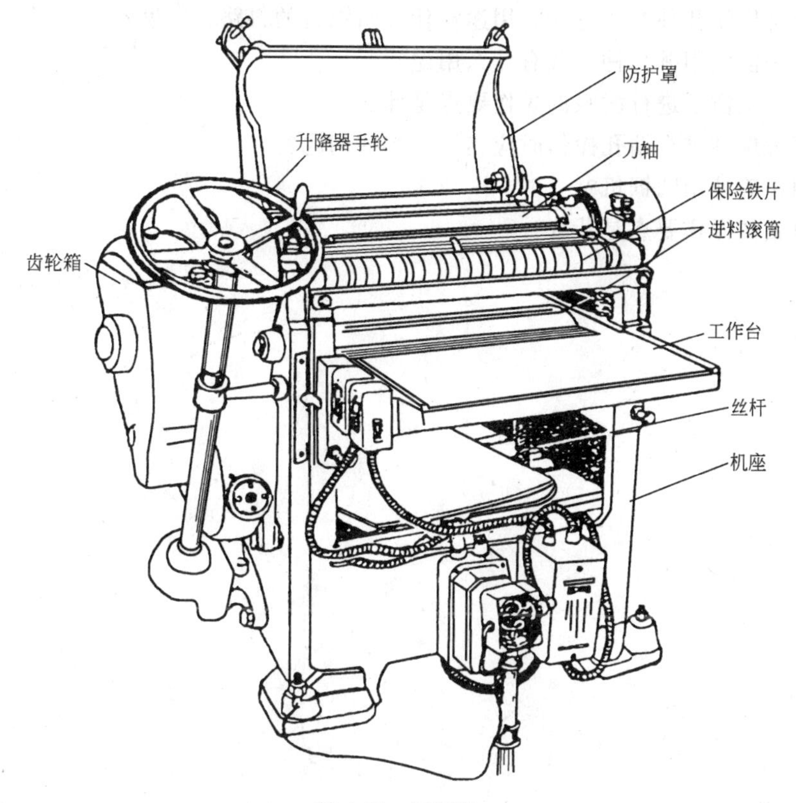

图 4-25　压刨机

压刨是由两人配合操作的，一人进料，一人接料，人要站在机器侧面，以免大块刨屑击伤面部。上手送料时，手必须远离滚筒。刨长料时，木料要平直推进，不得歪斜；刨短料时，必须连续接上。遇有木料不动时，可用其他材料推送，如发生木料走横时，应立即转动台面升降手轮将台面降落，取出木料，以免发生事故。同规格的木料可根据台面宽度，将几根同时并送。

在操作过程中，应经常清除塞在下滚筒与台面之间缝隙内的木渣、木屑与粘在台面和滚筒上的树脂，否则会阻碍木料的进给。清除时应停机或降落台面，用木棒拨出。此外还需经常在台面上擦拭煤油进行润滑。

操作人员工作时，思想要集中，手脚要灵敏，衣袖要扎紧，不得戴手套，以免发生安全事故。

8.3　多用木工机械

除上述常见木工机械外，还常见到多用木工加工机械，它小型、轻巧、灵活，具有锯割、刨削、开榫、钻孔、裁口、起线等功能，获得了比较广泛的应用，但加工工件的外形尺寸不能过大，特别适应小型工件的加工。

思考题与习题

1. 角尺的主要用途是什么？如何校验角尺的准确性？

2. 框锯常用哪几种？各有什么用途？什么叫锯齿的料路、料度？
3. 木工平刨常用哪几种？各有什么用途？
4. 使用木工凿子进行凿眼的操作要点是什么？
5. 使用螺旋钻进行钻孔操作时应当注意哪些问题？
6. 如何正确使用圆锯机？
7. 手电钻的操作要点是什么？

单元5　木工基本技艺

知 识 点：木制品的结构和基本结合方法、画线技法和榫槽加工、木材的弯曲、薄木贴片和边饰技术。

教学目标：通过学习能够了解木构件之间的基本结合方法，并能正确合理地选用结合方法，以提高工效和木制品的质量；通过实训课的练习，熟悉、掌握木制品的基本结合方法和操作技能。

课题1　木制品的结构和基本结合方法

1.1　木制品结构形式

1.1.1　框架式结构

框架式结构是中国传统的家具及木构建筑的结构形式，以榫眼结合形成主受力框架，以装板为铺大材，制品稳定性好，经久耐用，可以用手工或机械化加工制作。

有的框架带嵌板或镶板。在安装木框的同时或安装木框后，将人造板或拼板嵌入木框中间，称为木框嵌板结构；镶板是在框架安装好之后，将板材镶在框架外侧或两侧。

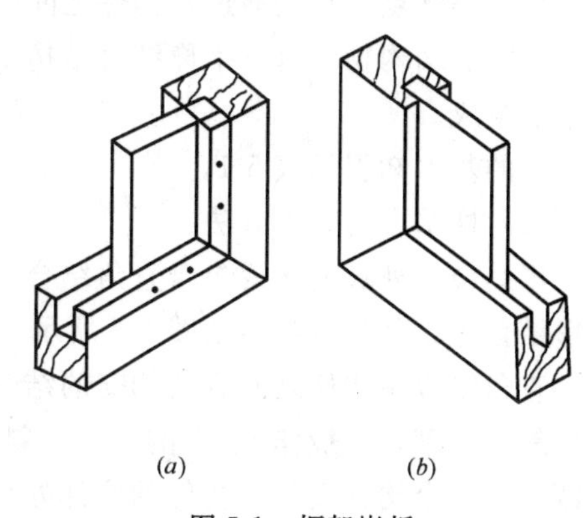

图5-1　框架嵌板

(*a*) 裁口嵌板；(*b*) 榫槽嵌板

嵌板的方法有两种：一种是榫槽嵌板，另一种是裁口嵌板，如图5-1所示。裁口嵌板是在装板后用带一定线型的木条钉连接固定，装配简单，易于换板，且可取得丰富造型。榫槽嵌板如需换板则必须将框架拆散。在装板时，两种嵌板方法在榫槽内均不应施胶，并需预留出板的缩胀间隙，以防因装板缩胀被破坏。框架嵌板结构的嵌板槽，距外表面不得小于6mm，槽深不得小于8mm。槽不得开在榫头上，以免破坏结构的牢固性和结合强度。

1.1.2　板式结构

采用大幅面的人造板为主要材料，通过连接件或紧固件结合，形成可拆装或固定式的制品为板式结构木制品。拆装式采用五金连接件连接，固定式采用紧固件、圆棒榫或多个直角榫、多个马牙榫的结合方法，加工简单、生产方便、易于拆卸运输。板式家具以人造板为基本材料，配以各种薄木、木纹纸或者PVC胶板等，经封边、喷漆修饰而制成，它的特点是将人造板与木材科学地配置在家具的不同部位，有利于节约木材，尤其是珍贵木材，而其外观及性能上毫不逊色于实木家具。目前流行的家具绝大部分采用板式结构。

1.1.3 曲木式结构

主要部件由经软化处理弯曲成型的木材或多层胶合板所构成的木制品称为曲木式结构。曲木式结构主要用于家具。曲木家具造型美观、线条流畅、工艺简单，其特有的弯曲弧度更加符合人体曲线的起伏，赋予家具高雅浪漫的气息。

曲木式结构对材料要求严格，曲木家具的弯曲型零部件可按人体工艺的要求通过实木板锯制、实木方材加压弯曲和薄板胶合弯曲等得到具有理想弯曲度的各种曲木家具产品部件。但制作家具必须具备冷压或热压弯曲成型设备，结构部件连接一般采用明螺钉连接。

1.1.4 折叠式结构

可折叠的结构形式，多用于家具。折叠式家具主要有椅、桌、床等几种，通过折叠可使家具功能多样，移动方便且节省空间。

1.2 木制品基本结合方法

木工把木制零部件组合成成品，采用的各种连接方法，称为木构件结合法。木构件之间的结合形式很多，本单元所述的是最基本和最简单的结合方式。

正确合理地选用结合方法，有助于提高工效和木制品的质量。

1.2.1 榫结合

(1) 榫的基本知识

榫结合是中国传统家具及木构建筑常用的结构形式，具有连接稳固、适应性强、外表整洁美观等优点。它是通过木构件之间的突出物与孔洞相互穿插，在穿插中产生咬合力而形成一定的结构物。每一个榫结合结构中一般总是由榫头和榫眼两个相应对应的单元匹配而结合组成。

榫的基本知识见表 5-1。

(2) 榫结合的基本方法

榫结合从外观上来说包含直角结合、斜角结合、十字形、丁字形结合、弯形结合及｜字形结合等，其外观类型如图 5-2 所示。

直角结合指构件之间直角相交的结合形式，榫的构造较简单；斜角结合指榫接处的外观作斜角处理，一般作成 45°的斜角，斜角结合外形美观，但制作难度较高；十字形结合指两个或三个构件在某一构件的中部处结合，在外观上有直角与斜角相交两种；弯形结合指两根弯曲构件以弧形状态相结合，常用于圆弧形的构件上，如圆形门窗、圆形家具等；｜字形结合指两个构件以直线的形状结合在一起，如板的拼接等。

榫结合常见于框的连接及板的连接，框的榫结合和板的榫结合的基本方法分别见表 5-2、表 5-3。

(3) 榫结合的技术要求

1) 直榫结合的技术要求：

当榫头宽度超过 60mm 时，应从中间锯割开，分成两个榫头，即两分榫，以提高榫结合强度。

采用贯通榫时，榫头长度应大于榫眼深度 3～5mm，以利于结合后截齐刨平；如果明榫端部以插销紧固，则应长出 20～30mm，以便穿插销钉。

榫的基本知识 表 5-1

类别	简图	说明
榫的组成	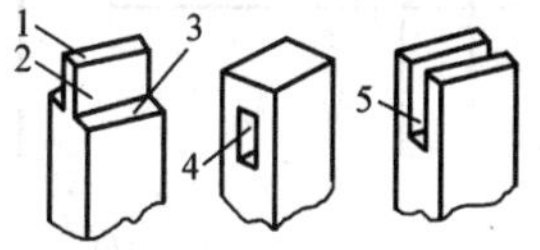 1 2 3 4 5	1—榫端；2—榫颊；3—榫肩；4—榫眼；5—榫槽
榫的形式	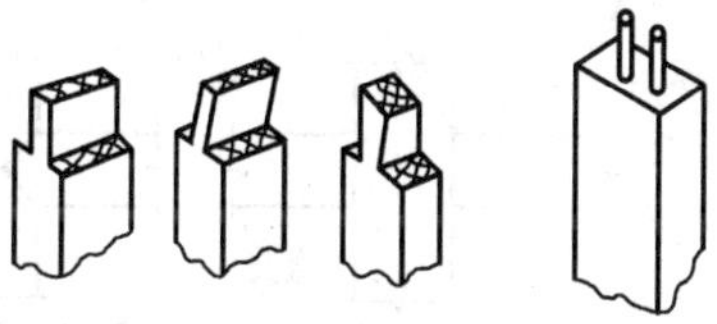 直榫 斜榫 燕尾榫 圆棒榫	直榫应用广泛；斜榫较少采用；燕尾榫比较牢固，但榫肩的倾斜度不得大于10°，否则易发生剪切破坏。圆棒榫可以节约木材，且可省去开榫、割肩等工序，在两个连接工件上钻眼即可结合
榫的明暗	 明榫 暗榫	按榫头贯通与否区分。明榫榫眼穿开，榫头贯通，加楔后结实、牢固，应用较广泛，但榫头断面外露影响美观；暗榫不露榫头、外表比较美观，且有利于胶合
榫的开闭	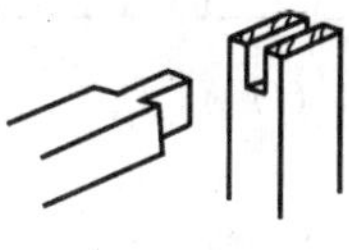 (*a*) 开口榫 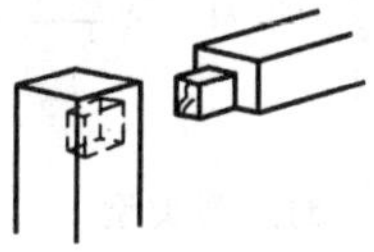 (*b*) 闭口榫 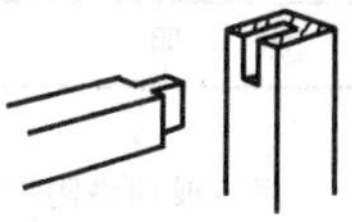 (*c*) 半开口榫 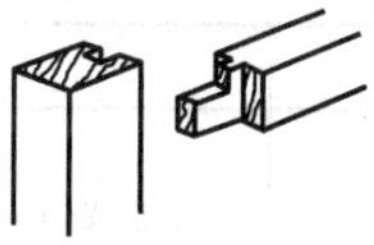 (*d*) 半闭口榫	按榫槽顶面是否开口区分。直角开口榫接触面积大、强度高，但榫头一个侧面外露，影响美观，适宜做内部衬框；闭口榫结合强度较差，一般用于受力较小的部位；半开口榫多用于视线所不及的地方；半闭口榫应用较广泛
榫头多少	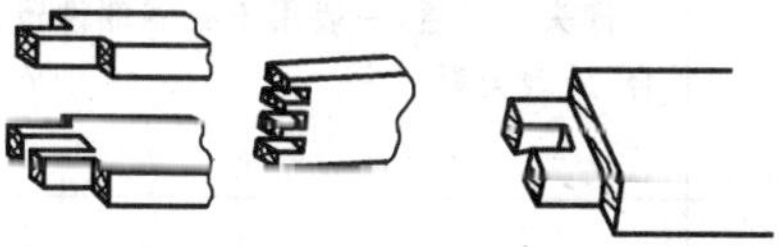 单榫、双榫 多榫 两分榫	一般框架多采用单榫、双榫，箱柜或抽屉多采用多榫，双榫主要用于厚档料的结合；两分榫就是将过宽的榫头一分为二，适用于直枨与宽档的结合。榫头多少与断面大小成一定比例
榫头割肩	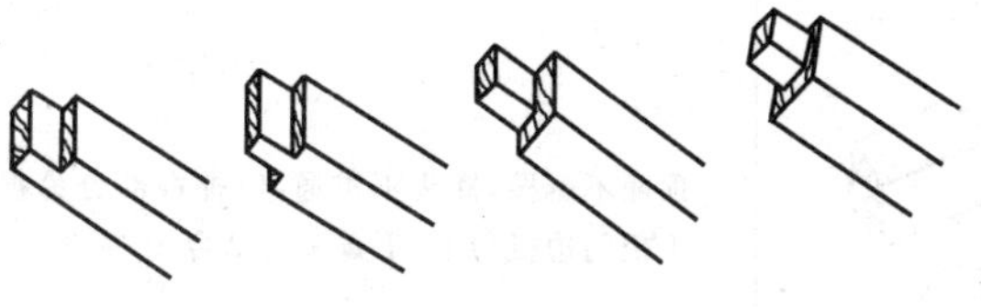 单面割肩 双面割肩 三面割肩 四面割肩	根据工艺需要可采用单面割肩、双面割肩、三面割肩、四面割肩等多种形式。单肩榫多用于强度要求不太高的结合部位，双肩榫用途很广，结合强度大

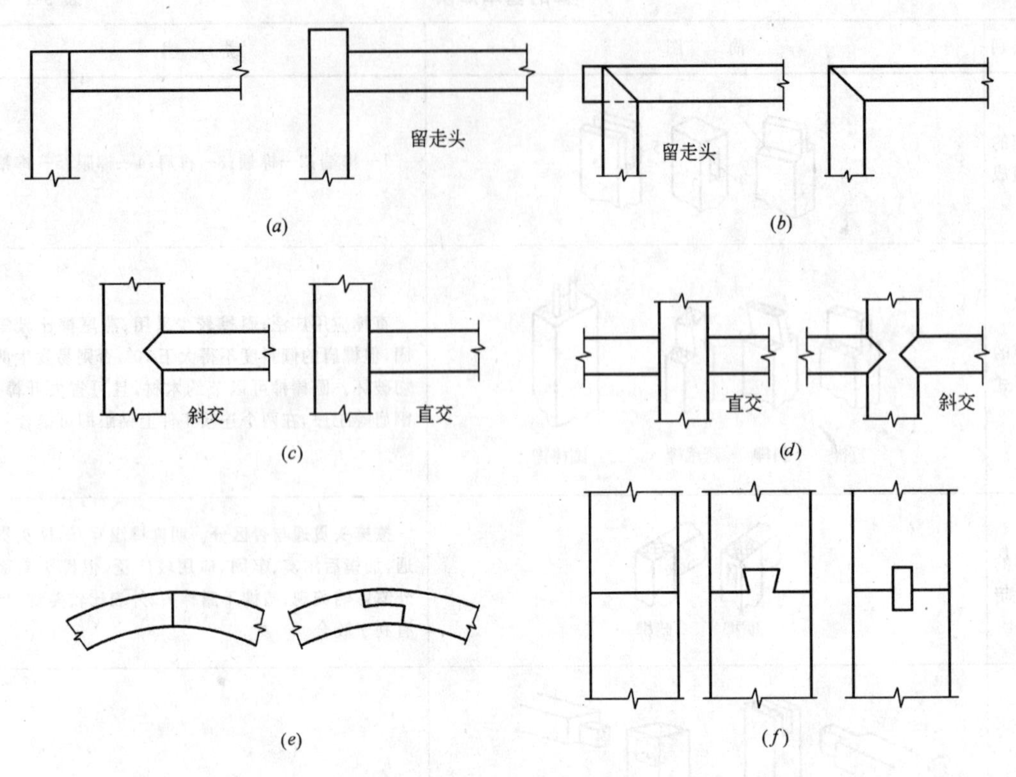

图 5-2　榫结合的外观类型

(*a*) 直角结合；(*b*) 斜角结合；(*c*) 丁字形结合；(*d*) 十字形结合；(*e*) 弯形结合；(*f*) 丨字形结合

框的榫结合基本方法　　**表 5-2**

名称		简图	说明
直角榫结合	矩形三枚纳接		在非装饰的表面，常用钉或销做附加紧固，结合较牢靠，用于中级框的结合
	暗矩形三枚纳接		榫头不贯通，一般用于有零部件覆盖的框架角结合，外表美观
	小根叠台明纳接		榫头有叠台，部分贯通，加楔，结合牢固。一般用于框的上、下挡，架类的脚隅部
	小根叠台暗纳接		顶面不露榫，榫头不贯通，但榫根部分易损坏，多用于柜门边梃与上、下冒头的结合

名称		简图	说明
直角榫结合	平纳接		顶面不露榫，但榫头贯通，应用于表面要求不高的框架角结合
	明燕尾三枚纳接		榫头部分开燕尾榫连接，结合较牢固，用于坚固架类的结合
	半盖燕尾三枚纳接		榫头部分做成暗燕尾榫连接，多用于坚固美观的壁橱、窗、门框的结合
	插肩明纳接		榫头、榫眼与冒头料同高，单面有线脚，用于普通门窗的结合
	肩胛纳接		榫头两侧叠台、榫肩不在同一平面，与梃的裁口叠台密合
	二重纳接（双榫）		一个榫有两个榫头露明，中部有叠台，一般当木料宽度大于90mm时使用，结合强度高
	双夹榫		在同一根料上左右做两个榫头，榫眼穿通。结合强度较大，一般在木料比较宽时使用
	插入圆棒榫结合		一般圆榫直径为10mm，其结合强度较整体榫低，在各种小型木框架角结合中要求强度不高时使用
	高低纳接（即大进小出）		两根成直角的横挡，纳在同一个框梃两面的结合，一般多用于柜、橱立腿与横撑的结合
斜角榫结合	明合角三枚纳接		一侧榫肩成斜角，另一侧榫肩成直角，结合较牢固，适用于斜角榫的一侧做装饰表面，常用于中、高级框的结合
	暗合角三枚纳接		采用单肩斜角，合理布置，能突出边角阳线的线型，可获得美观的纹理。常用于高级门框、橱框的结合

续表

名称		简图	说明
斜角榫结合	暗合角短榫纳接		合角面均为45°角，一端做短榫，另一端做不穿通的榫眼，外面不露榫头，一般用于高级门
	双肩斜角明纳接		双肩均做成45°角的斜肩，榫端露明。适用于一般斜角结合，应用广泛
	明燕尾斜角三枚纳接		榫肩一侧为45°角，另一侧为直角，榫头为露明的燕尾榫，用于更强的结合
	斜角插入明榫纳接		斜角由粘胶镶嵌，插榫严密，适用于断面小的斜角结合。常用于小型家具、门、框等
	斜角插入暗榫纳接		与上述基本相同，只是插榫部不外露表面，当讲究外表美观、不露明榫时采用
	斜角插入圆榫纳接		结合处榫的数目至少两个以上，并需钻孔准确，方向与斜面垂直，适用于家具中各种框架斜角和弯曲件的结合
十字形、丁字形榫结合	对开十字接		十字相接的两根木料，在结合相对部位各切对称的半口，结合后加木楔紧固，常用于互相交叉的撑子
	锐角十字形结合		将一根方木上的四角切去，而将另一根方木的榫槽各边切成折线，与上一根方木对应，结合强度较大，外形也比较美观
	直角十字形榫结合		由一根方木开榫槽，另两根方木则做成带棱的斜边榫肩，然后相结合而成，外形美观，连接紧密。常用于门窗棂子

续表

名称		简图	说明
十字形、丁字形榫结合	双肩丁字明纳接	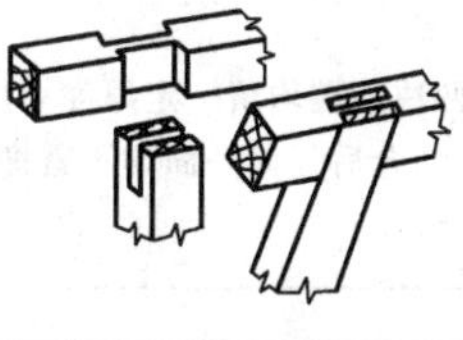	有两种结合形式，一种是中间插入，另一种是一边暗插，可根据木料厚度及结构要求选用
	明燕尾榫丁字接	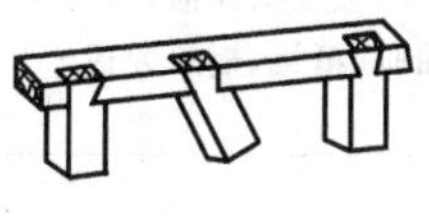	一根方木一侧做成燕尾榫槽，另一根做单肩燕尾榫头，用于框里横、竖、斜撑的结合
	三线斜棱式榫接	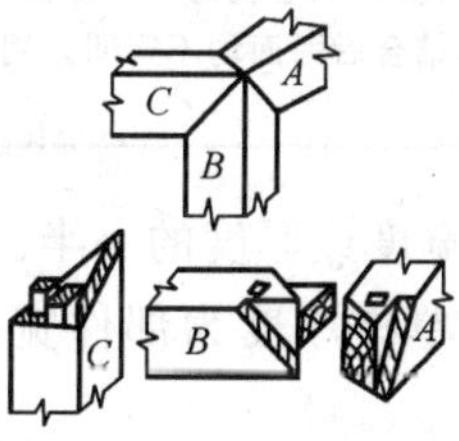 C A B C B A	当三根方木端部进行角结合时使用，榫和榫肩形式如图。在桌、台、椅面等的结合中经常用到

板的榫结合基本方法 表 5-3

名称	简图	说明
纳入接	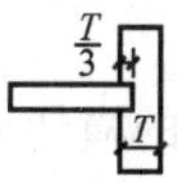 $\frac{T}{3}$ T	一块板上刻榫槽，将另一块板端直接镶入榫槽内。用于箱、柜隔板的T形结合
肩胛纳入接	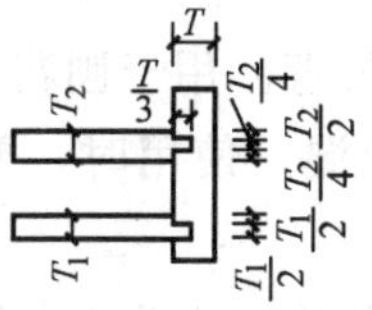 T $\frac{T}{3}$ T_2 $\frac{T_2}{4}$ $\frac{T_2}{2}$ $\frac{T_2}{4}$ $\frac{T_1}{2}$ T_1 $\frac{T_1}{2}$	一块板上刻榫槽，另一块板端做带有双肩或单肩的榫头，将榫头嵌入榫槽内，用于T形结合的隔板
燕尾纳入接	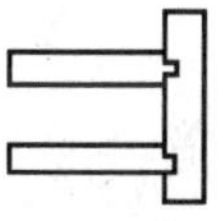	在一块板上刻单肩或双肩燕尾榫槽，在另一块板端做单肩或双肩燕尾榫头。用于要求整体性较高的搁板、隔板
暗纳入接	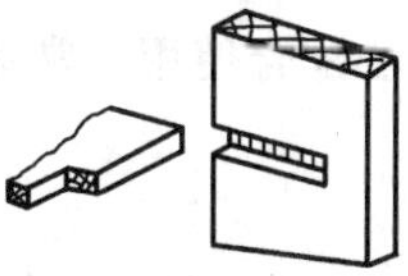	在一块板上刻不通的榫槽，另一块板端按榫槽长度做出榫头，结合后榫头不露明。用于高级搁板
三枚交接	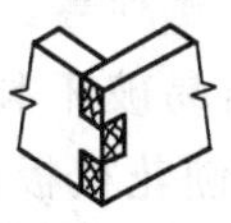	板端互刻直榫，互相交接。亦可做成五枚或多枚交接。用于坚固的箱类
明燕尾交接	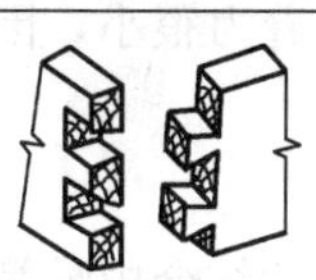	一块板端刻燕尾榫，一块板端做燕尾槽，互相交接。结合坚固，用于高级箱类的结合

续表

名　称	简　图	说　明
斜角燕尾交接		两块板端均留一定厚度切成45°斜面，其余部分做燕尾榫及燕尾槽，结合后任何一面均不露榫头。用于高级箱柜的结合
平肩脾接		一块板上刻榫槽，另一块板上做单肩榫头，但结合强度较差。用于抽屉、箱类、柜的旁板
斜肩脾接		两块板端厚度的一部分做45°斜角，其余部分互相做成榫头及榫槽，结合后两面均不露明。用于高级箱类、柜的旁板

采用不贯通榫时，榫长不应小于榫眼宽度或厚度的一半。

榫头厚度应根据部件尺寸而定。一般单榫厚度为部件宽度或厚度的2/5～1/2左右；双榫厚度总和为部件厚度的1/3～1/2左右。

单榫和双榫的外肩部分不应小于8mm，里肩或中间可灵活掌握。一般情况下，双榫的中肩和榫厚度一样；特殊情况下，中肩可略小于榫厚，但不应小于5mm。

榫头长度方向应为木材纵向纹理方向；应尽量避免榫长方向与纵向纹理方向成倾斜角度，更不应垂直于木材纵向纹理方向。

榫眼应开在木材的径切面或弦切面上，而不应开在木材的横切面上。

2）圆棒榫结合的技术要求：

制作圆棒榫的硬木应容重大，无节、无缺陷，纹理要直。用于刨花板结合时，其含水率应较刨花板低2%～3%；圆棒榫应保持干燥，防止吸湿。使用时，要求榫头与榫眼配合紧密或略大于榫眼，以增强结合强度。

圆棒榫胶合时，可用一口胶，也可用两口胶。一口胶涂在榫头上，两口胶在榫头和榫眼均涂胶，两口胶结合强度好。

圆棒直径一般应为板厚的2/5～1/2，长为直径的3～4倍。

1.2.2　楔结合

楔结合方法在木作构件的制作中经常与其他结合方法配合使用。常见的楔结合方法见表5-4。

1.2.3　钉结合

钉结合可采用圆钉、螺钉、排钉、竹钉、木钉、扒钉、螺栓等。钉结合操作简单，其中螺钉、螺栓结合还可以拆卸。但钉结合的结合强度小，且易破坏木材，所以只适用于木制品内部以及外形要求不高的地方。需要注意当钉子用于刨花板板面时，钉子具有钉着力，但当钉入刨花板端面时，由于钉子与刨花板平行，钉着力很小，因此刨花板端面不宜采用钉结合的方法。

(1) 圆钉结合

圆钉是木工用钉料的主要品种之一，圆钉结合是木构件结合中最简单、操作最方便的

楔结合基本方法 **表 5-4**

名称	简图	说明
穿楔夹角接		有横向穿楔和竖向穿楔两种形式。做法是将两块料端头割成45°角，开槽后穿楔结合
镶角楔接		当两块板材角接时，两板端头锯成45°斜角，并在角部开斜角缺口，然后用另一块三角结合板进行胶合并加钉坚固
明燕尾楔斜接		交接两块面板端头锯成45°的斜面，隔一定距离开燕尾榫槽，再用硬木制成的双燕尾榫块楔入榫槽。为使结合牢固可带胶楔接
三角垫块楔接		将结合两木板端割成45°斜面，内部每隔一定距离加三角形楔块，带胶楔接，并用圆钉紧固
阔角楔接		先将两板端割成45°斜角，然后按楔的形式开槽。一般常用的楔有哑铃式、银锭式、直板式三种。操作方便
明薄片楔斜接		将两结合木板端割成45°斜面，再用钢或木制的薄楔片楔入角缝中。用于简单的箱类

一种形式，工具也很简单，非常适合钉料用量比较少的场合以及大块木料的连接。板面材料与骨框架等连接时，一般需要先涂刷胶粘剂再钉。

圆钉有重型、标准型、轻型三种。圆钉的常用规格长度 L 为 10～200mm，直径 d 为 0.9～6.5mm。圆钉使用时应根据需要，合理选择长度和大小，要求既能把木料钉牢，又不损坏木料。

圆钉的使用方式有明钉、暗钉、转脚钉、扎钉四种，如图 5-3 所示。

1）明钉结合

多用于木构件及家具背板等隐蔽部位。当同一部位需钉多只圆钉时，应使各钉不在同一木纹线上，以防木料裂开，如图 5-4 所示。

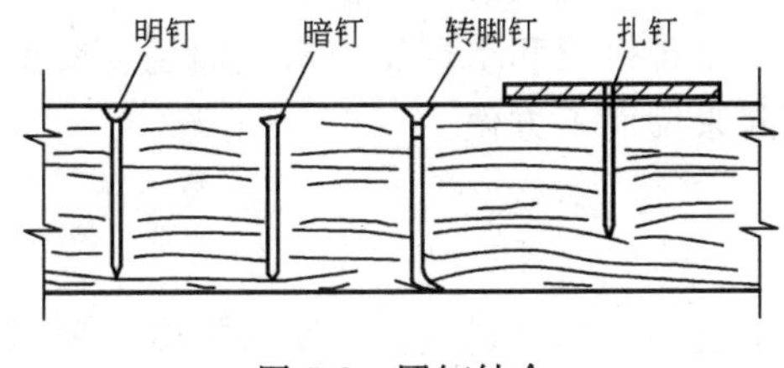

图 5-3 圆钉结合

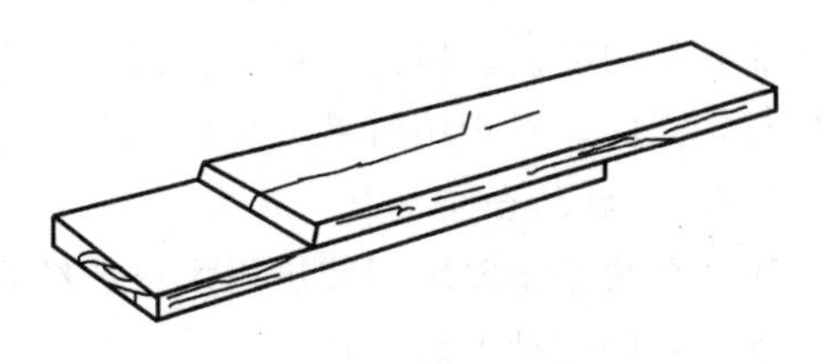
图 5-4 钉位置不当，木料开裂

2）暗钉结合

多用于明显处，如家具制作中引条钉接、板面封边等。为保持家具外表美观，应先将钉帽敲扁，钉入后用钉冲将钉帽冲入木料内约 2～3mm，不使外露。油漆时用腻子将钉眼填没，补好颜色，暗钉结合对家具外观影响不大。

3）转脚钉结合

转脚钉结合操作时，把木料平放在钢板上，将钉略斜向敲入，当钉尖碰到钢板时，就会转脚。一般多用于钉包装板箱。

4）扎钉结合

当工件需要胶合时，可用扎钉结合。方法是在胶合的部件上垫一小块木板作压板，钉子由压板钉入部件，待胶凝固后撬掉压板、拔掉钉子，油漆时腻没钉眼。对家具外观影响不大。

（2）木螺钉结合

木螺钉也称木螺丝钉、螺钉，在木制品的结合中应用广泛。螺钉结合强度比圆钉大，适用于厚板拼接、家具组装、五金附件的装配等。木螺钉连接的优点是连接力强，可松可紧可拆卸。

木螺钉的品种比较多，根据不同用途可以分为沉头木螺钉、半沉头木螺钉、圆头木螺钉等；根据钉帽头的开槽形式可分为一字木螺钉和十字木螺钉。

沉头木螺钉拧紧之后，钉帽不外露，适宜平面使用；半沉头木螺钉拧紧之后，钉帽头微露表面，适用于要求钉帽头有一定强度的部位；圆头木螺钉拧紧后，钉帽头全部露在外面，钉帽头比较大而厚，钉帽头底部平面面积较大，适用于要求钉帽头强度高的部位。

在木构件制作时，木螺钉拧入木料后一般不容易出现松动的情况，因此不用涂胶粘剂，钉装工具也比较简单，只需用锤子和螺钉旋具。木螺钉连接时，不可直接用锤将螺钉一次敲没。若螺杆较长，应先在工件连接处钻一个略比螺杆直径大、深度约为杆长一半的孔，再用螺钉旋具拧紧。若螺杆较短，应先用锤将其长的 2/3 敲入工件，再用螺钉旋具拧紧。拧入前，可在钉尖抹些油或肥皂，以防钉尖扭断。

（3）排钉

排钉也是木工用钉料的主要品种之一，尤其是在现代装饰工程中，排钉的用量大大增加，在某些场合，大有取代圆钉之势。排钉的两端均为尖形，钉与钉之间并列连接成排，每一排排钉的数量依据钉杆直径不同而异，一般为 100～200 棵/排，每 10 排为一盒。排钉的常用规格长度 L 为 25～120mm，直径 d 为 1.6～4.5mm。

排钉的钉装工具为专用气动排钉枪，排钉枪可以连续钉，钉装速度快，而且不会出现钉帽露在木材表面的现象，尤其在抡不开锤子的地方，使用更加方便。因此，排钉很受施工作业人员的喜爱。但是，钉装排钉时，需要使用排钉枪和空气压缩机，而且需要整盒购买排钉，因此，对于用钉量太少的场合，使用起来反而不方便。

1.2.4 胶结合

胶结合法是指单独用胶进行木料的结合。

随着新的胶种不断出现，胶结合方法也越来越多，如短料接长、窄料拼宽，覆面板的胶合，椅子坐板和靠背的弯曲胶合，薄木或塑料贴面与基材的粘贴等。

胶合法能充分利用木材，小材大用，碎材整用，劣材优用等，可大大提高木材利用率，提高木制品品质，改善制品外观。

在现代木工装饰施工中，木质材料的连接越来越少用凿眼、开榫的传统方法，取而代之的是用钉料钉固连接，胶粘剂起辅助连接作用。如果钉料在木材中发生窜动，木制品就会散架，胶粘剂可以大大地减少致使钉料窜动的原因，因此，胶粘剂在钉固接中的作用就显得更加重要。随着科学技术的发展，化学胶粘剂的品种日益增多，其性能不断改善提高，也使得胶粘剂在木制品的制作中成为极其重要的辅助材料。事实上，无论是榫结合还是钉结合，胶粘剂的作用都是不可忽视的，因为榫与槽、钉料与木材之间总是存在一定的缝隙，或在湿胀干缩的作用下，或在频繁外力的作用下，致使这些材料之间的缝隙越来越大，表现为榫的活动和钉子的窜动，导致连接处受到损坏；胶粘剂可以填补这些间隙，加强材料之间的结合力，限制材料连接处的活动自由度，增强连接强度，延长使用寿命。

胶合操作步骤如下：

(1) 胶合前的准备

胶合的木料含水率不得大于12%～18%，含水率不符合要求的木料要干燥后才可使用；

拼板缝口胶合先要刨削密缝，宽板平面胶合先要刨削平整，榫眼胶合先要检查榫头和榫眼的尺寸是否准确、配合是否适当；

胶合面上如有毛刺、泥灰、砂子等物，要清除干净；

如温度太低，应先将胶合面略加烘烤预热，以提高胶合效果。

(2) 木板胶合方法

将合好缝的两块木板结合面靠平向上，迅速而均匀地刷胶。刷胶后即将缝口合拢，推动几下，按平外表平面，然后用夹具进行加压，胶干燥后再拆下夹具。

(3) 塑料板胶合方法

塑料板（装饰板）的胶合，一般用乳白胶。先将木板板面刨削平整，塑料板反面用钢锯片拉毛。分别将胶合的两面涂满胶料，然后将塑料板贴到木板上，在表面加压。

(4) 木纹纸胶合方法

木纹纸胶贴有干贴和湿贴两种方法。

干贴法：将木纹纸按需要尺寸裁好，在板面涂上胶。先贴一端，逐渐向另一端伸展，边贴边用软布揩抹木纹纸，使其紧贴板面。贴完后，可用熨斗将木纹纸熨平整。熨斗温度在60～70℃为宜，过高会烧焦胶料。

湿贴法：将裁好的木纹纸浸入清水中，湿透后捞出稍晾干，平整地贴于涂过胶的板面上，用熨斗熨平整。

1.2.5 板面拼合

板面拼合是将单块的木板用胶粘剂或以胶粘剂和榫、槽、楔、钉等并用，连接成所需宽度的板。板面拼合后，根据板面的受力情况，一般还应采取一些加固措施，如明穿带拼法、穿条拼法、木销拼法等。

(1) 板面拼合的方法

板面拼合常用的方法见表5-5。

板面拼合（单位：mm） 表 5-5

名 称	简 图	说 明
平拼法		两侧胶合面必须刨平、直，对严，并注意年轮方向和木纹。用皮胶或胶粘剂将两侧面粘合，前后移动两下，使胶涂布均匀。用于门心板、箱、柜、桌面板、隔板的粘合，用途广泛
裁口拼法		将木板两侧裁口，使其相互搭接在一起，接缝须严密。合板后要前后移动两下，使胶涂布均匀。多用于木隔断、顶棚板及拼板门的芯板拼接
企口拼法		将木板两侧制成凹凸形状的榫、槽，槽宽度约为板厚的 1/3。常用于地板、门板等
齿形拼法		将相邻两块木板侧面刨平、直，用机械在两结合面上开出齿形缝，刷胶，按齿拼合，加压拿拢结合牢固，拼合后外基面平直。适用于高档面板或悬空使用的宽板
单燕尾榫接法		将面板两侧面分别制成燕尾榫和榫槽，使板拼合为一体，结合牢固、结实。多用于门板等结合
双燕尾榫接法		将木板相邻两侧面制成双燕尾榫，结合牢靠，但加工制作费工费时，多用于要求较高、板面较厚的板面拼合
穿条拼法		将相邻两板的侧面刨平、对严、起槽，在槽中穿条连接相邻木板。用于高级台面板、靠背板等较薄的工件上
明穿带拼法		在相邻板的背面垂直木纹方向起通长的燕尾形榫槽，将带的下面刨出通长的燕尾榫，带的一端应略大于另一端，槽的宽度应与其相适应。用带的小端由槽的大端逐步楔入楔紧。可增加板面的韧性，防止弯曲变形。常用于桌面板下或木板门背面
暗榫接法		在木板侧面栽植木销，并将接触侧面刨直对严，涂胶后将木销镶入销孔中。用于台面板等较厚的结合中
栽钉接法		将相接两侧面刨直、刨平、对严，在对应位置钻出小孔，将两端尖锐的铁钉或竹钉栽入一侧木板的小孔中，上胶后对准另一木板的孔，轻敲木板侧面至密贴。这是胶粘法的辅助方法
木销拼法		在相邻两块木板的平面上用硬木制成拉销，嵌入木板内，使两板结合起来，拉销的厚度不宜超过木板厚度的 1/3。如两面加拉销时，位置必须错开。用于台面或中式木板门等较厚的木板结合中

(2) 板面拼合的操作要点：

为了减少拼板翘曲变形，每条窄板宽度不宜超过 200mm。

拼板用材尽量采用同一树种、或材质相近的木材。

在拼缝操作时，木材必须充分干燥，一般含水率在 8%～12%。

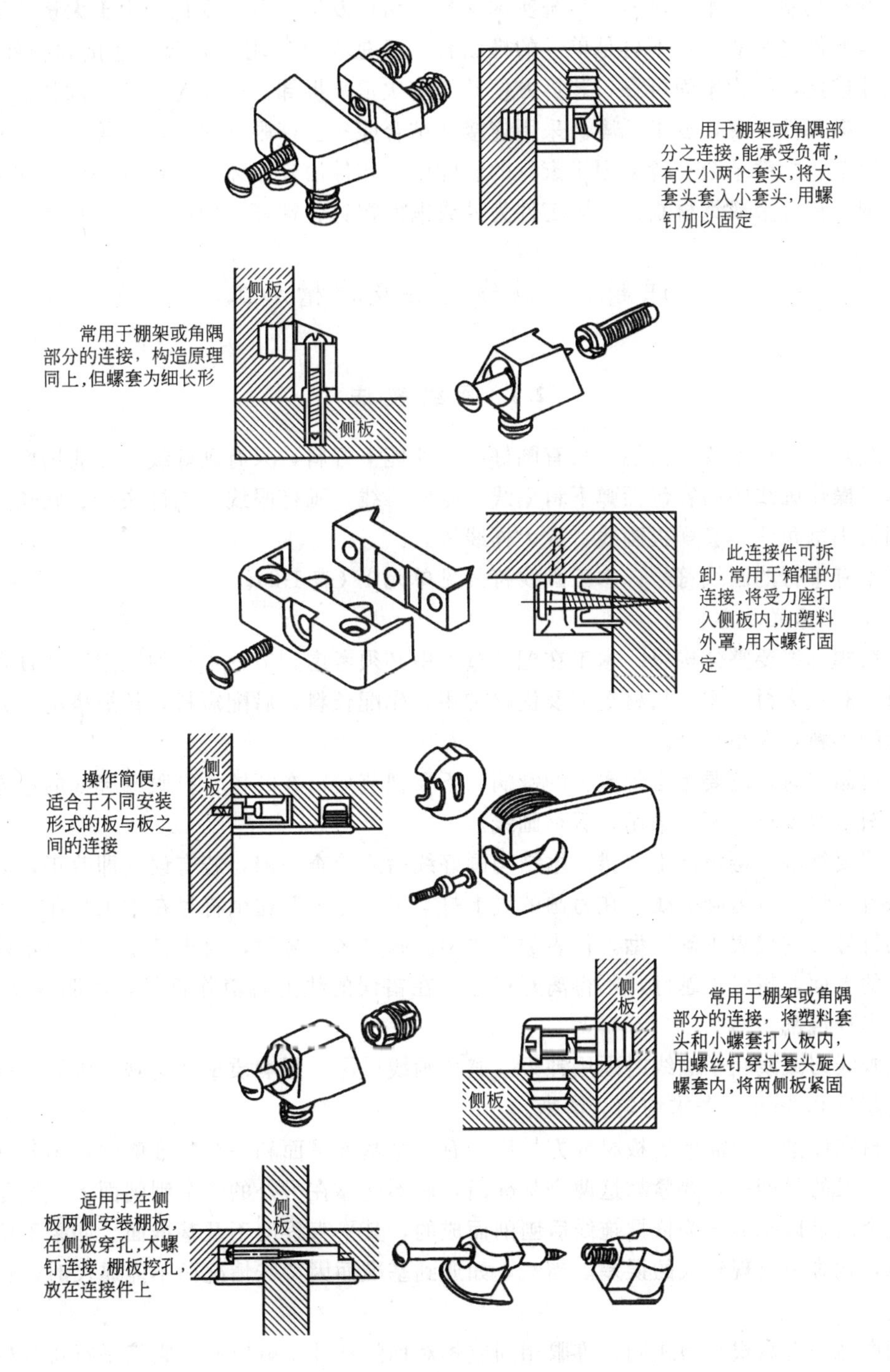

图 5-5　常见安装连接件

拼合时要根据木材的厚薄，采取相应的拼合方式。

胶粘结合时，涂胶拼合后要用木卡或铁卡在木板的两侧卡好，并注意卡的位置要适当，防止因卡得过紧或不均匀使木板扭弯。

1.2.6 连接件连接

随着家具制造技术的进步，传统实木家具的结构发生了重大变化，由于大量使用人造板材，零部件之间的连接不再是单一的榫结合，而是大量采用了五金件连接和扣件结合。用连接件连接，结构牢固可靠，装拆方便并能多次重复拆卸，松动时可直接调紧，装配效率高，无损部件外观，成本低廉。采用连接件结合能省去榫眼画线、凿削等工序，所以装配极为简单。扣件结合一般多用于家具的装配中。扣件由连接体和固定件组成。连接体由尼龙、铜、铝合金或钢材制作，固定件为铁或铜的螺钉、螺杆，如图 5-5 所示。

课题 2 画线技法及榫槽加工

2.1 画线技法

画线是木工很重要的技能，只有画好线，才能下好料，只有画好线，才能用好材。

木工操作画线的内容包括弹下料墨线、画刨料线、画榫眼线、画榫头线、画长度截断线、画大小割角线、套样板画线、放大样线等。

木工有本行的画线符号，木工画线符号见单元 1（表 1-2）。

2.1.1 画线注意事项

木结构画线要整体构思。木工在配料过程中必须考虑到节约木材的原则。认真合理选用木材，避免大材小用、长材短用及优材劣用。先配长料、后配短料，长短搭配；先配大料、后配小料，大小结合。

下料画线时，还要考虑到木材的疵病，不要把节疤留在开榫、打眼或起线的地方，对腐朽、斜裂的木材应不予采用，看材画线。

画线要细心，避免产生差错。木结构画好线后应检查一遍，若有误立即改正，如果所画线条有错误，可另画一线，在另画的线上打“×”，“×”这个符号在木工行业中为表示正确的符号，它代表正确线型，代表加工线型。画“×”号时，要求其十字中间正好画在需用线的上面，越对正越好，不得离开很远。在错误的线上打消除符号，说明线型不对，以避免出现混乱。

用画线刀或线勒子画线时须用钝刃，避免画线过深，影响质量和美观。画好的线，最粗不宜超过 0.3mm，务求均匀、清晰。

木材在刨削成所需要的板材或方材后，有一个基准平面和一个基准侧面，画各种垂直线时，角尺的尺柄一定要紧靠这两个基准面，而不能靠在另外的两个刨削面上。这是因为另外两个面是以基准面为依据拖线后刨削而成的，其平直程度不及基准面。如果不依此规则画线，就难免出现较大的误差。当然，如遇到基准面因特殊情况而不能靠尺时，也可变通运用。

如产品中有数根长短相同、榫眼相同或相对称的杆件，就应该将它们平行排列好，然后用角尺一线画出，再把线逐根引向另外几个侧面。采用这种方法，画线速度快、准确性好。

2.1.2 下料画线

下料画线是木工的第一次加工线，也叫粗加工的锯割线。就是选材下料时，加工圆木和板材长短宽窄料的锯截线。

板方材下料画线时，要选其方正的直边棱或方正的端头作基准，然后放线。如果方正的边材有一边画直，按直边可用尺量画两端，画好宽度、尺寸，用墨斗弹出墨线。也可用左手握木折尺，画出平行直边的宽度线。对于用料长短，可用尺量出长度做记号，用角尺靠板材直边用铅笔画出截线，即可锯截。

考虑到工件在制作时的锯割、刨削、拼装等的损耗，因此各部件的毛料尺寸要比其净料尺寸加大些。按加工件所需用的尺寸，下料线一定要留有足够大的加工余量。“长木匠，短铁匠”这句谚语，就是在配料时要留有余量。如果木料下短了或薄了，就成了废料。具体加大量可参考如下：

（1）锯缝消耗量

大锯约 4mm，中锯约 2～3mm，细锯约 1.5～2mm。

（2）刨光消耗量

断面尺寸：宽度和厚度的加大量，当成品料一面刨光者加大 3mm，两面刨光者加大 5mm。

长度尺寸：一般毛料在长度上的余量，按其位置不同，约 5～20mm。

各种覆面材料也要留有加工余量，一般长宽各为 15～20mm。

总之，画线应准确、精密。只有这样，木料连接才能准确合理。

2.1.3 加工画线

对下料锯刨后的木件进行凿眼、做榫、做槽、起线、裁台、截割等木结构的画线，需要遵循一定的方法来完成。

画线前，首先要查看基本型木料的材质情况，应挑选木料的光面作为正面，有缺陷的应朝向隐蔽处，榫接节点处应避开木节、裂缝等质量缺陷处。

榫接的画线步骤如下：

（1）画线前，了解木制品中各工件的地位和作用，知道各工件之间的结合方式，确定哪些地方画榫头，哪些地方画榫眼，榫眼要多大、什么形式等。

（2）画线操作宜在画线架上进行。将待画线工件分别放置于操作台上，按要求对各工件的外观面、基准面、对称拼接面理清摆好，整齐叠放在架上，排正归方，并记上相应记号，画出工件的齐头线，即长度控制线，如图 5-6 所示。这一工序有的地方称为起墨，有的叫起线。之后，根据齐头线，量出有关尺寸，画出榫、眼位置，并寄画于相邻两个内面相交的边棱上。

（3）扳转画线工件，使另一内面向上，用角尺将边棱上的寄线、齐头线、榫肩线、穿眼位置等一一从原画线面引过到该面上。之后，依次在其他两个面上采用此法引画相应的齐头线、榫接线等。将每根料的榫、眼的横线全部画出。这个工序叫过墨或过线，如图 5-7 所示。

（4）画线时要注意榫眼尺寸与榫头的配合：横线全部画好后，逐根取下来，画榫、眼的纵线。以相邻的两个标准直边为依据拖线画出榫眼的凿子刃口靠边线与榫眼宽度线（后

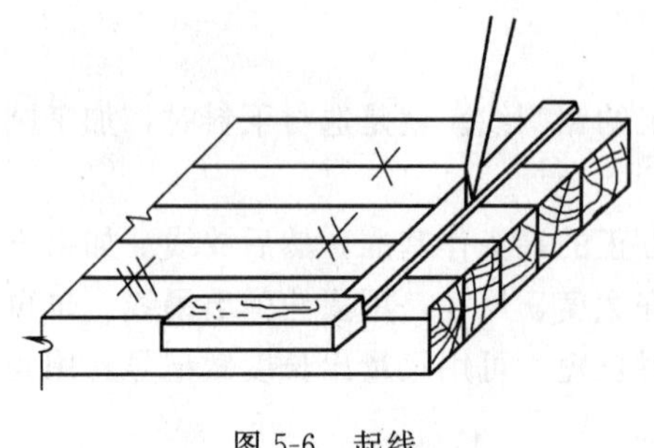

图 5-6　起线

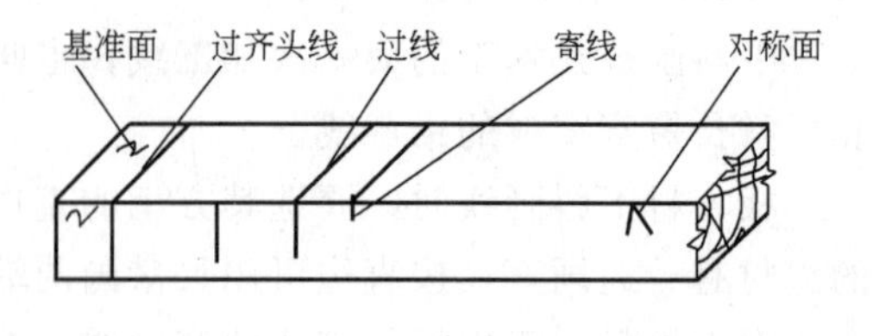

图 5-7　过线

者可不画）；并依据榫眼的宽度分别拖画出榫头的厚度线，随即做上相应的进行凿削与锯割加工的符号。所有榫眼要注明是全榫还是半榫、全眼还是半眼。

下面以常用的双肩榫和双榫为例说明其画线方法，其他木制工件的加工画线可参照进行。

1）双肩榫（如图 5-8 所示）的画线技法：

根据榫头的长度，将角尺靠在方料的基准面，在侧面上画出垂直线，将此线引到其他三个面上，即为榫肩线。榫肩横线一定要与方料基准直边垂直。注意方料四面的榫肩线应该闭合，否则应校正角尺以后重画。

双肩榫的位置应在方料的正中，厚度一般为方料宽度（或厚度）的 1/3。

榫头画线，要始终伴靠方料的基准面进行。榫头直线一定要与方料基准直边平行。拖画榫头直线时，左手中指甲要准确地靠在尺座的刻度线上，不要滑动。在相对应的一面拖画榫头线时，要将方料掉头之后再翻边，切不可只翻边而不掉头。

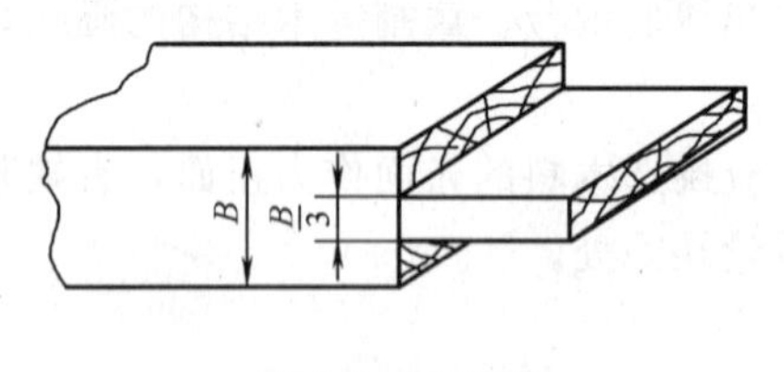

图 5-8　双肩榫

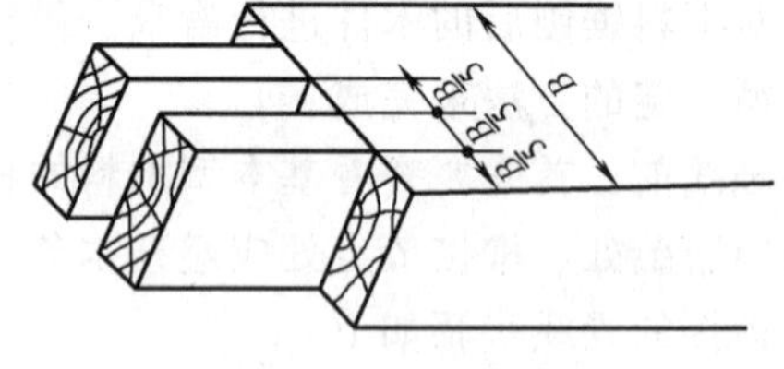

图 5-9　双榫

2）双榫（如图 5-9 所示）的画线技法：

一般是根据榫眼方料的宽度，五等分标出榫眼的宽度（即每个榫眼为 1/5），如不能五等分，可少留边沿，两眼中间的间隔也可缩窄，但一般不宜缩小榫眼。

以方料的基准面为准，拖画出榫眼和榫头的纵向墨线。榫肩横线的画法与双肩榫相同。

图 5-10 为几种榫接结构的画线示意图。

2.1.4　木结构画线顺序

木结构通常的画线顺序为：准备工具→正确排料→按次序画线。

准备工具通常指准备画线工具和量具，如角尺、木折尺、铅笔等，如果工艺要求特别细，要求误差特别小的时候，铅笔可改用画线刀。

正确排料就是刨出的每根木料要一一排放整齐，画出的榫、眼，其厚、薄、宽、窄等尺寸必须一致。排放木料时还应根据画线需要的长度，根据木料各部分材质好坏，尽量避

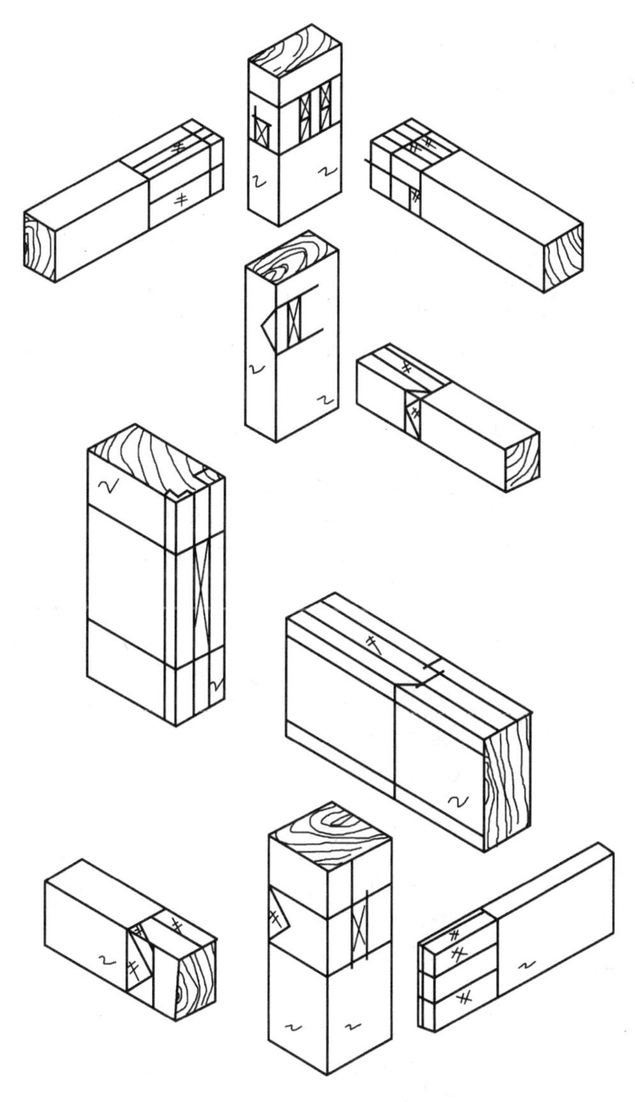

图 5-10　榫接结构画线图

开节子和缺损地方画榫眼。

按次序画线，其规律是：先竖料（腿料），后卧料（横料）；先画榫眼料，后画榫头料；画前面想后面；画小面想大面；先画两头线，后画中间线等。在技术熟练后，只要能分清大面小面、前面后面，画线的先后顺序可以不受一定的限制。

2.2 榫槽加工

2.2.1 开榫与拉肩

在工件的端部加工榫头的过程叫开榫。开榫可手工开榫，也可使用开榫机进行机械开榫。机械开榫不用事先在工件端部手工画线，选用合适的刀具即可加工木制工件的榫头，常用的有直角开榫机和燕尾开榫机。

开榫就是按已画好的榫头线纵向锯开，拉肩就是按横线锯掉榫头两旁的肩头。通过开榫和拉肩，榫头就制作完成。

要求榫头方正、平直，榫根处完整无损。榫头线要留半线，以备检查。为避免榫、眼不合，开榫时可用打眼凿与榫头比一下，看凿刃宽度与榫厚是否相等；或将榫头开出一根后，试打入已打好的榫眼中。

下面以常用的双肩榫、双榫及燕尾榫为例说明其锯割方法，其他榫接类型锯割可参照进行。

（1）双肩榫的锯割方法：

采用掉头锯割方法进行，这也是木工遇到最多、难度较大的锯割技术。该法操作时料需翻面，但锯割质量可靠、准确。尤其在锯割宽度较大的榫头时（如门扇的中、下冒头），其优点更明显。

双肩榫榫头有两条纵向基线，开榫时凡是靠基准面的那根榫头纵线都要吃墨锯掉。至于另一根榫头纵线锯割时或留墨或吃墨，则要拿凿子来核对。

榫头锯割时，左手的大拇指指甲靠定锯割线，锯条挨指甲在榫头端部轻轻锯几下，再翻边对正锯割。对于较宽的榫头，要多翻转几次。双肩榫锯割方法如图 5-11 所示。

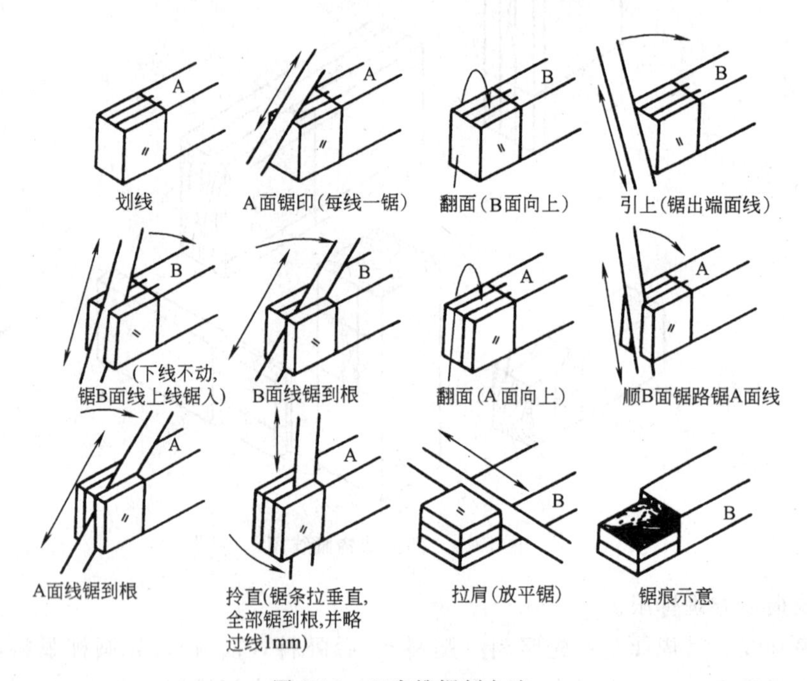

图 5-11 双肩榫锯割方法

榫头的锯割锯路不宜过大，否则，榫头平面毛糙，影响装配。一般采用细齿锯锯割。

（2）双榫的锯割方法

锯割第一个榫头按双肩榫相同的方法进行，第二个榫头也按照双肩榫锯割法，即第三根墨线锯去，第四根墨线根据凿子刃口宽度锯割。四条锯路都须顺直。两榫之间的中肩用凿子依榫肩线凿去。

（3）燕尾榫（如图 5-12 所示）的锯割方法

先将榫头减榫锯割，并在背面拉肩。再依斜线锯割榫头两侧，然后锯割两侧榫肩。燕尾槽的锯凿，先用细齿锯依平面上的斜线锯割，再用薄刃凿按照榫头长度和厚度墨线剔削榫槽。榫槽的内壁须与平面垂直。

装配燕尾榫时，如出现过紧或拍打不进的情况，应修凿榫头或榫槽，不要强行打入，以免榫头前角崩裂。

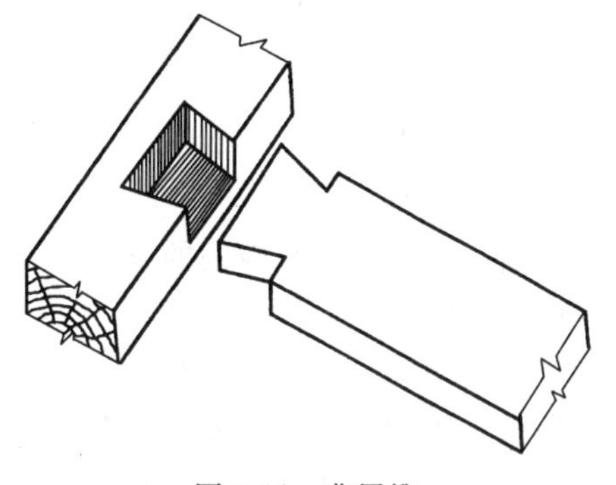

图 5-12　燕尾榫

2.2.2　榫眼的加工

根据结合的需要，要在木制品零部件上的相应部位上加工各种类型的榫眼、圆孔。木制品的部件凿眼，手工主要靠凿子和手钻（包括手电钻），工厂主要用木工钻床（打眼机）加工。

为使榫眼结合紧密，打眼工序一定要与榫头相配合。打眼用的凿刃应和榫的厚薄一致，凿刃要锋利。打眼的顺序是先打全眼，后打半眼。全眼要先打背面，凿到一半时，翻转过来再打正面，直到贯穿。眼的正面要留半条墨线，反面不留线，比正面略宽。这样装榫头时，可减少冲击，避免挤裂眼口四周。

打成的眼要方正，眼内要清净，眼的两端面宜稍微凸出，以便榫头装进去时比较紧密。

2.2.3　榫头与榫眼的配合

榫头与榫眼的配合正确与否，对榫结构的强度有很大影响。

榫头对入榫眼时，只能使榫眼顺木纹方向两端受压，横木纹两侧以不紧不松为宜。如果顺木纹方向受不到挤压力，则榫头易脱出；如果横木纹方向两侧应榫头过大而受挤压过紧，则榫眼就有胀裂的危险，如图 5-13 所示。一般榫头厚度应小于榫眼宽度（约 0.2mm）；榫头的宽度应大于榫眼的长度（硬木为 0.2mm，软木为 0.5～1mm）；榫眼深度应比榫头长 2mm（暗榫）。

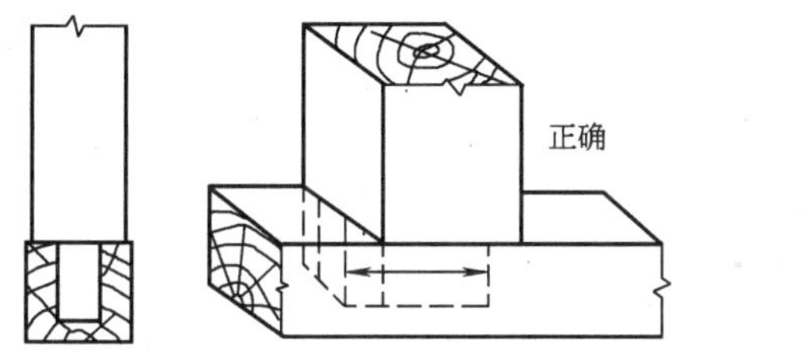

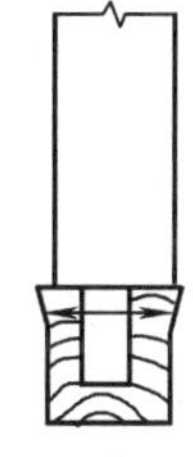

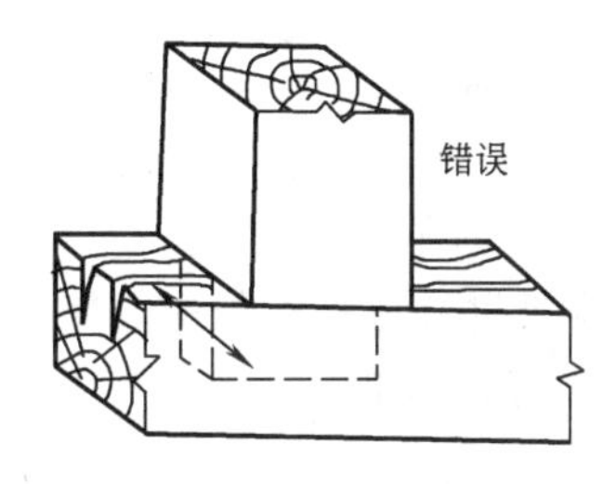

图 5-13　榫头与榫眼的配合

实训课题 1　榫接连接

1. 实训目的：

了解榫接构造的基本知识，会进行榫接结构的构件制作。

2. 实训条件：

两根杆件，外形尺寸为 40mm×40mm×400mm，进行半贯通榫结合制作（可利用单元 4 实训课题制作的杆件或者重新制作，根据实际情况亦可进行其他类型榫结合的制作）。

3. 操作步骤：

（1） 画线

（2） 凿榫眼

（3） 做榫头

画线、凿榫眼、做榫头的方法，参见本单元课题 2 的相关内容，此处省略。

（4） 拼装

榫接的拼装，一般是木制品制作时的最后一道工序。在拼装前，应将所有工件构件、杆件用短光刨细致地刨削光洁，在拼装面上不留下任何画线的线迹和不洁加工印迹。

拼装时应根据产品的特点来决定杆件装配的顺序。

用斧将榫头击入榫眼时，左手应把杆件握牢扶直，不使左右倾斜，以免扭歪。用力敲击时，斧头不能直接击落在工件上，而应敲击在垫衬的木块上。装配任何形式的框架，在榫头还没有敲紧时，就要控制直角方正度和表面平整度。一般先调整面的平整度，消除翘曲现象，再调整角的方正度。都合乎要求以后再进行产品的最终固定。

4. 制作要求：

榫接连接牢固，榫肩密缝、榫头密缝。表面平整度、直角方正度、光洁度符合要求，无翘裂。

工艺操作规程正确。

无生产事故发生，无事故隐患，做到安全生产。

文明施工，遵守操作规程、安全生产规程及劳动纪律。

工时定额 2h。

实训课题 2　拼板穿带

1. 实训目的：

了解拼板的构造要求与方法，会进行拼板与加固操作。

2. 实训条件：

穿带拼接方桌面制作，其外形尺寸 800mm×800mm。

3. 操作步骤：

（1） 选板材

根据设计要求选择各块厚度接近的板材，进行断料锯解。

（2） 直边加工

对每块拼板的两边进行弹线、斩削、刨削加工，以形成平直、紧密的拼缝。

（3） 试拼与定出拼钉位置

把直好边的板材紧贴平放在工作台上，用笔画出拼钉的位置线，并对每一块拼板坯料进行编号。

（4） 拼钉加工

拼钉可用竹钉或铁钉。若用竹钉，应认真进行斩制，使其大小、长短、形态合乎要求；若用铁钉，则应选择合适的规格。

（5） 钻眼、刨缝

选择合适的钻头，对每块板坯料安拼钉位置线钻眼。根据工件的设计拼缝形式刨削搭缝。

（6）拼合

按照坯料上的编号逐块拼合。拼合板的总宽度，应略大于设计工件的要求。

（7）板面刨削

对拼成后的板的两面分别刨削，使板面平整、厚度合乎设计要求。

（8）制作穿带条

用与拼板料同树种材或较硬的树材制作穿带条。

（9）制作穿带槽

将制作好的穿带条，安放在刨削平整的拼板反面，定出穿带槽的位置。然后用梳锯锯割，接着使用薄刃凿和边线刨等工具加工，做出合乎要求的穿带槽。

（10）打串加固

将穿带条打入穿带槽中，并逐渐紧固，使之贴紧槽内不松动。

4. 制作要求：

零件加工工艺合理。

桌面组成工艺合理。

连接牢固，表面平整度、直角方正度、光洁度符合要求。

工艺操作规程正确。

无生产事故发生，无事故隐患，做到安全生产。

文明施工，遵守操作规程、安全生产规程及劳动纪律。

工时定额 3h。

课题 3　木材的弯曲、薄木贴片及边饰技术

3.1　木材的弯曲

在室内装修工程或家具制作中，经常会遇到各种曲线型的造型，如家具的杆件等。制造弯曲造型的方式有锯制加工和弯曲加工两大类。但如果用一般的木料按常规的方法加工，则费料费工，尤其是在批量生产中，这显得更为突出；如果采用木材弯曲的措施，则变得省料省工。

3.1.1　各种弯曲方法的特点

（1）锯制加工

对于弯曲程度较小的零部件如椅后腿，可采用在板材上顺纤维长度划线，按画线将板材锯成所要求的弯曲形状的毛料，然后用辐刀、粗锉及刮刀等进行较为精细的切削与修正，从而得到优美精巧的弯曲部件。

这种方法加工简单，不需增添专用设备，投资少，但仅适用于弯曲度小的零部件。随着弯曲程度加大，锯制时材料的损耗加大，尤其是弯曲度大的形状（如圆环形状），中间还要拼接，加工复杂，木材消耗大，同时因为大量的纤维被横向割断，因而零部件的强度减小，故此法只适用于非承重部位。若用于承重部位的弯脚制作，则宜采用

层压木料，但如必须用实木制作时，须注意选择其木料纹理与受力的关系，如图 5-14（*a*）是最适宜的。

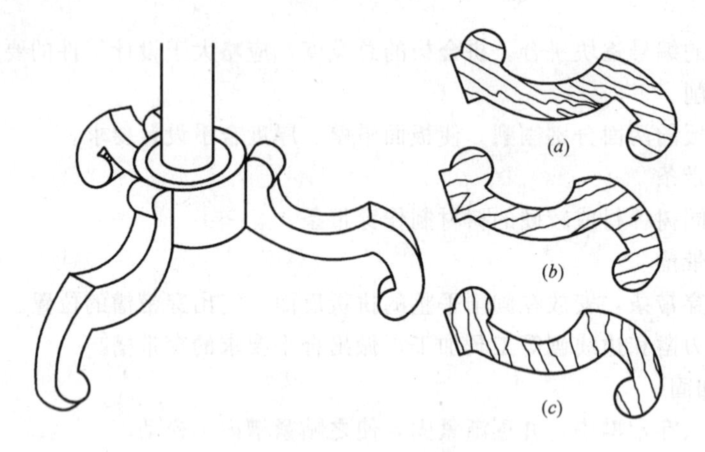

图 5-14 弯脚的制作

（2）弯曲加工

弯曲加工是将直线形的方材、多层薄木、胶合板等，在弯曲力矩作用下，按一定的曲率半径和形状，变成有一定曲度的零件。用这种方法制作曲线造型，不仅可缩小材料断面尺寸，而且也便于涂饰。根据所弯曲材料的不同可分为实木弯曲和薄木或胶合板弯曲。

1）实木弯曲

对于弯曲度较大的零部件如圈椅靠背、沙发扶手等一些弯曲型零件，传统的制作方法就是方材加压弯曲。制作时先根据零件尺寸，在板材上锯割直线形方材毛料，方材毛料经加热软化处理后在弯曲力矩作用下弯曲绕到要求形状的样模上或固定于特殊制作的夹具中，然后将其在固定状况下干燥到含水率为10%左右，达到形状稳定即可。

实木弯曲最常用的方法是蒸汽弯曲，也是木工车间处理小半径弯曲木材最常用的方法，如图 5-15 所示。

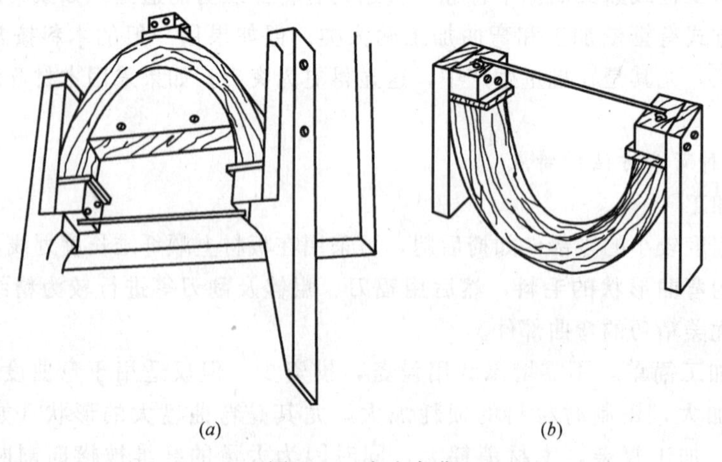

图 5-15 实木弯曲

（*a*）加热后放入夹具内；（*b*）冷却定型

最简单的蒸汽弯曲设备有大水锅或大油桶，下面放置加热装置，锅顶装上与加热箱连在一起的橡胶蒸汽软管，即可进行加热处理。其加热时间视木材断面厚薄情况而定：厚25mm 木板最低限时需 45min，32mm 厚木板则需 1h 以上。

将加热处理后的木材放入特殊制作的夹具中，留在干燥热空气中约 12h，之后改用另一夹持方法再进行 14d 的定型。

这种方法制造的弯曲形零件强度高、材料消耗少，但需要一些专用设备，当材料的弯曲性能较差时，零件的凸面容易破坏，废品率较高，因此这种加工方法的选料很关键。

2）薄木或胶合板弯曲

将一叠涂胶的薄板在模压机中加压弯曲，直到胶层固化而制成弯曲件是近几年较流行的曲木家具零件制作方法。由于采用薄板（大多是旋制单板）而使材料的弯曲性能大大提高，并且可以制出各种多面弯曲、形状复杂的部件，如“椅腿—椅座—椅背”联合部件，甚至可以同时贴上饰面材料，制品美观、轻便，简化了工艺，提高了工效，因此应用日益广泛。这种方法只有当弯曲半径很小时才要考虑材料种类问题。

薄片条或胶合板弯曲须在胶粘剂和外力共同作用下弯曲成固定形式。层数越多，弯曲所需时间越长，涂胶量也相应加大。

胶合板在胶合时应使板材的纹理交叉叠置，从而避免板材产生翘曲或扭转的可能。成型弯曲的工具设备随着科技的发展也在逐步更新，但胶压弯曲成型的原理基本不变。图 5-16（*a*）为使用阴阳模子将薄夹板加压成弧形工件，（*b*）为利用螺栓收紧的金属带将阳模上的夹板压成半圆，（*c*）的阴模是分段的，每段阴模上有两个 G 形夹子与阳模连接，通过收紧 G 形夹子使夹板在均衡的压力下成形。这种方法可灵活获得各种弯曲形式。其他还有充气橡胶软管（图 5-16d）和金属带，以及利用真空袋的模压方法。

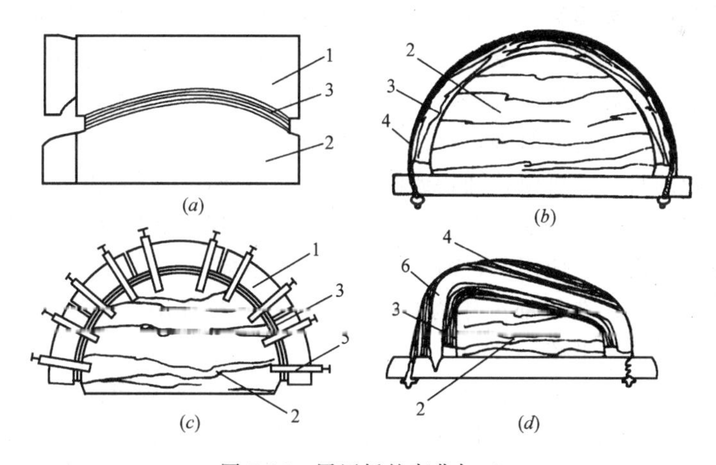

图 5-16　层压板的弯曲加工

1—阴模；2—阳模；3—层压板；4—金属带；5—G 形夹子；6—充气橡胶软管

3.1.2　弯曲件的选料

以上几种弯曲件的制作方法中，除锯制加工法对材料无特殊要求外，其他几种方法因存在加压弯曲，材料的种类对制作的难易程度、成品率及产品质量都起着决定性作用。

由于木材弯曲性能较差，弯曲变形稍大就会劈裂，因此弯曲零部件制作前的选料及加工方法非常关键，要根据不同情况区别对待，否则极易造成零部件表面开裂甚至断裂，造成材料浪费和经济损失。

(1) 方材的弯曲性能及选料

经大量生产实践证明，弯曲性能好，适合制作弯曲件的木材有：白蜡木、水曲柳、山核桃、榆木、榉木、黄檀、栎木、青冈、柚木、山龙眼及柳木等。这些树种纹理直、易加工、油漆和胶粘性能优良，都具有宽而粗大的木射线、抗弯强度和抗剪强度大、弯曲时不易破坏，是制作弯曲件的好材料。

(2) 薄板胶合弯曲性能及选料

如果要用弯曲性能差的树种如松木、桦木等制作弯曲件可采用薄板胶合弯曲，因在弯曲时胶层尚未固化，各层之间可以相互滑移，不受牵制，因此其弯曲性能不是按弯曲件的总厚度计算，而是以薄板厚度来计算。这种方法需较大的投资，一般工厂不易实现，且当弯曲半径较小、薄板厚度较大时也需考虑到弯曲性能来选择合适的材料。

总的来说，弯曲零部件的制作有多种方法，应根据设备条件、弯曲件的曲率半径和材料的弯曲性能合理选择原料。在多种加工方法中，方材加压弯曲法的材料利用率最高。用方材加压弯曲时为保证成品率必须注意材种的选择，选择的依据是材料的弯曲性能和弯曲件的曲率半径，具有宽大木射线的硬阔叶材具有良好的弯曲性能，木材经软化处理后和在拉伸面紧贴金属夹板进行加压弯曲可使木材的弯曲性能大大提高。另外，方材弯曲面与年轮呈一角度（最好 45°）时，则较易弯曲，成品率高。对于弯曲性能较差的针叶材和一些阔叶材可采用薄板胶合弯曲达到较小的弯曲半径。

3.2 薄木贴片

薄木贴片就是把各类珍贵的、野生的、畸形的、纹理脆弱的木材制成薄片，通过特殊处理方法，用胶粘合在稳固的底层衬板之上，作为不同用途的装饰材料。

薄木片是用刨切或旋切法制成的，是一种片状材料，花纹美丽、色泽悦目。薄木贴片具有以下特点：片料制品花样繁多，有选择的余地；尺寸细小的贵重硬木，经加工后，即成为整体式大面积的材料；可使装饰物或制成品增加美观，达到多姿多彩的效果。总之薄木贴面具有纹理美观、真实感强、成本低廉的优点，在现代装饰装修工程及家具制造业中，已被越来越多地需要和使用，目前正成为流行的趋势。

无论是实木板还是人造板都可作为胶贴的底衬板。衬板事先要进行清理填嵌打磨工作，使得基层面光滑洁净平整。

薄木拼缝会影响薄木贴片产品最终的质量，如果拼得严密则产品美观，如果拼得不严密或者花纹散乱，会造成产品降级和浪费。下面对薄木贴面时拼缝的工艺、设备及图案拼配作简要介绍。

3.2.1 贴片基本工艺

贴片基本工艺可分为手工拼贴和机械贴片。

(1) 手工拼贴

手工拼贴适用于少量和小幅制作。传统工艺上的拼缝是用胶粘剂将薄木粘结起来，经压机压贴后进行修边及砂光处理。涂胶工具可用刷子，按 Z 字形移动将胶粘剂涂布均匀。

使用的胶粘剂可根据用途而定。常用的胶粘剂有聚醋酸乙烯酯乳液胶（简称乳白胶），脲醛树脂胶等两种，前一种耐水性较差，但初粘性强，后一种耐水性能较好，胶合强度较高，但初粘性较差，且渗透性强易造成透胶。因此，大多企业是混合使用。涂胶后的板坯在热压机中进行加热加压，由于薄木片较薄，因此，当温度在100～105℃时可在几十秒以内完成，热压后进行修边及砂光处理，再进行分等检验入库。

该工艺的优点是拼接工段无需设备投资，成本低。但该法容易造成如下缺点：拼缝不紧密、单板重叠、单板砂磨量大、砂带消耗量大等。

（2）机械贴片

随着技术的发展，目前大型的胶合薄片全部机械化制作。在胶合加工流程中所使用的机械设备种类繁多，如拼缝机、涂胶机、胶合板真空整型及加压两用机床等。薄木拼接主要以机器拼接为主。所使用的拼缝机可以分为手提拼缝机和自动拼缝机。

手提拼缝机以拼复杂的图案或对自动拼缝机加工的产品进行修复为主，主要特点是价格低、工作灵活，但是效率低、薄木的拼接质量相对难以保证。自动拼缝机以拼直线为主，表现为速度快、质量稳定，但不能拼复杂的图案。

基材两面配置的薄木贴片，其树种、厚度、含水率要尽量一致，使部件两面应力平衡，以防翘曲变形。

3.2.2 图案拼配

薄木一般都比较窄，使用时需要拼接，薄木的拼接可在胶贴前进行，也可在胶贴时同

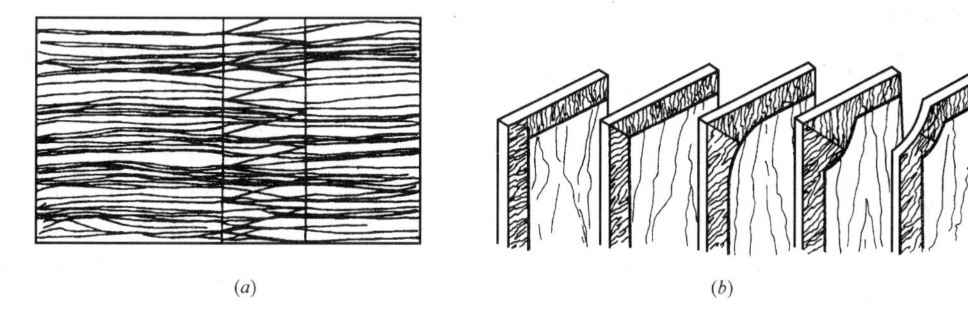

(a) (b)

(c) (d)

图 5-17 图案拼配

(a) 狭条拼接；(b) 交叉拼贴；(c) 配对拼贴；(d) 图案拼贴

时进行。按设计的图案进行拼接，可取得较好的装饰效果。常见的图案拼配有狭条拼接、交叉拼贴、配对拼贴、图案拼贴等，如图 5-17 所示。

3.3 板材边饰技术

板式部件尤其是人造板的平面饰面后，侧边还露有各种材料的交接缝，不仅影响制品外观，而且在使用中容易碰坏边角部位，致使饰面起层或剥落，甚而可导致板件破坏。因此，边部处理工艺是不可缺少的重要工序。

侧边处理方法有涂饰法、封边法、镶边法、包边法等，如图 5-18 所示。

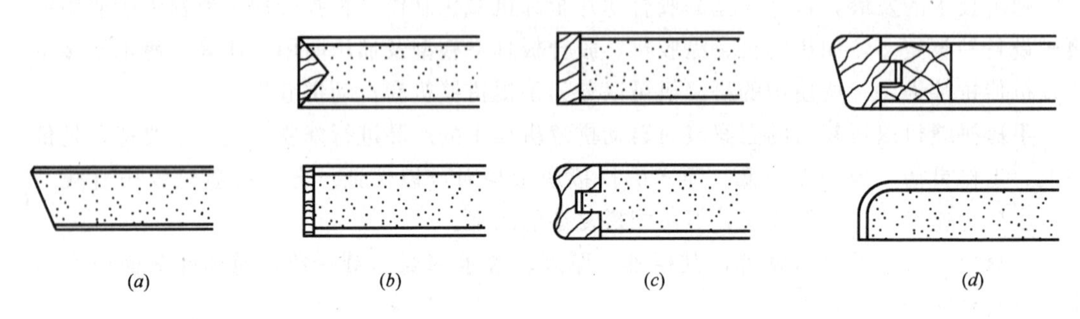

图 5-18 部件边饰技术

(*a*) 涂饰法；(*b*) 封边法；(*c*) 镶边法；(*d*) 包边法

(1) 涂饰法

在部件侧边用涂料涂饰、封闭，即先用腻子填平，再涂底漆和面漆。涂料的种类和颜色要根据部件的平面饰材选定。

(2) 封边法

封边法是用单板条、浸渍纸层压条、塑料薄膜将部件侧边封贴起来，也可用薄板条封贴。封边工艺有手工操作和机械封贴。胶粘剂由骨胶、皮胶发展到现在常用的合成树脂胶、热熔胶和多元共聚树脂胶。烫压封边由手工熨斗发展到现在的电阻加热、低压电热、高温加热和热熔胶烫封。封边法的工艺为：部件侧边涂胶→附贴封边材料→胶粘剂固化→修整。

(3) 镶边法

镶边法是在部件的侧边用木条、塑料条或金属材料，以胶粘和槽沟方法包覆在部件周边。

(4) 包边法

包边法是用大于板式构件平面的饰面材料，粘贴平面后再折弯向侧边，将侧边包封住。此法常用于刨花板、中密度纤维板部件上。

实训练习题

1. 由教师给出几件日常使用的家具，让同学们判断其结构形式及结合方法。

2. 请同学们独立完成图 5-19 所示画框的制作。

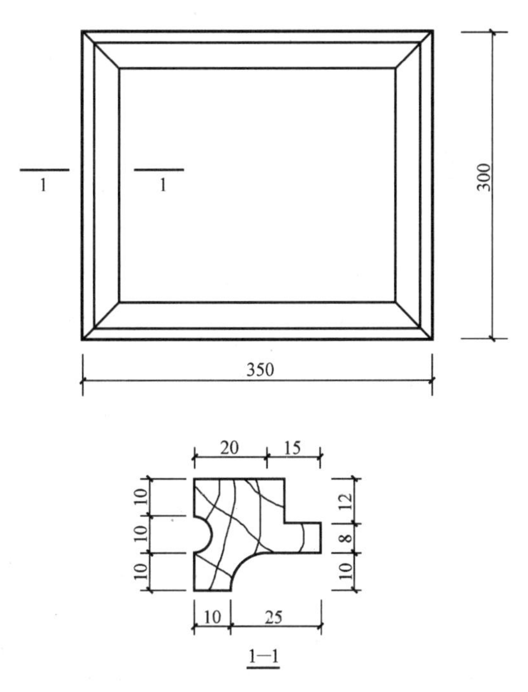

图 5-19　画框的立面及断面图（单位：mm）

思考题与习题

1. 什么叫榫结合？榫结合有什么特点？
2. 常用榫结合的基本方法有哪些？
3. 拼板的构造方式有哪几种？穿带加固的构造方式有哪几种？
4. 一般木制品的配料有什么要求？
5. 如何进行画线？
6. 榫槽加工的步骤是什么？

单元6　仿古室内木装修工程

知 识 点：古建筑内装修主要有碧纱橱、栏杆罩、落地罩、几腿罩、花罩、炕罩、太师壁、博古架、壁板、护墙板及天花、藻井等，通过对本单元内容的学习，能够对中国古代木装修的种类、特点、风格、制作技巧有所了解，并能结合现代建筑中的木工制作加以对比和借鉴，利用现代化的工具和工艺手法制作仿古木装修。

教学目标：正确识别古代木制作构件，采用现代木工工具和技术制作仿古木装修，达到古为今用的目的。

课题1　仿古室内木装修的基本构造

1.1　花罩、碧纱橱的类型和构造作法

花罩、碧纱橱是古建筑室内装修的重要组成部分，是用来分隔并装饰美化空间的。

1.1.1　花罩的类型

古建中花罩的常见类型有几腿罩、落地罩、落地花罩、栏杆罩、炕罩等，除炕罩外通常都安装在居室的进深方向的柱间，起分隔空间的作用。

(1) 几腿罩：由槛框、花罩、横陂等部分组成，其构造特点是整组罩子仅有两根腿子(抱框)，腿子与上槛、挂空槛组成几案形框架，两根抱框恰似几案的两条腿，因而得名。安装在挂空槛下的花罩，横贯两抱框之间，挂空槛下也可只安装花牙子。几腿罩通常用于进深不大的房间，如图 6-1 所示。

(2) 栏杆罩：主要由槛框、大小花罩、横陂、栏杆等部分组成，整组罩子有四根落地的边框，两根抱框、两根立框，在立面上划分出中间为主、两边为次的三开间的形式。中间部分形式同几腿罩，两边的空间，上安花罩、下安栏杆。栏杆罩多用于进深较大的房间，如图 6-2 所示。

(3) 落地罩：落地罩形式与栏杆罩相似，但没有中间的立框栏杆，两侧各安装一扇隔扇，隔扇下置须弥墩，如图 6-3 所示。

(4) 落地花罩：形式略同几腿罩，只是安置于挂空槛下的花罩沿抱框向下延伸，落在下面的须弥墩上，如图 6-4 所示。落地罩较几腿罩和一般落地花罩更加豪华富丽。

(5) 炕罩：又称床罩，是安装在床榻前面的花罩，形同一般落地罩，贴床榻外皮安装在面宽方向，内侧挂软帘。如图 6-5 所示。

花罩中的另一类是圆光罩和八角罩，是用于进深柱间做满装修，中间留圆形或八角形门，使相邻两间分隔开来，如图 6-6 所示，其功用和构造与上述各种花罩略有区别。

1.1.2　碧纱橱

碧纱橱是安装于室内的隔扇，通常用于进深方向柱间，起分隔空间的作用。碧纱橱主

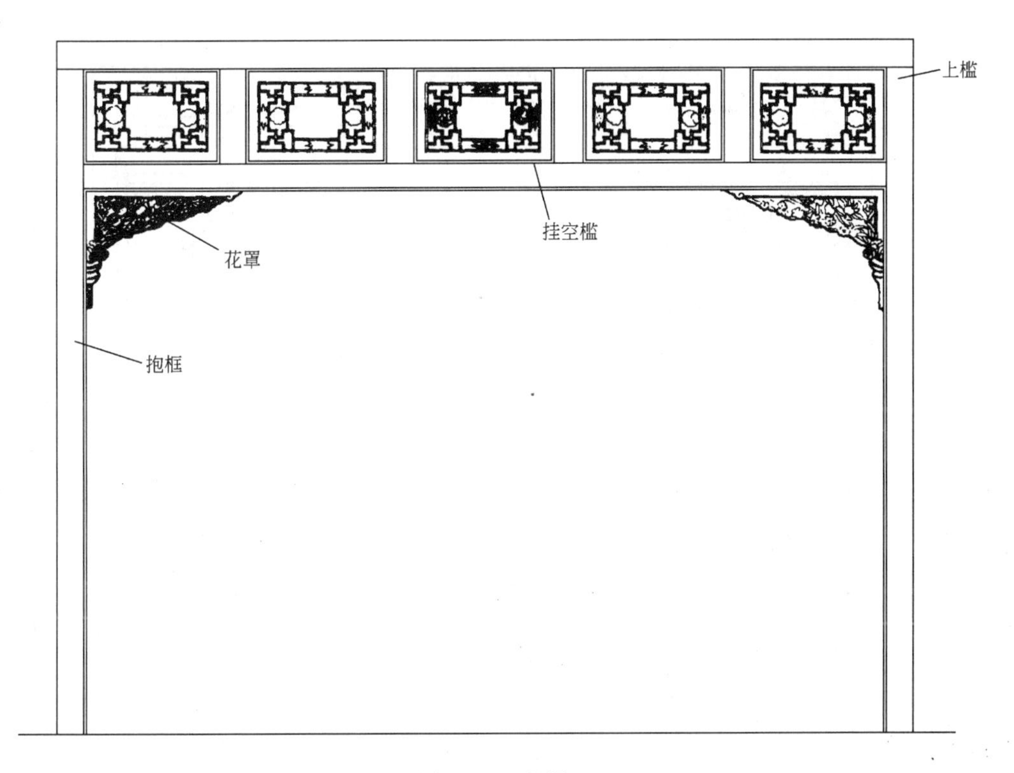

图 6-1　几腿罩

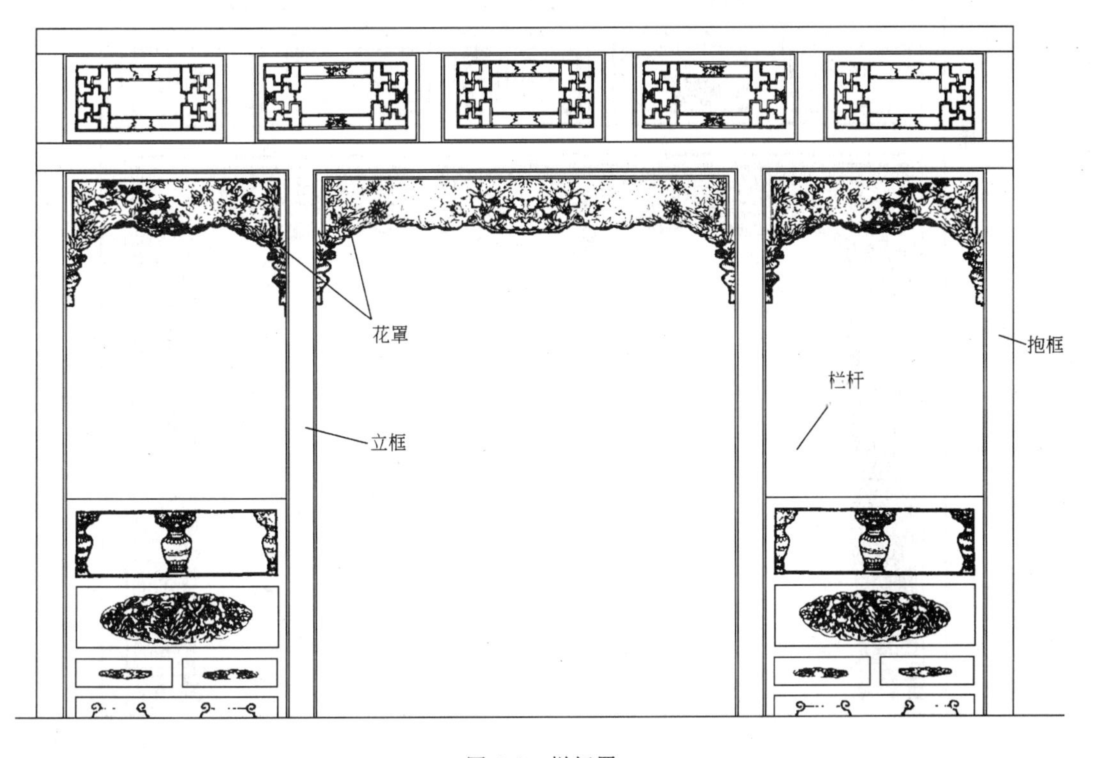

图 6-2　栏杆罩

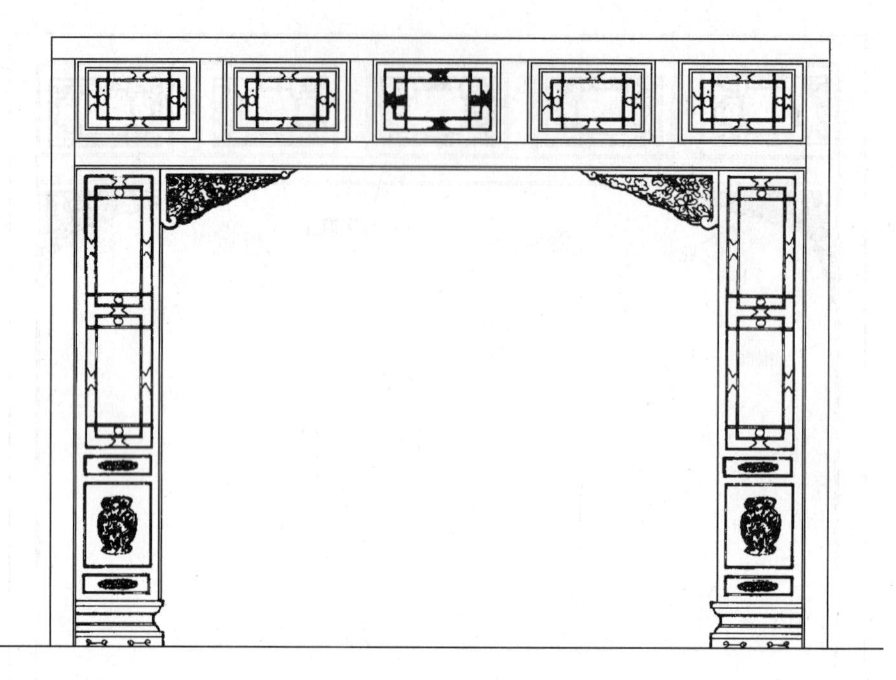

图 6-3　落地罩

图 6-4　落地花罩

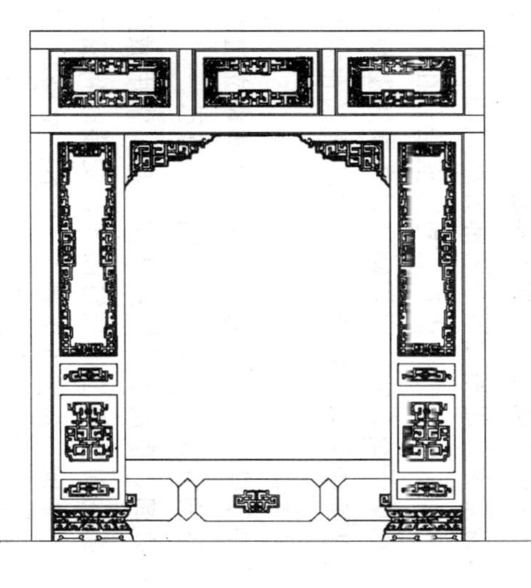

图 6-5　炕罩

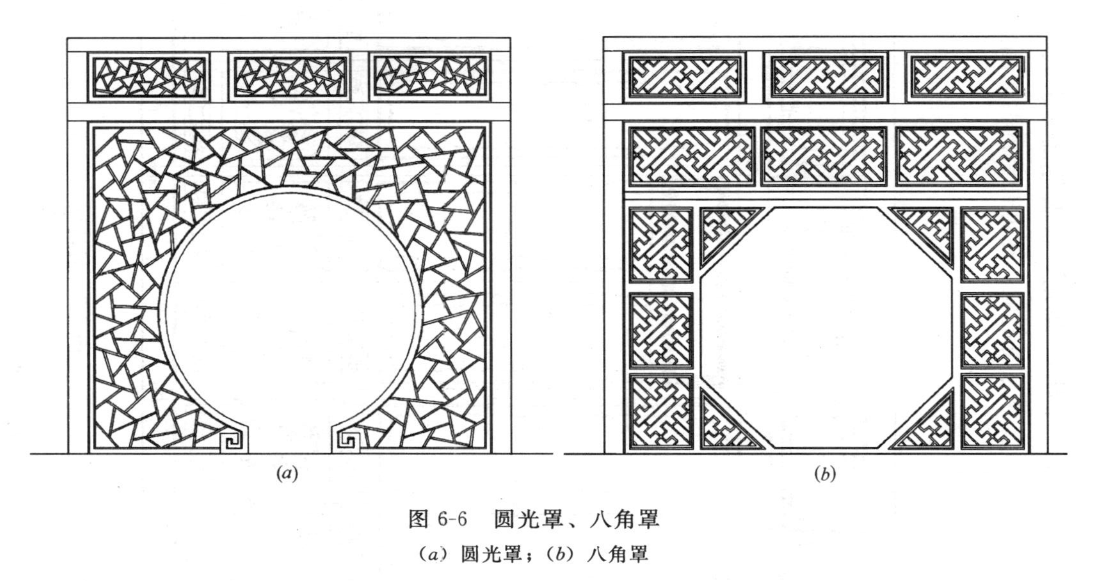

图 6-6　圆光罩、八角罩

(a) 圆光罩；(b) 八角罩

要由槛框（包括抱框、上、中、下槛）、隔扇、横陂等部分组成，每樘碧纱橱由 6～12 扇隔扇组成，除两扇能开启外其余均为固定扇。在可开启的两扇隔扇外侧安帘架，上安帘子勾，可挂门帘，如图 6-7 所示。

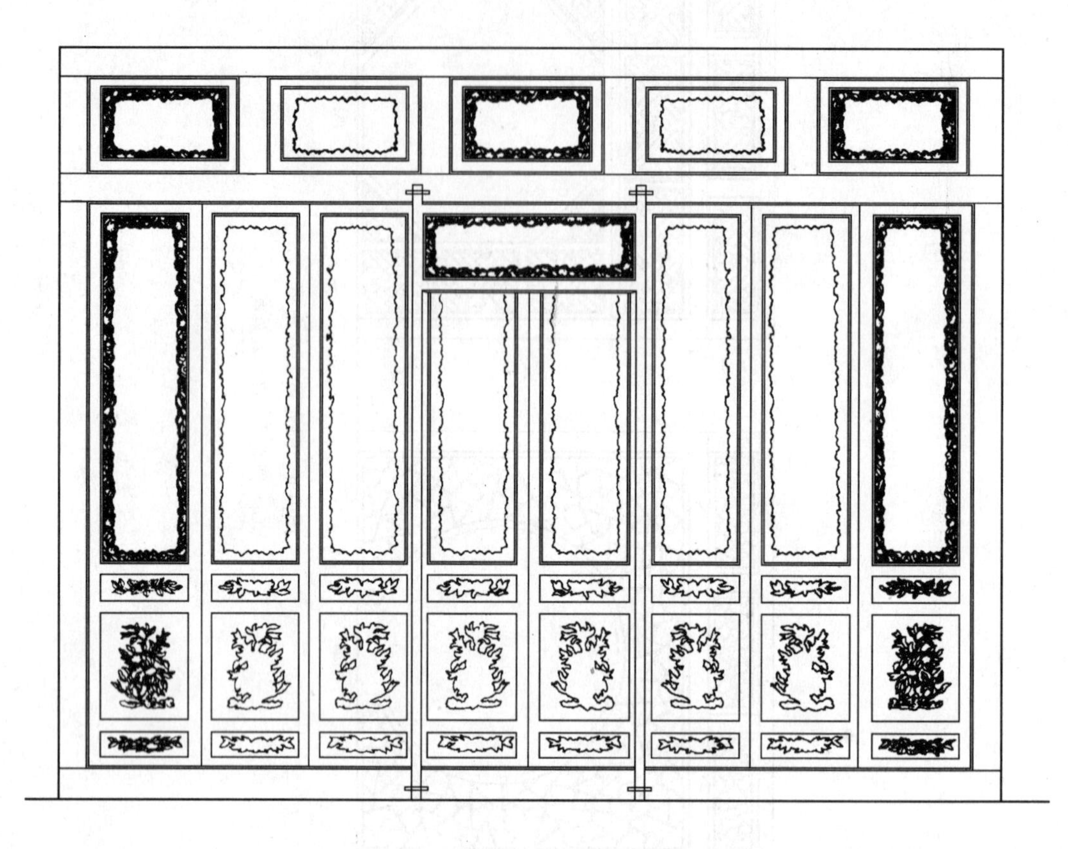

图 6-7 碧纱橱

1.1.3 *花罩、碧纱橱的构造做法*

花罩、碧纱橱作为可以任意拆装移动的装修，它的构造作法必须符合这种构造要求。

花罩、碧纱橱的横槛与柱子之间用倒退榫或溜销榫连接，抱框与柱间用挂销或溜销安装，以便于拆装移动。花罩本身是由大边和花罩心两部分组成的，花罩心是由优质的木材雕刻而成的，周边留出仔边，仔边上做头缝榫或栽销与边框结合在一起。包括边框在内的整扇花罩在槛框内的安装也是用销子结合的，通常做法是在横边上栽销，在挂空槛对应位置凿销子眼，立边下端安装带装饰的木销，穿透立边，将花罩销在槛框上。拆除时只要拔下两立边上的插销就可将花罩取下。

栏杆罩下面的栏杆也是用销子榫安装的，通常是在栏杆两条立边的外侧面开槽，在抱框及立框上钉溜销，以上起下落的方式进行安装，如图 6-8 所示。

碧纱橱的固定隔扇与槛框之间，也用销子榫结合在一起。常用做法是先在隔扇上、下抹头外侧开槽，在挂空槛和下槛的对应部位通长钉溜销，安装时将隔扇沿溜销一扇一扇推入，在扇与扇之间立边上也栽销子榫，每根立边栽 2～3 个，可增强碧纱橱的整体性并可防止隔扇边梃年久走形。也可在边梃上端做出销子榫进行安装，如图 6-9 所示。

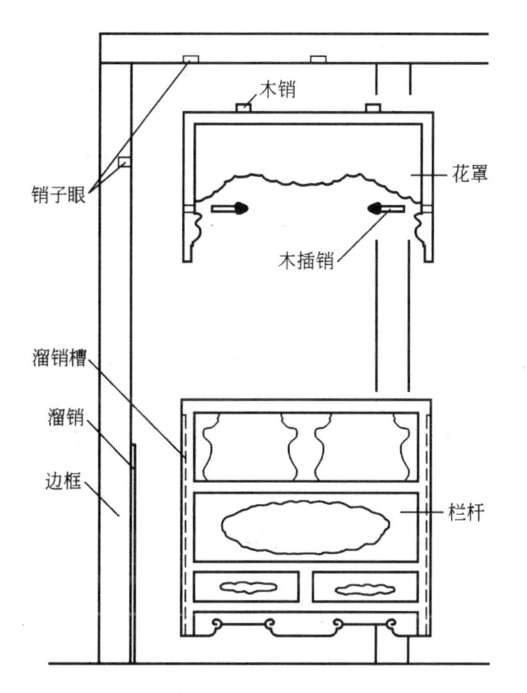

图 6-8　花罩的榫卯构造

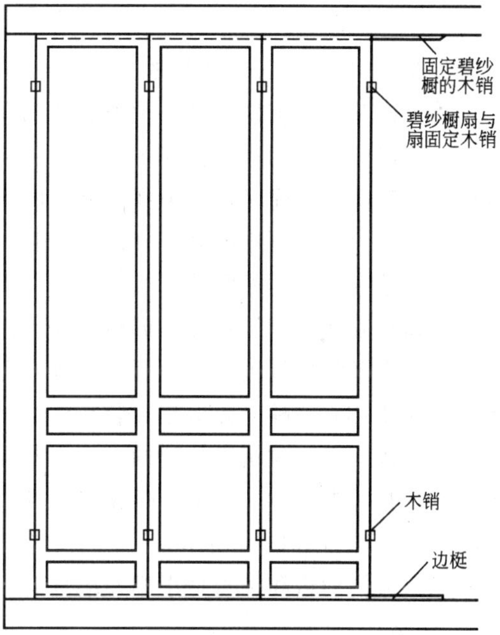

固定碧纱橱的木销
碧纱橱扇与扇固定木销
木销
边梃

图 6-9　碧纱橱的构造及拆装示意

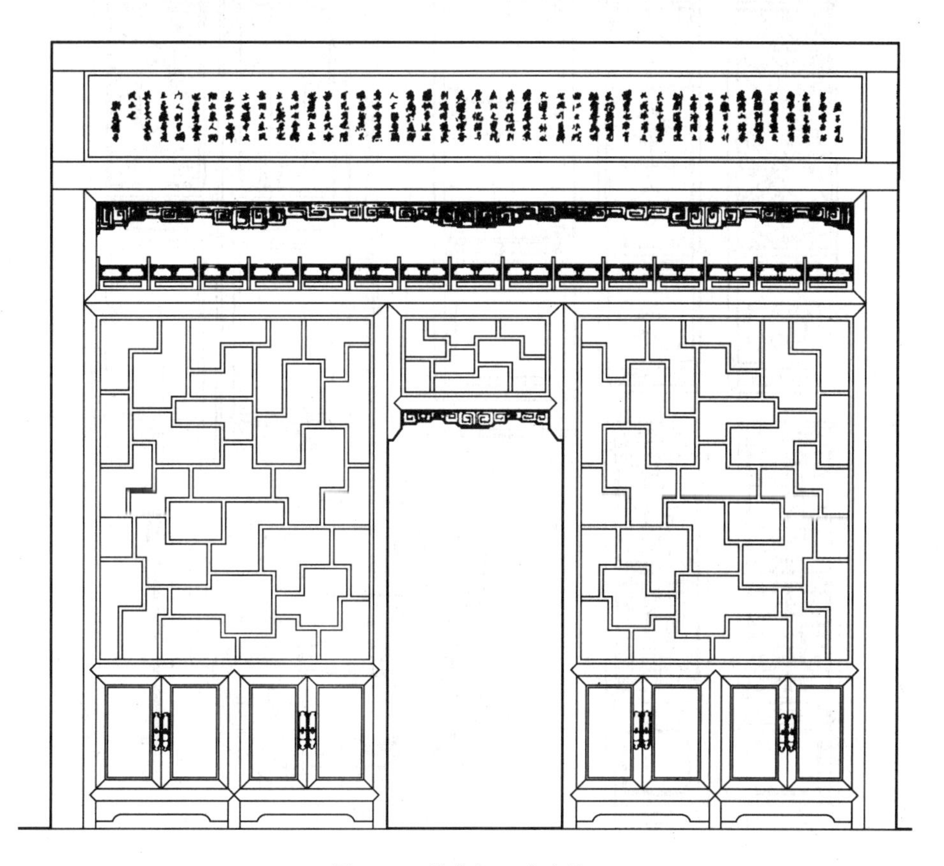

图 6-10　博古架（多宝格）

1.2 博古架、隔扇、栏杆、楣子的构造

1.2.1 博古架、隔扇构造

博古架又称多宝格，是一种兼有装饰和家具双重功能的室内木装修，多用于进深方向柱间，用以分隔室内空间。博古架通常分为上下两段，上段为博古架，下段为橱柜，相隔开的两个房间需联通时，还可在博古架的中部或一侧开门。博古架不宜太高，一般在3m以内（或同碧纱橱隔扇同高）。顶部装朝天栏杆等装饰。如上部仍有空间可空透或加安壁板，上面题字绘画，如图6-10所示。

隔扇是安装于建筑物金柱或檐柱间，是用于分隔室内外的一种装修。隔扇由外框、隔扇心、裙板及绦环板组成，外框是隔扇的骨架，隔扇心是安装于外框上部的仔屉，通常有菱花和棂条花心两种。裙板是安装在外框下部的隔板，绦环板是安装在相邻两根抹头之间的小块隔板。根据建筑物开间的大小不同可安装4～8扇（偶数）。明清建筑的隔扇，有六抹（即六根横抹头）、五抹、四抹、三抹、两抹等，与隔扇门共用的窗称为槛窗，如图6-11、图6-12、图6-13所示。

隔扇边框的边和抹头是用榫卯结合的，通常在抹头两端做榫，边梃上凿眼。隔扇边抹

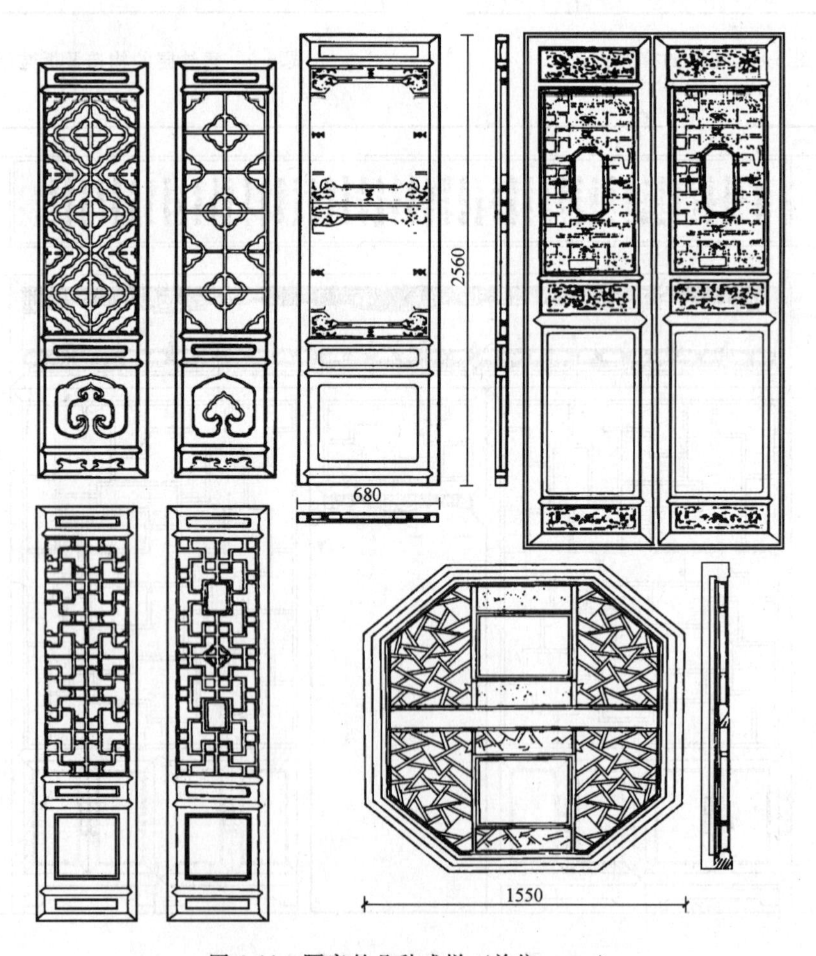

图6-11 隔扇的几种式样（单位：mm）

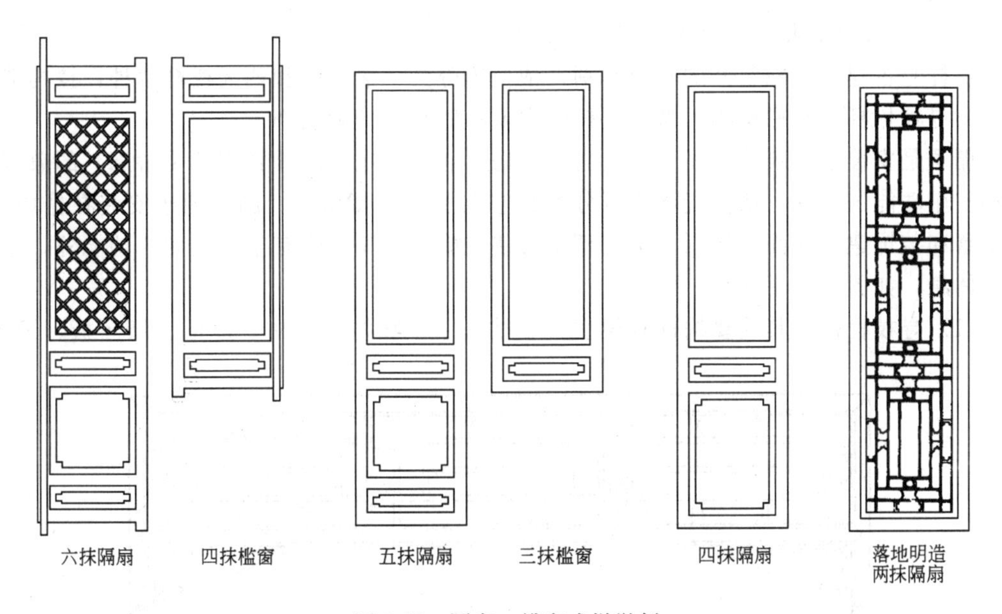

图 6-12　隔扇、槛窗式样举例

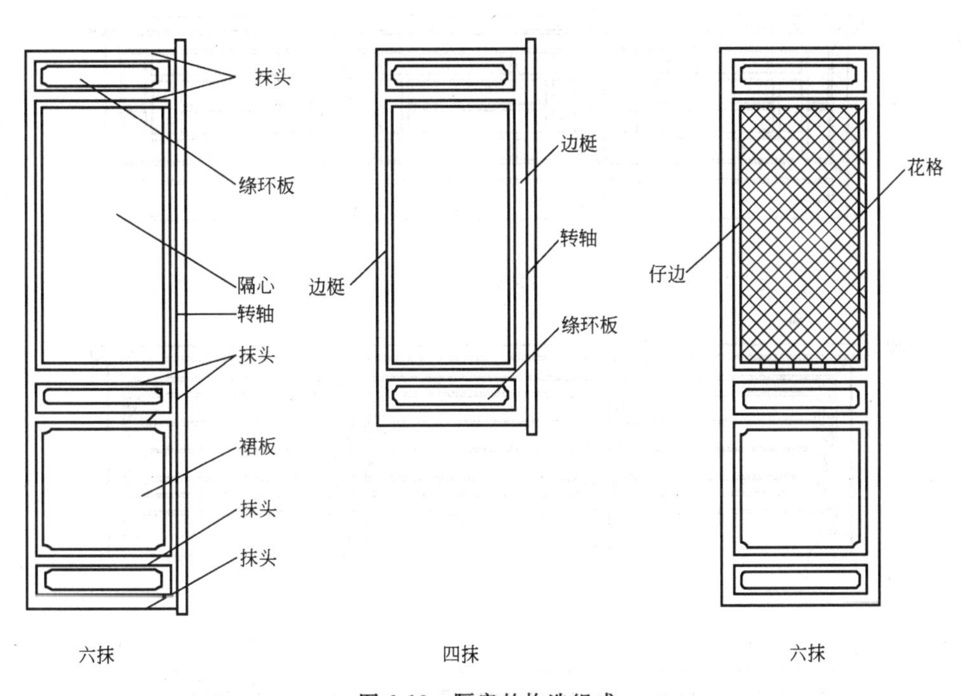

图 6-13　隔扇的构造组成

宽厚、自重大，榫卯需做双榫双眼。裙板和绦环板的安装方法是在边梃及抹头内面打槽，将板子做头缝榫装在槽内，制作边框时连同裙板、绦环板一并进行安装。隔心是另外做成仔屉，用缝榫或销子安装在边框内的。隔扇是用转轴作转动枢纽的，转轴是一根钉附在隔扇边梃上的木轴，其宽、厚按隔扇边梃减半而定。转轴上端插入中槛的边楹内，下端插入单楹内，两扇隔扇关闭后内一侧用栓杆栓住。栓杆断面尺寸同转轴长度比厚一分，上下分别插入连楹和单楹。在隔扇转轴上下两端，使用套筒、护口、踩钉等铁件。

1.2.2　栏杆、楣子的种类和用途

栏杆是古建筑外檐装修的一个类别，依位置分为一般栏杆和朝天栏杆两种，按构造作法分为寻杖栏杆、花栏杆等类型。栏杆的主要功能是围护和装饰。

楣子是安装于建筑檐柱间（如民居中正房、厢房、花厅的外廊或抄手游廊）的兼有装饰和实用功能的装修，依位置不同可分为倒挂楣子和坐凳楣子。倒挂楣子安装在檐枋下，有丰富和装饰建筑立面的作用。坐凳楣子安装在檐下柱间，除有丰富立面的功能外，还可供人休息，如图 6-14 所示。

（1）寻杖栏杆：其主要构件有望柱、寻杖扶手、腰枋、下枋、地栿、绦环板、牙子、

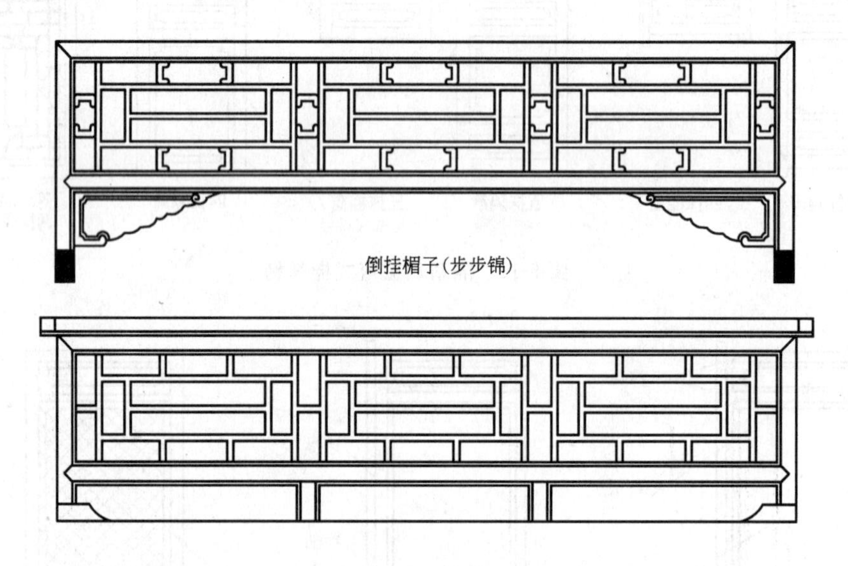

倒挂楣子(步步锦)

坐凳楣子(步步锦)

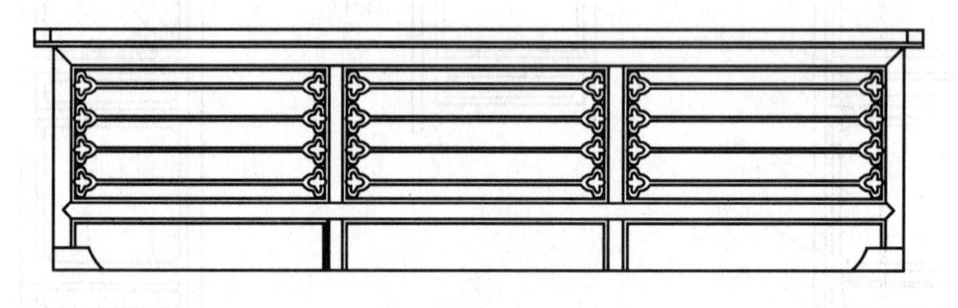

坐凳楣子(金线如意)

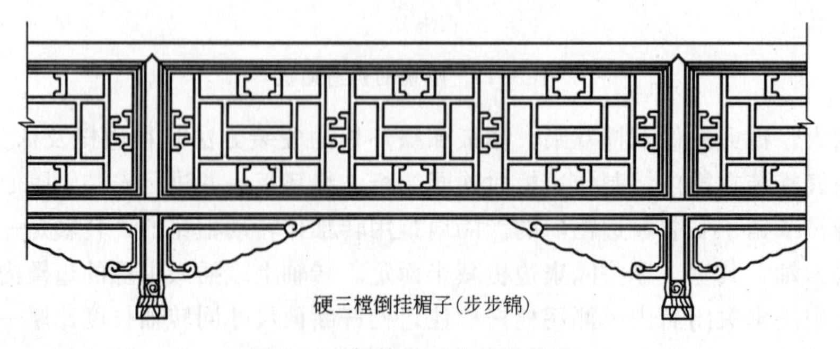

硬三樘倒挂楣子(步步锦)

图 6-14　倒挂楣子和坐凳楣子

荷叶净瓶等。其中地栿是贴在地面上皮的横木，宽度等于或略大于望柱尺寸，两端交于檐柱根部，它上边的望柱及栏杆都安装在这根地栿木上，地栿贴地面部分做流水口供廊内雨水排放。望柱是寻杖栏杆的主要构件之一，它是附着在檐柱侧面的小方柱，栏杆的水平构件都安装在望柱内侧。扶手是寻杖栏杆最上面的一根水平构件，断面为圆形，两端做榫交于望柱。腰枋和下枋是两根断面呈方形的横构件，宽等于或略小于望柱。在腰枋和下枋之间为绦环板，绦环板每间分成 3～5 块，中间由折柱分隔开。下枋下面安装牙子，称走水牙子，并不起走水作用，只是装饰。在腰枋与寻杖扶手之间安装荷叶净瓶，净瓶与折柱相对，系用一根木头做成，以增加栏杆的整体性，如图 6-15 所示。

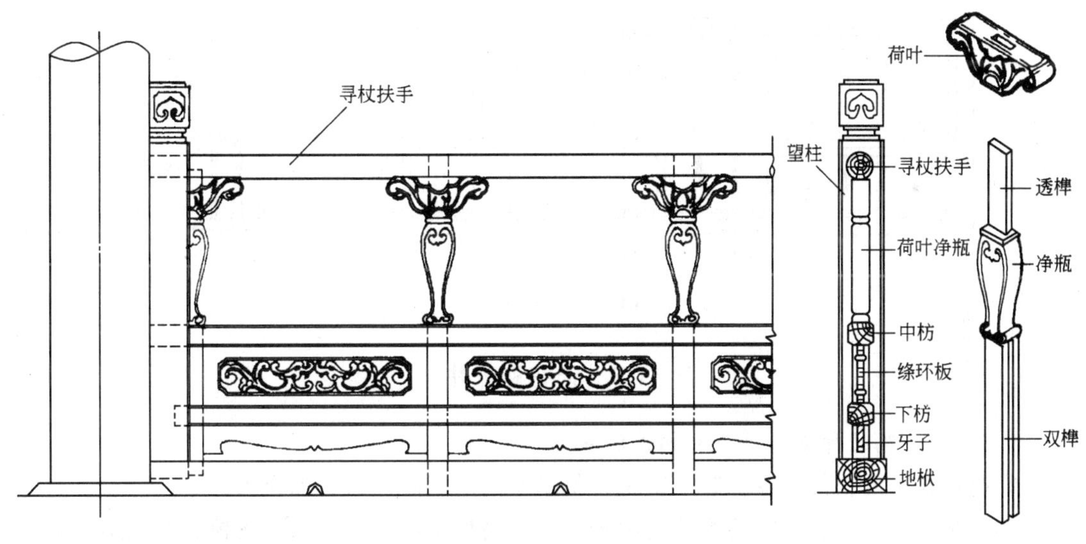

图 6-15　寻杖栏杆及构造

（2）花栏杆：花栏杆的构造比较简单，主要由望柱、横枋和花格棂条构成，这种栏杆常用于住宅、园林建筑中，花栏杆的棂条花格十分丰富，除围护功能外还有很强的装饰性，还有一种称为美人靠的靠背栏杆，既有围护功能还能供人坐靠休息，如图 6-16 所示。栏杆的主要功用是围护，所以对它的要求首先是安全，因此用料一般都比较粗壮，坚固且整体性强，当然装饰性也非常重要，要与其他装修、整体建筑及周围环境相协调。

（3）倒挂楣子：倒挂楣子主要由边框、棂条、花牙子等构件组成。边框断面为 4cm×5cm 或 4.5cm×6cm，小面为看面，大面为进深。棂条断面同一般装修棂条。花牙子是安装在楣子立边与横边交角处的装饰件，通常做双面透雕，饰以各种图案花纹。

（4）坐凳楣子：坐凳楣子可供人小坐休息，主要由坐凳面、边框、棂条等构件组成。坐凳楣子边框与棂条尺寸可同倒挂楣子，坐凳楣子通高一般为 50～55cm。

1.2.3　栏杆、楣子的制作与安装

制作栏杆、楣子之前要先对各间的柱间净尺寸进行实测，掌握实际尺寸与设计尺寸之间的误差，制作时根据实际情况调整尺寸。

在通常情况下是将栏杆、楣子做好后整体安装的，但为了安装方便有时也会做成半成品，分开安装。安装所有的栏杆、楣子都必须拉通线，按线安装，使各间栏杆（或楣子）的高低出进都要跟线，不允许高低不平、出进不齐的现象出现。

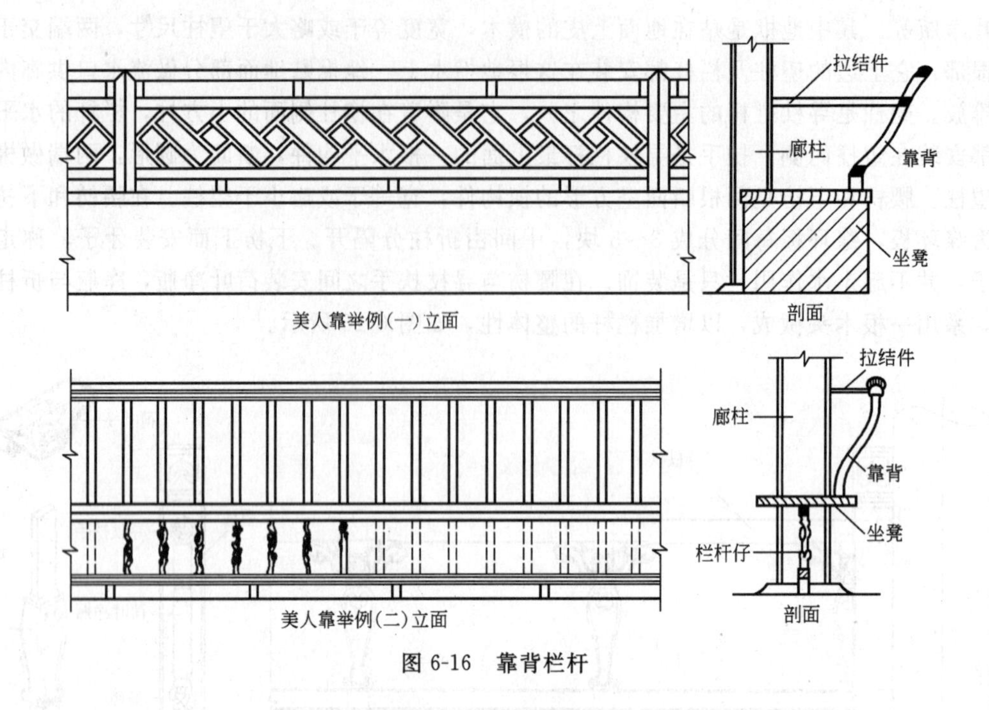

图 6-16 靠背栏杆

1.3 天花和藻井

1.3.1 天花的种类、功能和构造做法

天花是在室内顶部，有保暖、防尘、限制室内空间高度及装饰作用。

(1) 井口天花：这是明清古建筑中天花的最高型制，由支条、天花板、帽儿梁等构件组成。天花支条是一种枋木条，纵横相交，形成井字方格，作为天花的骨架。其中，附贴在天花枋或天花梁上的支条称为贴梁，天花支条上裁口，每井天花装天花板一块。天花板

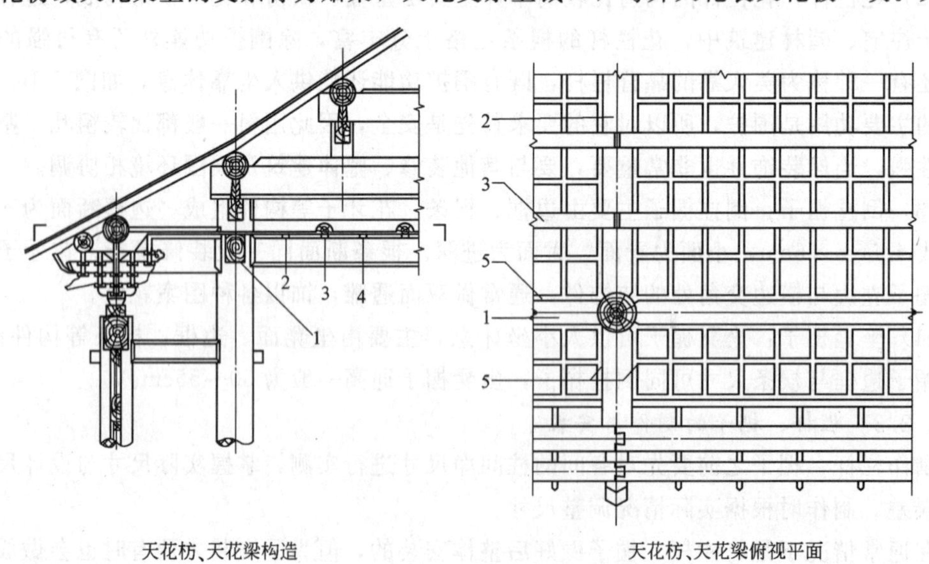

图 6-17 天花枋、天花梁的构造与制作

1—天花枋；2—天花梁；3—帽儿梁；4—支条；5—贴梁

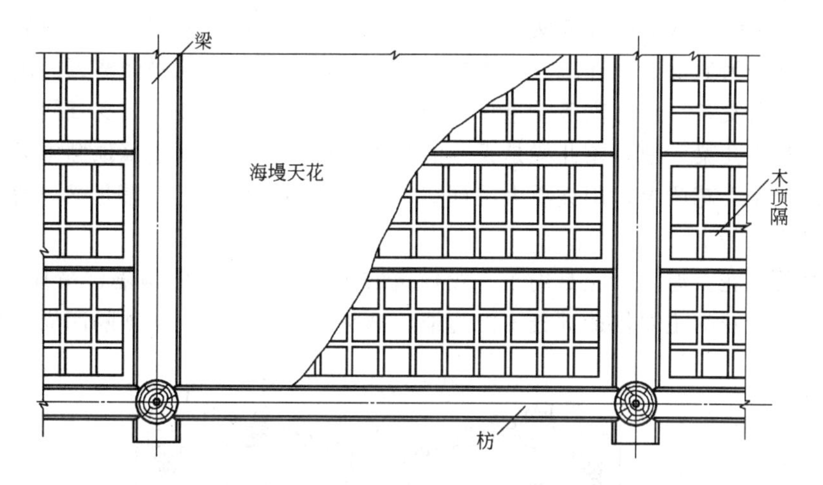

图 6-18　海墁天花（木顶隔）

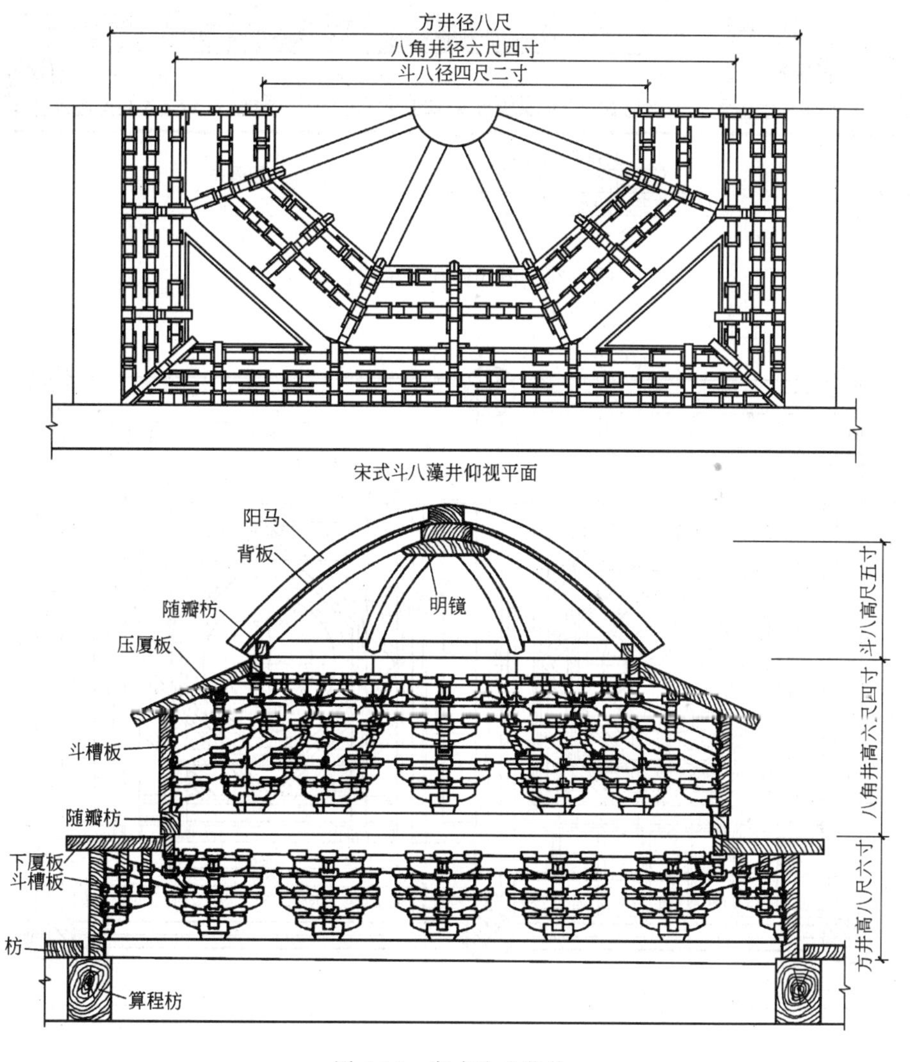

图 6-19　宋式斗八藻井

由厚木板拼成，每块板背面穿带两道，正面刮刨光平，上绘各种图案花纹或做精美雕刻。

天花支条分为通支条、连二支条和单支条三种，一般沿建筑物面宽方向用通支条，每两井天花一根通支条。连二支条沿进深方向，垂直于通支条，在连二支条间卡单支条。每根通支条上有帽儿梁一根，帽儿梁是天花的骨干构件，相当于新建筑顶棚中的大龙骨，梁的两端头搭置于天花梁上，用铁质大吊杆，将帽儿梁吊在檩木上，帽儿梁与通支条间用铁钉钉牢，如图 6-17。

（2）海墁天花：海墁天花是用于一般建筑的天花，主要由木顶隔、吊挂等构件组成。木顶隔是海墁天花的主要构造部分，由边框、抹头和棂子构成。木顶隔四周有贴梁，贴梁

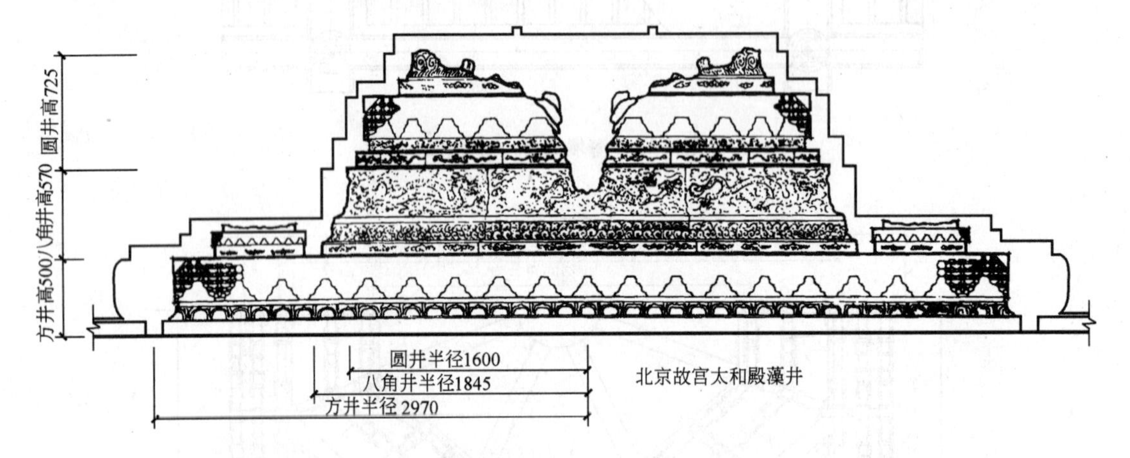

图 6-20 清式藻井（单位：mm）

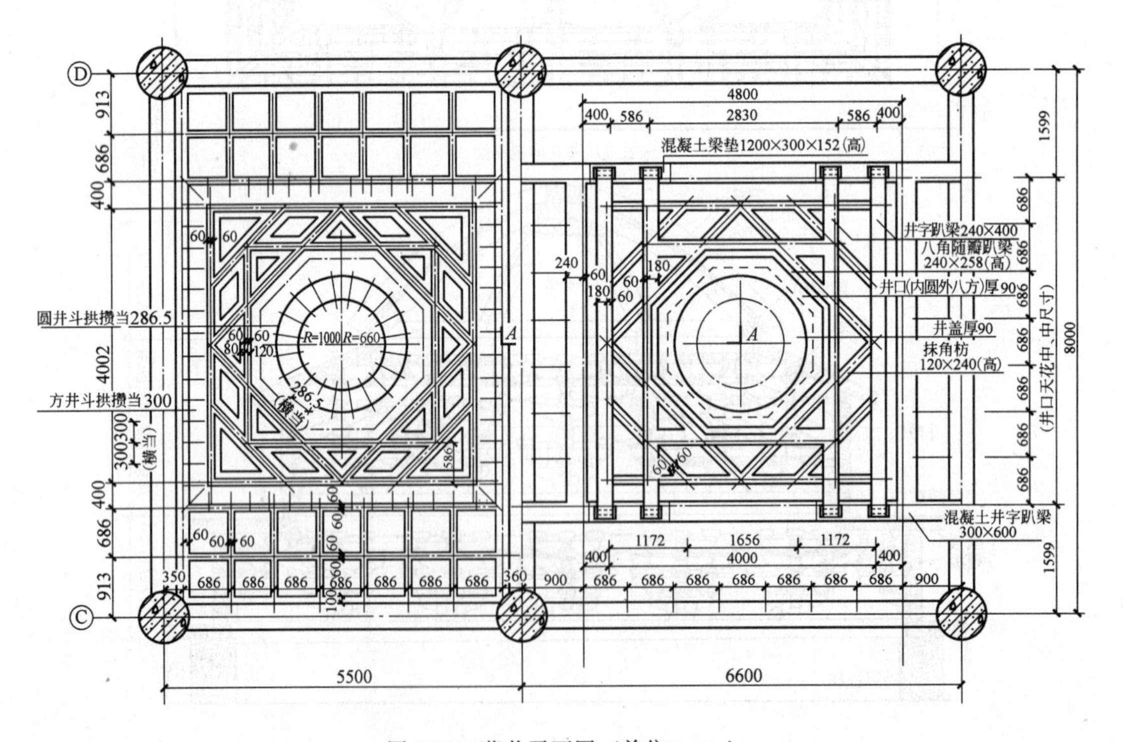

图 6-21 藻井平面图（单位：mm）

钉附在梁和垫板的侧面，每扇木顶隔用木吊挂四根，木顶隔下面糊纸，称为海墁天花，如图 6-18 所示。

1.3.2 藻井

藻井是室内天花的重点装饰部位，多见于宫殿、坛庙、寺庙等建筑中，是安置在庄严雄伟的帝王宝座上方或神圣肃穆的佛堂佛像顶部天花中央的一种“穹然高起，如伞如盖”的特殊装饰，对烘托和象征帝王（或神灵佛祖）的崇高伟大，有着非常强烈的装饰效果。从汉代起各朝各代的天花藻井在做法上不尽相同，各具特色，如图 6-19、图 6-20 所示。

藻井的构造做法可参见图 6-21。

课题 2 大木构件制作与安装工艺

大木制作和安装是中国古建筑木作技术的最重要内容。组成一座完整的木构建筑骨架，需要有柱、梁、枋、檩、板、椽、望板及斗栱等多种构件，而构件之间的连接又是靠各种榫卯结合在一起的，因此大木制作与安装就是要先将数以千百计的形状各异、功能不同的构件制作出来，然后按各自的位置准确无误地拼装组合起来。

2.1 材料要求

大木构件制作用的材料都是木材，所以材料的要求也主要是对木材的要求。

2.1.1 木材含水率：一般大木构件含水率不应超过 25%，大于这个比率时应做干燥处理。

2.1.2 木材应无腐朽空洞和虫蛀，如果发现髓心腐朽虫蛀应立即更换。

2.1.3 节疤和裂缝对于大木构件是不可避免的，但要注意节疤中腐朽部分占断面1/4时即不能使用；风干裂缝若深度不超过断面的 1/4 不影响使用，若裂缝是伐木时掰裂或摔伤劈裂，一般不能使用。

2.1.4 在构件的节点、榫卯处，腐朽、节疤、裂缝等疵病都应避免，以保证节点榫卯的质量。

2.2 主要机具和工具

大木制作的关键在于画线，所需画线工具有丈杆、墨斗、弯尺、画扦（用竹子制作的沾墨的画线工具）和其他根据需要现制的辅助工具（如画榫卯、斗栱等构件用的种类样板）。

大木制作工具有传统工具锯、刨子、锛子、斧子、扁铲、锤子等，还有现代工具电锯、电刨、跑车、立刨、电钻等。

2.3 大木安装的施工作业条件及准备

2.3.1 所有木构件制作完毕

2.3.2 核对各类构件尺寸，摆放草验

大木构件在安装前必须用丈杆对所制作的各类大木构件的尺寸进行全面细致的检查，有时还需预先试装一下，叫作摆放草验，发现错误及时纠正，经检验确认无问题方可正式施工。

2.3.3 组织协调

要有明确分工，哪个工种负责哪项工作，到什么部位应如何配合，出现问题有什么应急措施，都应做到心中有数。

2.3.4 安装人员的组织分工

安装前要向操作人员作详细的技术交底，做到人人心中有数，各司其职。

2.3.5 物质准备

大木安装所需的材料和工具主要有：杉槁、扎把绳、小连绳、缥棍等用于支搭架子和捆绑戗杆的用具；面宽、进深各分丈杆等用于检验各部分轴线尺寸的工具；斧子、锯、凿子、扁铲等用于榫卯修理的工具；线坠、线杆、小线、撬棍、大锤等用于构件吊直、拨正的工具；胀眼料、卡口料（即木块和木片，用废木料即可）等用于吊直拨正后堵塞胀眼；铁锹、撞板（抵住戗杆下端，使不滑动的木板），用于固定戗杆下脚。

2.4 大木构件制作、安装工艺

大木构件制作安装工艺中最重要的是安装，其一般程序和规律可概括为这样几句话："对号入座，切记勿忘。先下后上，先内后外。下架装齐，校核丈量，吊直拨正，牢固支戗。上架构件，顺序安装，中线相对，勤校勤量。大木装齐，再装椽望，瓦作完工，方可撤戗"。

"对号入座，切记勿忘"是要求必须按木构件上标写的位置来进行安装，不得调换构件位置。

"先下后上，先内后外"是指大木安装顺序应先下面的构件安起，再由下至上；先从里面的构件安起，再由内至外，顺序不能颠倒。

"下架装齐，校核丈量，吊直拨正，牢固支戗"是指在大木构件中，柱头以下构件称为下架，柱头以上构件称为上架。当大木构件安装至下架构件齐全时就不要再继续安装了，此时要用丈杆认真核对各部分面宽、进深尺寸，通过校核尺寸使下架的大木安装完全符合面宽进深轴线尺寸要求，并将其节点固定。

上述柱头一端检验尺寸的工作完成后要进行吊直拨正一支戗的工作，支戗和吊直是同时进行的，待拨正吊直和支戗工作完成后，方可进行上架构件的安装。

"上架构件，顺序安装，中线相对，勤校勤量"是讲安装上架构件也是由内向外，由下向上顺序进行，在安装过程中要反复校核尺寸，进行调整，不得有歪闪错位现象，最后有胀料堵住胀眼，使榫卯固定。

此时大木构件完全装齐，即可开始安装椽望、连檐等构件。木工全部完工后仍不能撤戗，待瓦工的屋面工程、墙身工程等全部完成后方可解掉戗杆。

2.5 安全措施及施工注意事项

2.5.1 安全措施

（1）木工棚内必须有消防器材。

（2）木工机械必须有可靠灵活的安全防护装置，圆锯设有松口刀，轧刨设有回弹安全装置，外露传动部位均须有防护罩。

(3) 施工现场人员必须戴好安全帽，高空作业人员必须佩戴安全带，并应系牢。

(4) 经医生检查认为不适宜高空作业的人员，不得进行高空作业。

(5) 工作前应先检查使用的工具是否牢固，钉子必须放在工具袋内，以免掉落伤人。工作时要思想集中，防止空中滑落。

(6) 空大木安装应事先落实可靠的安全措施。

(7) 六级以上大风时，应暂停室外的高空作业。

(8) 两人抬动木构件时要互相配合协同工作。高空作业严禁穿硬底鞋和高跟鞋。

(9) 大木构架安装过程中，如需中途停歇，应将支撑、搭头等钉牢。

(10) 安装时必须有统一的指挥、统一的信号。

2.5.2 注意事项

(1) 构件的木材品种和质量要符合设计要求，以免材质用错造成变形过大；木材要经干燥处理，防止含水率过高使构件产生较大而深的裂缝；构件制成后应存放于室内，防止阳光直射和风吹雨淋。

(2) 廊架的穿插枋、箍头枋和抱头梁等构件在立柱后发现安装不水平，问题主要是立柱时没有用线锤将升线挂垂直，导致吊装错误；在檐柱制作时，以檐柱中心线为准画卯眼线、柱根线，产生制作上的错误。以上两种错误都会使廊架的梁、枋构件在安装时发生倾斜。解决的方法是在檐柱制作时一定要以升线为准画、凿卯眼，立柱时以升线为准挂垂线。

(3) 大木安装时构件连接困难，尺寸难以控制，问题主要是柱、梁构件的榫卯过于紧或过于松，使得梁与柱的连接和定位难以进行，于是轴线尺寸不易控制。构件上的中心结在制作过程中刨去，使得安装时无基准可依。解决的办法是制作榫卯时松紧适度，画线时榫卯宽窄一致，凿眼要齐线，保证榫卯插入时左右有 1～2mm 的缝隙。榫眼内壁要平整，榫头表面要锯平。在每件梁、枋、柱等构件制成后，必须在正面复弹中心线（檐柱为升线），以便安装时找准。

2.6 质量验收标准

2.6.1 主控项目

(1) 木材的树种、材质等级、含水率和防腐、防虫、防火处理必须符合设计要求和施工规范规定。

(2) 木构架的各种构件制作质量必须符合设计要求，运输中无变形或损坏。

(3) 木构架的支座、支撑连接等构造必须符合设计要求和施工规范的规定，连接必须牢固无松动。

(4) 各构件必须安装牢固，接头位置、固定方法必须符合设计要求和施工规范的规定。

2.6.2 一般项目

(1) 构件与砖石砌体、混凝土接触处及支座垫木防腐处理的药剂、处理方法、吸收量应符合施工规范规定。

(2) 表面光洁平整，无戗槎、创痕、毛刺、锤印和铁棱、掉角。线条顺直，楞角方正，不露钉帽。

(3) 榫槽口、起线顺直，割角准确，交圈整齐，接缝严密，无胶迹。

课题3 隔扇的制作与安装

3.1 隔扇的制作与安装步骤

(1) 刨料：刨料时应先确定隔扇边梃的断面尺寸。按清式营造则例，边梃的看面宽为隔扇宽的1/10或所在墙面柱径的1/5，边梃的厚（进深）为边梃宽的1.5倍。隔心的仔边看面宽为2/3边梃看面，进深则为7/10边梃进深，隔心的棂条看面宽为4/5仔边看面，进深为9/10仔边进深。绦环板的高为1/5隔扇宽，裙板的高为4/5隔扇宽。各部的实际长度应根据隔扇的设计高度和面宽来确定。隔心棂条的长度还应由其花格形式来确定。

(2) 画线

1) 边框：隔扇的自身宽度尺寸应根据柱间框槛尺寸和每间安装隔扇的数量来确定，隔扇数目一般是偶数4～8扇。隔扇高度即为框槛高度，隔扇自身宽高比为1∶6～1∶5，在确定了隔扇数量和隔扇边梃尺寸后隔扇横抹头的画线长度也就随之确定了。

隔扇分上下两段，上下段之比为6∶4。隔心高度应是6/10的隔扇高减两根横抹头的看面宽，边梃和横抹头用榫卯结合，通常在抹头两端做双榫，边梃上凿双眼。为使边梃和横抹头的线条交圈，榫卯相交部分应做大割角、合角扇。

2) 绦环板和裙板：绦环板的高度为1/5隔扇宽，宜用独块板画线制作；裙板的高度为4/5隔扇宽，可用几块板胶拼后画线制作。绦环板和裙板的面上可做装饰性雕刻，板的四周应画出头缝榫线，相应的边梃和抹头内侧应画槽线。

3) 隔心：由四周的仔边组成仔屉，再和其中的花格图案共同组成隔心。仔屉的外皮尺寸应为隔扇上段的内皮尺寸，仔边的看面宽应为2/3边梃看面，进深为7/10边梃进深。做花格的棂条看面宽为4/5仔边看面，进深为9/10仔边进深。仔边在画线时应确定与边框的连接方法，在画线时应画出榫缝线。为了与边框制作工艺统一，仔屉四角也应做大割角、合角扇。花格与仔屉用单榫连接。花椒眼花格的形式与制作如图6-22所示。

与仔边相交的元件只要放出足尺大样，直接量取其长及相应半榫即可。

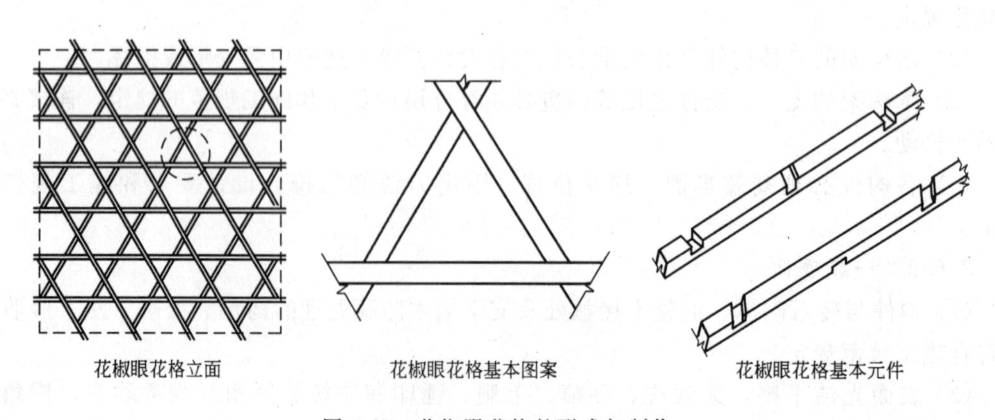

图6-22 花椒眼花格的形式与制作

（3）制作：隔扇的边梃、抹头、仔屉、花格棂条的线画好，经校核无误后，便可进行锯割、凿眼、断肩、打槽、修正等工作。其中断肩要非常仔细，否则易造成累积误差，使仔屉的外皮尺寸不正确，以至无法做成隔扇。

（4）拼装：一般应先将隔心拼好，然后做头榫缝或销子缝，最后将抹头和绦环板、裙板一起用上起下落法拼装。

3.2 质 量 标 准

（1）主控项目：

1）木材的树种、材质等级、含水率和防腐、防虫、防火处理必须符合设计要求和施工规范的规定。

2）框槽必须嵌合严密，以胶粘剂粘结并用楔加紧。胶料品种符合施工规范的规定。

（2）一般项目：

1）死节和直径大于 5mm 的虫眼，用同一树种木塞加胶填补。清油制品的木塞色泽、木纹应与制品基本一致。

2）表面平整光洁，无戗槎、刨痕、毛刺、锤印等缺陷。清油制品色泽、木纹近似。

3）榫槽口、起线顺直，割角准确，交圈整齐，接缝严密，无胶迹。清油制品两块接缝的木材色泽、木纹一致。

4）隔扇制成后，及时涂刷干性底油，并涂刷均匀。

（3）允许偏差：隔扇制作的允许偏差见表 6-1。

隔扇制作允许偏差 **表 6-1**

项次	项　　目	允许偏差(mm)			检　验　方　法
		Ⅰ级	Ⅱ级	Ⅲ级	
1	翘曲	3		4	将隔扇平挂在检查台上,用楔形塞尺检查
2	对角线长度差	2		3	用尺量检查隔扇外角
3	宽高	±1		±2	用尺量检查隔扇外缘
4	肩的冒头或棂子对水平线	±1		±2	尺量检查

3.3 施工注意事项及安全措施

（1）花格拼装后其外皮尺寸与仔屉内皮尺寸不符，过大或过小，这是由于花格的元件较多，在画线或锯割时形成的误差积累造成的，解决的办法是画线时墨线不能太粗，断肩时应使用细齿锯，这样更有助于花格尺寸的控制。

（2）花格元件交肩处不平整，这种情况产生后较难修正，如元件中发生这种情况较多时，应将花格的棂条换掉，重新制作。在锯割榫头或凿卯眼时，若剔挖缺口偏离原线，就会产生交圈不整齐、榫肩有高低的情况。所以元件的画线一定要重视每个环节，锯割用细齿锯，就可避免元件制作的质量问题。

（3）木工棚内必须有消防器材，木工机械必须有可靠灵活的安全防护装置，圆锯设有松口刀，轧刨设有回弹安全装置，外露传动部分均有防护罩。使用手电钻时接电应用软质橡皮线，并配用三相插头。电源须有漏电保护装置。

实训课题1 隔扇的制作与安装

实训课题2 博古架的制作与安装

在实训教师指导下完成实训课题1和课题2的操作。

实训要求：

1. 按要求绘制隔扇和博古架的制作施工图纸。
2. 计算出所需材料种类和数量。
3. 按图纸要求划线下料。
4. 按相关规定正确使用各种工具进行隔扇和博古架的加工和安装。
5. 按有关质量标准进行质量验收。
6. 注意实施成品保护及劳动安全措施。

思考题与习题

1. 中国古建筑木装饰的主要部件有哪些？
2. 花罩、碧纱橱的组成构件有哪些？
3. 隔扇的构造组成有哪些？各部分尺寸是如何规定的？

单元7　室内木装修及细木制作

知 识 点：本单元主要讲解了木门窗套的制作与安装；木墙裙、木墙面的施工做法；木窗帘盒、窗台板及暖气罩的构造与施工工艺；楼梯木扶手、木花格的制作与安装等细木制作工程以及木吊顶、木地板等室内木装修工程的构造与施工工艺，介绍了制作与安装过程中易出现的质量通病与防治措施以及制作与安装的质量控制与工程验收等内容。

教学目标：通过本单元的学习、训练，学生应掌握室内细木制作工程以及室内木装修工程的构造与施工工艺，尤其是现在广泛应用的装饰木门窗套、木质墙面、木窗帘盒等装修工程的构造及施工工艺，能组织其制作与安装的施工作业，了解工程材料要求，对常见的质量问题能拟定出防治措施，并能编制各分项工程作业面的施工作业计划书，熟悉质量标准与检验方法并能组织检验批的质量验收等。

课题1　木门窗套的制作与安装

门窗套作为室内门窗洞口处的包封装饰，传统上被称为“筒子板”、“贴脸板”，为建筑室内装修的细木工程项目之一。门窗套常用的材料有木材、石材、人造板材、不锈钢等。门窗套的式样很多，尺寸各异，应按照设计图纸施工。制作与安装的重点是洞口、骨架、面板、贴脸和装饰线条。这里主要讲述木门窗套的制作与安装，当室内装修工程有要求时，门窗套可与木质护墙板配合施工。

1.1　木门窗套的施工材料及其质量要求

（1）常用的材料有木方、细木工板、胶合板、微薄木板等。

（2）木材的树种、材质等级、规格应符合设计图纸要求及有关施工及验收规范的规定。门窗贴脸板、压缝条应采用与门窗框相同树种的木材。

（3）龙骨料一般用红、白松烘干料，含水率不大于12%，材质不得有腐朽、超断面1/3的节疤、劈裂、扭曲等疵病，并预先经过防腐、防蛀、防火处理。

（4）面板一般采用胶合板，厚度不小于3mm，颜色均匀、花纹要相似。胶合板除应有性能检测报告外，必须抽样复验，其甲醛含量不得超过设计和规范（GB 50325—2001）的规定的限值。用原木材作面板时，含水率不大于12%，板材厚度不小于15mm；要求拼接的面板，板材厚度不小于20mm，且要求纹理顺直，颜色均匀、花纹相似，不得有节疤、裂缝、扭曲、变色等疵病。

（5）辅料：

1）胶粘剂、防腐剂、乳胶、氟化钠（纯度应在75%以上，不含游离氟化氢和石油沥青）。

2）钉子：长度规格应是面板厚度的 2～2.5 倍。

3）防潮材：采用防潮涂料。

1.2　木门窗套的构造做法

1.2.1　木门窗套的构造

门窗套通常由筒子板和贴脸板两部分组成。木门窗套用于镶包木门窗洞口，或用于镶包钢、铝合金、塑钢等门窗洞口，木门窗套与门框之间的结合用平缝平榫。贴脸板与筒子板转角处连接，常用合角榫接。贴脸板的宽度可根据设计要求确定。其构造如图 7-1、图 7-2 所示。

1.2.2　木贴脸板的构造

木贴脸板多用于木门窗框一侧与墙平齐的位置，将室内抹灰层与木门窗框接触处的缝口盖住，使其美观整齐。贴脸料要进行挑选，花纹、颜色要与框料、筒子板面料近似，贴脸尺寸、宽窄、厚度要一致。常用木贴脸的形式、尺寸及构造安装方法如图 7-3、图 7-4 所示。

1.2.3　木筒子板的构造

木筒子板用于镶包门洞口，或用于镶包钢、木、铝合金窗口，常用五层胶合板或带花纹的硬木板制作，其构造做法如图 7-5 所示。一些门窗洞口常用筒子板和贴脸板进行镶包，筒子板可用木板或胶合板，贴脸板一般用木板。既可保护门窗框和墙角不被碰伤，又可起到装饰美化的作用。

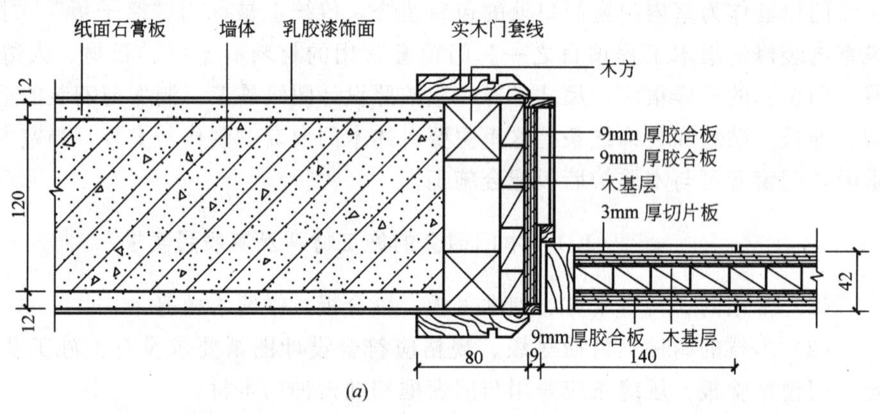

(a)

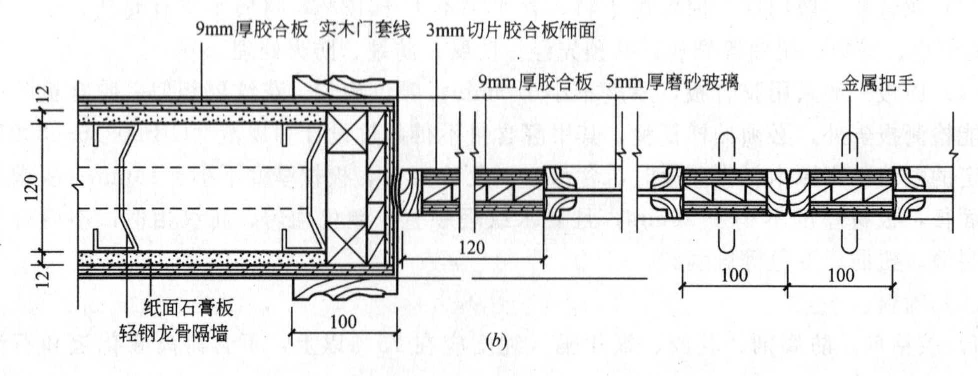

(b)

图 7-1　几种门窗套的设计做法（一）（单位：mm）

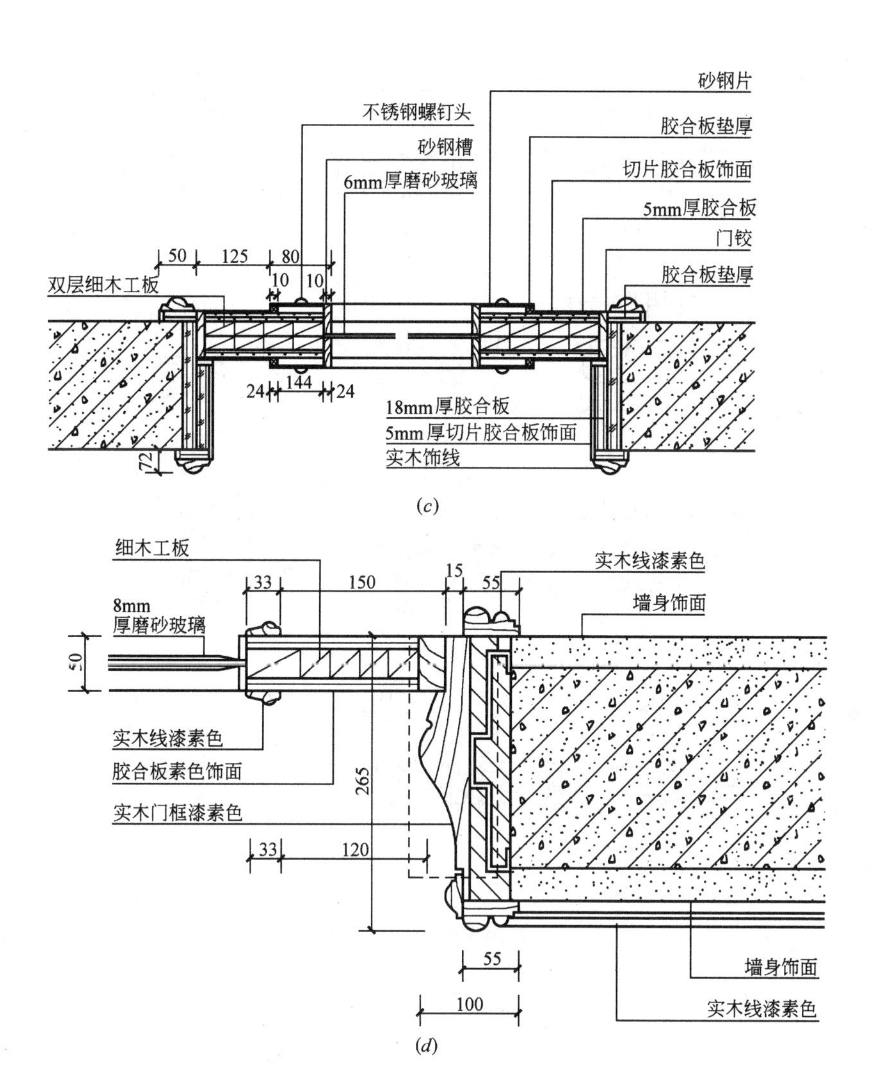

(c)

(d)

图 7-1　几种门窗套的设计做法（二）（单位：mm）

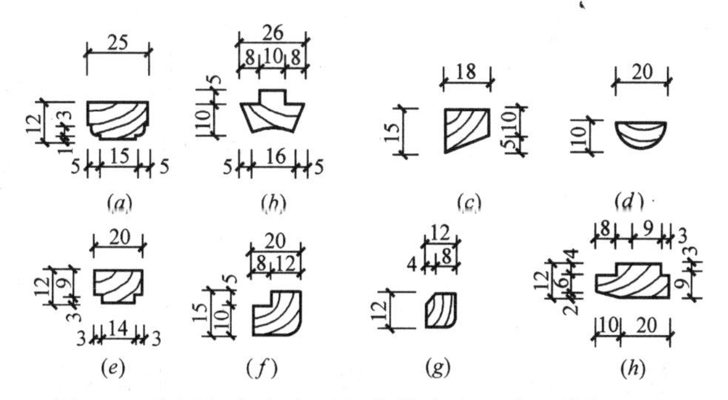

(a)　(b)　(c)　(d)

(e)　(f)　(g)　(h)

图 7-2　常用门窗套木压条的样式及尺寸（单位：mm）

1.3　木门窗套的施工准备

1.3.1　工具、机具准备

（1）电动机具：小台锯、小台刨、手电钻、气钉。

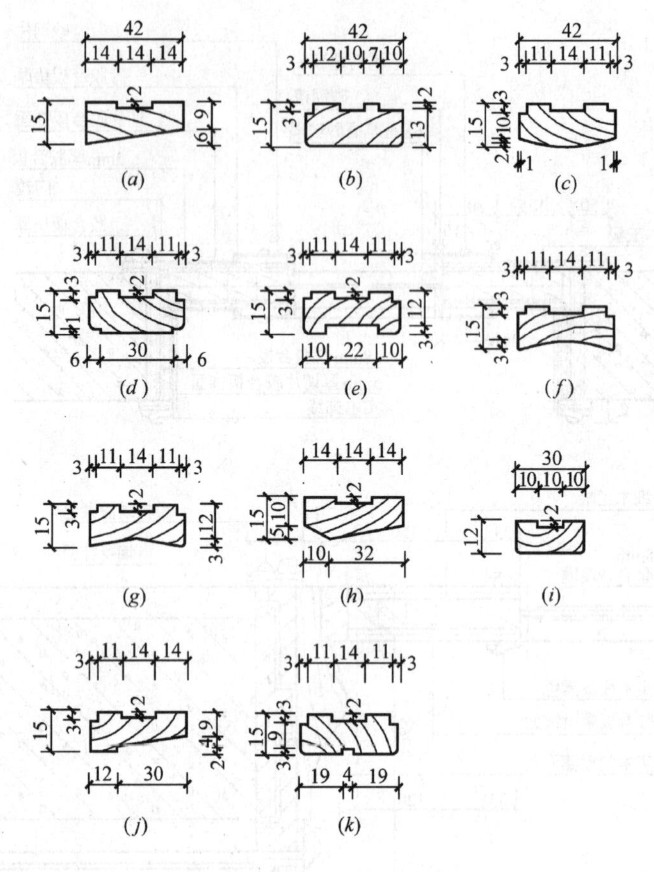

图 7-3　常用木贴脸的样式及尺寸

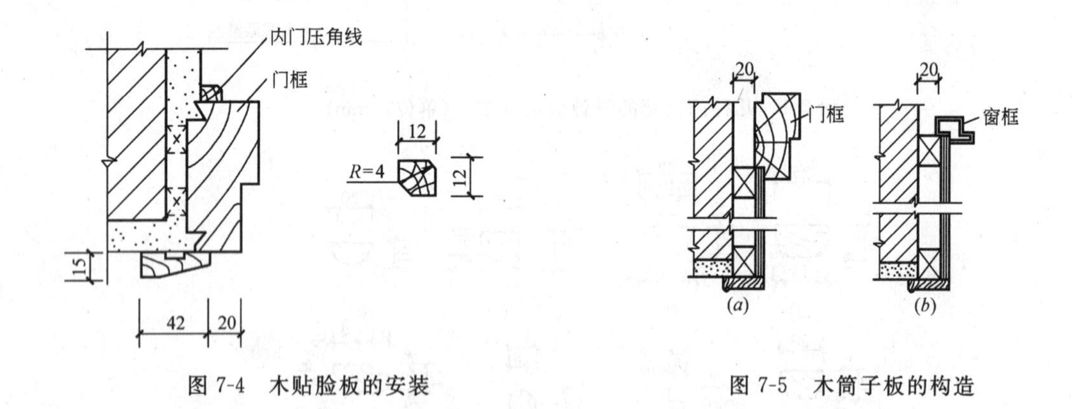

图 7-4　木贴脸板的安装

图 7-5　木筒子板的构造

(2) 手用工具：木刨子（大、中、小）、槽刨、木锯、细齿、刀锯、斧子、锤子、平铲、冲子、螺钉旋具、方尺、割角尺、钢尺、靠尺板、线坠、墨斗等。

1.3.2　技术准备

(1) 熟悉、掌握有关图纸和技术资料。

(2) 了解相关操作规程和质量标准。

(3) 审查木工的技术资质，并作技术交底。

1.3.3 施工作业条件

(1) 门窗洞口方正垂直，预埋木砖符合设计要求，并已进行防腐处理。

(2) 门窗套龙骨贴面板已刨平，其余三面刷了防腐剂。

(3) 施工机具设备已安装好，接通了电源，并进行试运转。

(4) 绘制了施工大样图，并做出样板，经检验合格，可大面积进行作业。

1.4 施 工 工 艺

1.4.1 木门窗套的安装施工要点

(1) 工艺流程：

找位与划线→核查预埋件及洞口→铺涂防潮层→龙骨配置与安装→钉装面板。

(2) 施工操作工艺

1) 找位与划线：门窗套安装前，应根据设计图要求，先找好标高、平面位置、竖向尺寸进行弹线。

2) 核查预埋件及洞口：先检查门窗洞口尺寸是否符合设计要求，是否方正垂直，检查预埋木砖或连接件是否齐全，是否符合设计及安装的要求，主要检查排列间距、尺寸、位置是否满足钉装龙骨的要求；位置是否正确，如发现问题，必须修理或校正。然后再检查材料的规格、数量及质量是否符合设计要求，按图纸尺寸裁料。

3) 涂防潮层：设计有防潮要求的在钉装龙骨前进行涂刷防潮层的施工。

4) 龙骨制作：根据洞口实际尺寸、门窗中心线和位置线，用方木制成搁栅龙骨架并应做防腐处理，横撑位置必须与预埋件位置重合。一般骨架分三片，洞口上部一片，两侧各一片。搁栅龙骨架应平整牢固，表面刨平。

5) 龙骨安装：安装搁栅龙骨架应方正，除留出板面厚度外，搁栅龙骨架与木砖间的间隙应垫以木垫，连接牢固。安装洞口搁栅龙骨架时，一般先上端后两侧，洞口上部骨架应与紧固件连接牢固。与墙体对应的基层板板面应进行防腐处理，基层板安装应牢固。

6) 钉装面板：

a. 面板选色配纹：全部进场的机板材，使用前按同房间，临近部位的用量进行挑选，使安装后从观感上木纹、颜色近似一致。

b. 裁板配制：按龙骨排尺，在板上划线裁板，板面应略大于搁栅龙骨架。原木材板面应刨净；胶合板、贴面板的板面严禁刨光，小面皆须刮直。木纹根部应向下，长度方向需要对接时，花纹应通顺，其接头位置应避开视线平视范围，宜在室内地面 2m 以上或 1.2m 以上或 1.2m 以下，接头应位于横龙骨处。

原木材的面板背面应做卸力槽，一般卸力槽间距为 100mm，槽宽 10mm，槽深 4～6mm，以防板面扭曲变形。

c. 面板安装：

面板安装方法如图 7-6 所示。

a) 面板安装前，对龙骨位置、平直度、钉设牢固情况、防潮构造要求等进行检查，合格后进行安装。

b) 面板配好后进行试装，面板尺寸、接缝、接头处构造完全合适，木纹方向、颜色的观感尚可的情况下，才能进行正式安装。

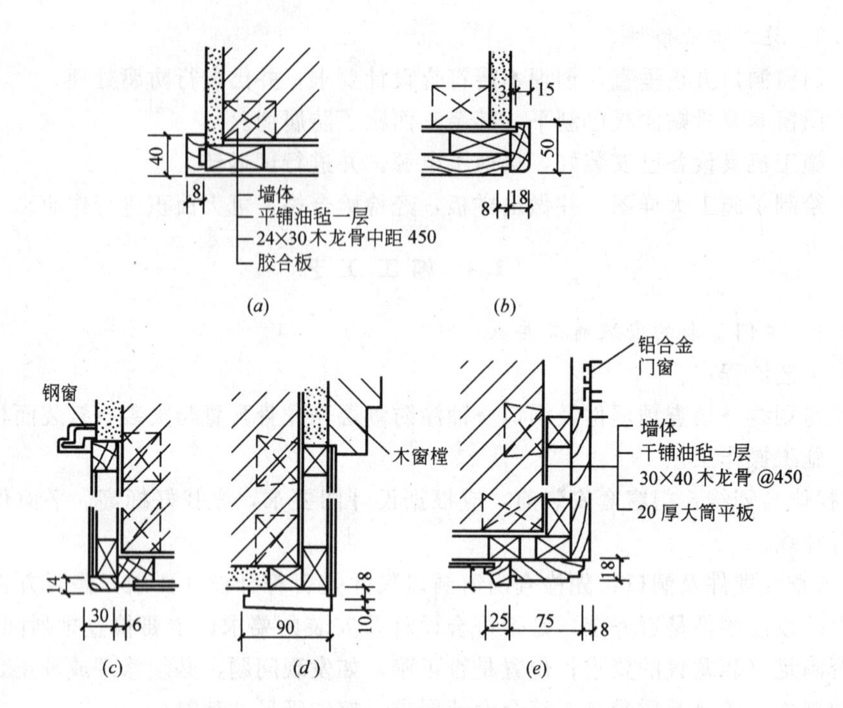

图 7-6　木门窗套构造示意图（单位：mm）

c）面板接头处应涂胶与龙骨钉牢，钉固面板的钉子规格应适宜，钉长约为面板厚度的 2～2.5 倍，钉距一般为 10mm，钉帽应砸扁，并用尖冲子将钉帽顺木纹方向冲入面板表面下 1～2mm。

d）固定门套线：应进行挑选，花纹、颜色应与框料、面板近似。贴脸接头应成 45°角，贴脸与门窗套面板结合应紧密、平整，贴脸或线条盖住抹灰墙面应不小于 10mm。贴脸规格尺寸、宽窄、厚度应一致，接槎应顺平无错槎。

1.4.2　*木贴脸板的安装要点*

（1）木贴面板制作：

1）首先检查配料的规格、质量和数量，符合要求后，先用粗刨刮一遍，再用细刨刨光，先刨大面，后刨小面。刨得平直、光滑，背面打凹槽。

2）用线刨顺木纹起线，线条要深浅一致，清晰、美观。

3）如果做圆脸时，必须先套出样板，然后根据样板划线刮料。

（2）木贴面板装钉：

1）在门窗框安装完毕及墙面做好后即可装钉。

2）贴脸板距门窗口边 15～20mm。贴脸板的宽度不大于 80mm 时，其接头应做暗榫，其四周与抹灰墙面须接触严密，搭盖墙的宽度一般为 20mm，最少不应少于 10mm。

3）装钉贴脸板，一般是先钉横向的，后钉竖向的。先量出横向贴脸板所需的长度，两端锯成 45°斜角（即割角），紧贴在框的上坎上，其两端伸出长度应一致。将钉帽砸扁，顺木纹冲入板表面 1～3mm，钉长宜板厚的两倍，钉距不大于 500mm，接着量出竖向贴脸板长度，钉在边框上。

4）贴脸板下部宜设贴脸墩，贴脸墩要稍厚于踢脚板。不设贴脸墩时，贴脸板的厚度不能小于踢脚板的厚度，以免踢脚板冒面影响美观。

5）横竖贴脸板的线条要对正，割角应准确平整，对缝严密，安装牢固。

1.4.3 筒子板制作与安装施工过程质量监控要点

（1）准备工作：首先检查门窗洞口尺寸是否符合要求，是否垂直方正，预埋木砖或连接铁件是否齐全，位置是否准确，如发现问题，必须修理或校正。

（2）制作：

1）根据门窗洞口实际尺寸，先用木方制成龙骨架，一般骨架分三片：洞口上部一片，两侧各一片。每片一般为两根立杆，当木筒子板宽度大于500mm需要拼缝时，中间适当增加立杆。

2）横撑间距根据木筒子板厚度决定：当面板厚为10mm时，横撑间距不大于400mm；板厚为5mm时，横撑间距不大于300mm。横撑位置必须与预埋件位置相对应。安装龙骨架一般先上端后两侧，洞口上部骨架应与预埋螺栓或钢丝拧紧。

3）龙骨架表面刨光，其他三面刷防腐剂（氟化钠）。为了防潮，龙骨架与墙之间应干铺油毡一层。龙骨架必须平整牢固，为安装面板打好基础。

（3）装钉：

1）面板应挑选木纹和颜色，近似者用于同一房间。

2）板的裁割要使其略大于龙骨架的实际尺寸，大面净光，小面刮直，木纹根部向下；长度方向需要对接时，木纹应通顺，其接头位置应避开视线开视范围。

3）一般窗筒子板拼缝应在室内地坪2m以上；门筒子板拼缝一般离地坪1.2m以下。同时，接头位置必须留在横撑上。

4）当采用厚木板时，板背应做卸力槽，以免板面弯曲，卸力槽间距为10mm，槽宽10mm，深度5～8mm。

5）固定面板所用钉子的长度为面板厚度的3倍，间距一般为100mm，钉帽要砸扁，并用较尖的冲子将钉帽顺木纹方向冲入面层1～2mm。

6）筒子板里侧要装进门窗框预先做好的凹槽里。外侧要与墙面齐平，割角严密方正。

1.5 安全措施

（1）木工机械应由专人负责，不得随便动用。操作人员必须熟悉机械性能，熟悉操作技术。用完机械应切断电源，并将电源箱关门上锁。

（2）使用电钻时应戴橡胶手套，不用时及时切断电源。

（3）操作前，先检查工具。斧、锤、凿等易掉头断把的工具，经检查修理后再用。

（4）砍斧、打眼不得对面操作，如并排操作时，应错开1.2m以上的间距，以防锤、斧失手伤人。

（5）操作时，工具应放在工具袋里，不得将斧子、锤子等掖在腰上工作。

（6）操作地点的刨花、碎木料应及时清理，并存放在安装地点，做到活完脚下清。

（7）操作地点，严禁吸烟，注意防火。并备足消防器材与消防用具。

1.6 成品保护

（1）木材或制品进场后，应贮存在室内仓库或料棚中，保持干燥、通风，按种类、规格搁置在垫木上水平堆放。

（2）配料时窗台板上应铺垫保护层，不得直接在没有保护措施的地面上操作。

（3）操作时窗台板上应辅垫保护层，不得直接站在窗台板上操作。

（4）门窗套、贴脸板安装后，应及时刷一道底漆，以防干裂和污染。

（5）为保护成品，防止碰坏或污染，尤其出入口处应加保护措施，如装设保护条、护角板、塑料贴膜，并设专人看管等。

1.7 常见工程质量问题及防治措施

1.7.1 面层板安装缺陷

（1）现象

1）面层的木质花纹错乱，颜色不匀，棱角不直，表面不平，接缝处有黑纹及接缝不严等。

2）筒子板、贴脸板割角不严、不方。

（2）分析原因

1）原材料未经认真挑选，安装时未对色、对花。胶合板板面透胶或安装时板缝余胶未清理掉，涂清油后即出现黑板、黑纹。

2）门窗框为裁口或打槽，使筒子板正面直接贴在门窗框的背面，盖不住缝隙，造成结合不严。

3）贴脸割角不方、不严，主要是45°角切割得不准，锯后未用细刨刨平。

（3）防治措施

1）安装前要精选板面材料，将树种颜色、花纹一致的使用在一个房间内。

2）使用切片板时，尽量将花纹对上。一般花纹大的安装在下面，花纹小的安装在上面，防止倒装。颜色好的用在迎面，颜色稍差的用在较背的部位。如一个房间的面层板颜色不一致时，应逐渐由浅变深，不要突变。

3）有筒子板的门窗框要有裁口和打槽。

4）贴脸下部要有贴脸墩，贴脸墩要稍厚于踢脚板。不设贴脸墩时，贴脸板的厚度不能小于踢脚板厚度，以免踢脚板冒出。

5）筒子板先安顶部，找平后再安装两侧。

6）安贴脸板时，先量出横向所需长度，两端放出45°角，锯好刨平，紧贴在樘子上冒头钉牢，再配两侧贴脸。贴脸板最好盖过抹灰墙面20mm，最小也不得小于10mm。

7）筒子板与贴脸的交接处，以及贴脸的割角处均须抹胶粘结牢固。

1.7.2 对头缝不严

（1）原因分析

1）操作时，先钉上面的板，后接下面的板，压力小。

2）胶刷得过厚，又未用力将胶挤出，使缝内有余胶，产生黑纹。

（2）防治措施

1）接对头缝，正面与背面的缝子要严，背后不能出现虚缝。

2）先安装下面板，后接上面板，接头缝的胶不能太厚，胶应稍稀一点，将胶刷匀，接缝时用力挤出余胶，以防拼缝不严和出现黑纹。

1.7.3 踢脚板冒出贴脸

(1) 原因分析

1) 钉帽未打扁，又未顺着木纹向里冲，铁冲子太粗。

2) 设计余量小，施工误差大。

3) 踢脚板冒出墙面不一致。

(2) 防治措施

1) 钉帽要打扁一些，顺木纹钉入，将铁冲子磨成扁圆形和钉帽一般粗细。

2) 踢脚板出墙面要一致，严格控制尺寸。

3) 半贴脸加厚或加贴脸墩，以保证踢脚板顶着贴脸不得冒出。

1.8 质量标准与工程验收

1.8.1 主控项目

(1) 材料质量：门窗套制作与安装所使用材料的材质、规格、花纹和颜色、木材的燃烧性能等级和含水率、花岗石的放射性及人造木板的甲醛含量应符合设计要求及国家现行规定标准的有关规定。

检查方法：观察；检查产品合格证书、进场验收记录、性能检测报告和复验报告。

(2) 造型、尺寸及固定：门窗套的造型、尺寸和固定方法应符合设计要求，安装应牢固。

检查方法：观察；尺量检查；手扳检查。

1.8.2 一般项目

(1) 表面质量：门窗套表面应平整、洁净、线条顺直、接缝严密、色泽一致，不得有裂缝、翘曲及损坏。

检查方法：观察。

(2) 门窗套安装的允许偏差和检验方法应符合表7-1的规定。

门窗套安装的允许偏差和检验方法　　表7-1

项次	项　目	允许偏差(mm)	检验方法
1	正侧面垂直度	3	用1m垂直检测尺检查
2	门窗套上口水平度	1	用1m水平检测尺检查和塞尺检查
3	门窗套下口水平度	3	拉5m线，不足5m拉通线，用钢直尺检查

1.8.3 质量控制要点

(1) 协助承包商完善质量保证体系和现场质量管理工作。

(2) 贴脸板、筒子板龙骨的安装必须在木门窗框安好后进行，钉面层板应在室内抹灰及地面做完后进行。

(3) 所用板锯、曲线锯、电动冲击钻、气钉枪等机具要满足施工精度要求。

(4) 在预埋件、弹线、搁栅制作安装、面板安装、钉贴脸等关键工序上设置质量控制点，严格工序间质量检查验收，防止不合格品进入下道工序。

(5) 认真进行技术交底，采取切实可行的措施防止质量通病。

课题 2　木墙裙、木墙面装修做法

室内墙面装饰的木质护墙板，按其饰面方式，分为全高护墙板和局部墙裙；根据罩面材料的特点，又分为木装饰板、木胶合板、木质纤维板和其他人造木板等不同的木质板材护墙板。木质饰面是室内墙面装饰的主要做法，也是最常见的装饰形式，用木质作墙面具有质地淳朴，纹理自然，温暖柔和的装饰效果。常用的木质材料有：木方条、木板材、胶合板、细木工板、木装饰板、微薄木板和细木制品等。

我国传统的室内木质护墙板多采用实木板，凸装起线，或再配以精致的木雕图案装饰，具有高雅华贵的艺术效果；在现代建筑室内木质护墙板工程中，最常用的做法是采用胶合板等做罩面板材，装钉后再作其他表面装饰。

2.1　材料及其质量要求

2.1.1　薄实木板

(1) 种类与规格

薄实木板是将原木毛料烘干处理后，经锯、切、刨光加工而成的。用于装饰的实木板的种类有：水曲柳、柚木、枫木、楠木、胡桃木等。薄实木板的厚度一般为 1.2～1.8cm，也有 1.9～3.0cm 的中厚板。薄实木板宽度一般为：50、60、70、80、90、100、120、140、160、180、200、240mm。

(2) 质量要求

木材的树种、材质及规格等应符合设计要求。要求材料纹理清晰美观、有光泽、耐朽、不易干裂、不易变形。同一批材料的树种、花纹及颜色力求一致。无论何种材质，均应经过自然干燥，含水率不大于 12%。

2.1.2　人工合成木制品

常用的人工合成木制品有：胶合板、薄木贴面装饰板、大漆建筑装饰板、防火装饰板等。

(1) 印刷木纹人造板：又称表面装饰人造板，它是以人造板材为基层直接将木纹纸通过设备压花，用 EV 胶真空贴于基层板上，或印刷各种木纹饰面，品种多，花色丰富。表面具有耐水、耐冲击、耐磨、耐温度变化、耐化学腐蚀等特点。主要包括（单位：mm）：印刷涂刷木纹人造板 [2000×1000×3、2000×1000×4]、印刷涂刷木纹纤维板 [2480×1200×3.5]、印刷涂刷木纹刨花板三类 [2440×1200×19、2480×1200×19 素色板]。常用于较高级的室内装饰。

(2) 微薄木贴面装饰板：它是利用珍贵树种，通过紧密设备刨切成厚度为 0.2～0.5mm 的微薄木皮，以胶合板、刨花板、纤维板为基材，采用先进的胶粘工艺，将微薄木复合在基材上而成。木纹自然，华丽高贵。具有真实感、立体感强和自然美的特点。是一种较高级的饰面材料。

(3) 大漆建筑装饰板：是运用我国特有的民族传统技术和工艺结合现代工业生产，将中国大漆漆于各种木材基层上制成。漆膜明亮，美观大方，花色繁多，不怕水烫、火烫等特点。特别适用于中国传统风格的高级建筑装修。

(4) 宝丽板：是以三夹板为基料，贴一特种花纹纸面，涂覆不饱和树脂后表面再压合一层塑料薄膜保护层。特点是光亮、平直、色调丰富、表面易于清洗。属中档饰面材料。

2.1.3 辅材

(1) 所用木龙骨架及人造木板的板背面。均应涂刷防火涂料，按具体产品的使用说明确定涂刷方法。木龙骨含水率不得超过 12%，其规格应符合设计要求，并进行防腐、防蛀处理。

(2) 工程中使用的人造木板和胶粘剂等材料，应检测甲醛及其他有害物质含量。

护墙板制品及其他安装配件在包装、运输、堆放和搬运过程中，要轻拿轻放，不得暴晒和受潮，防止开裂变形。

2.2 墙裙及护墙板的构造做法

2.2.1 木夹板墙裙及护墙板的构造做法

木夹板墙裙及护墙板是内墙装饰中常用的一种类型，具体做法是首先在基层墙面上打孔，下木楔，再钉立木骨架，最后将胶合板用镶贴、钉、上螺钉等方法固定在木骨架上。木夹板贴面做法如图 7-7 所示。

木骨架的断面一般采用 (20～40) mm×40mm，木骨架有竖筋和横筋组成，竖筋间距为 400～600mm 左右，横筋间距可稍大一些，一般取 600mm，主要按板的规格来定。

为了防止墙上的潮气使夹板产生翘曲，墙上应采取防潮措施，一般做法是，先做防潮砂浆粉刷，干燥后再涂一道 851 涂膜橡胶。底层建筑的墙面还可在护壁板与墙体之间组织通风，方法是在板面上、下部位留通气孔，或在上下墙筋上留通气孔。如图 7-8 所示。

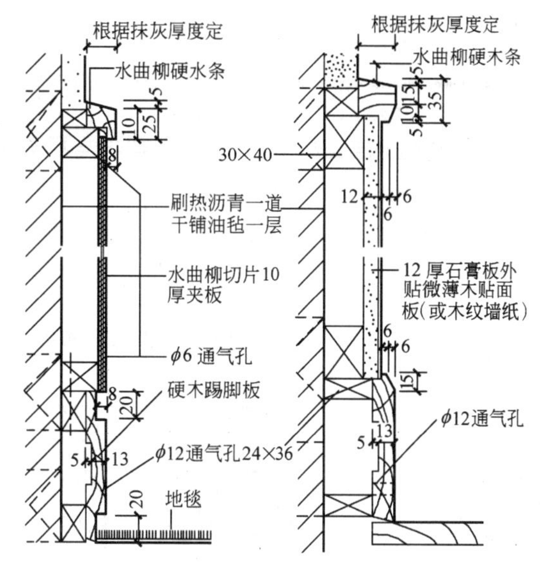

图 7-7 胶合板、微薄木板墙面做法（单位：mm）

护壁板与木墙裙的细部构造处理，是影响木装修效果及质量的重要因素。饰面板的拼缝方式有：斜接密缝、平接留缝、压条盖缝等。如图 7-9 所示。

木质胶合板和饰面板的面部都有不同的纹理图案，具有朴实自然、装饰性强等优点。因此，施工前，应按设计要求进行预先安排，这样有利于提高工效、节省材料，木墙面常见的拼板布置形式有：整板布置、分块拼板布置等。而分块拼板布置最能表现木质板的装饰效果，具有平面设计和构成的特征，既能发挥设计者的潜力，又能充分利用材料。常用的布置形式有，重复式、立体式、书本式、人字形、放射式、菱形四合一、靶形四合一、鱼骨式、自由配合式和交错方格式等。如图 7-10 所示。

墙柱面与顶棚的连接处理如图 7-11 所示。墙柱木饰面水平方向转折处理如图 7-12 所示。

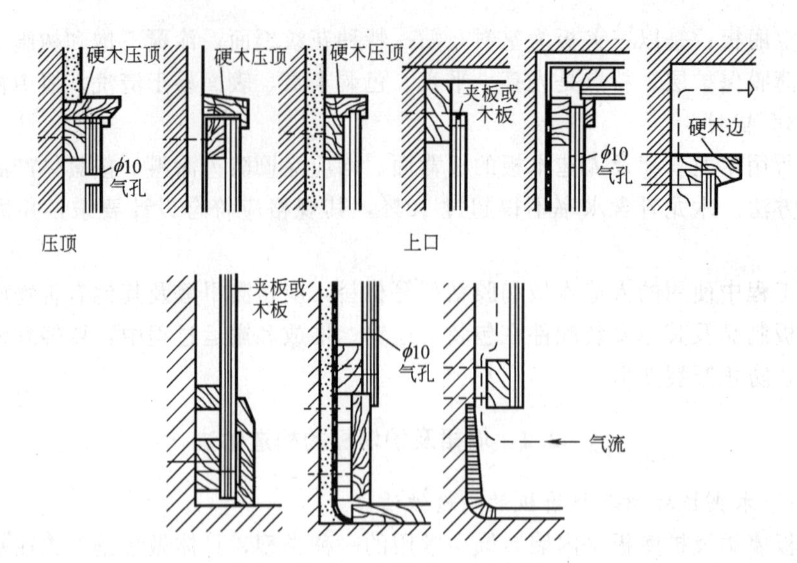

图 7-8 护壁板上、下部位构造（单位：mm）

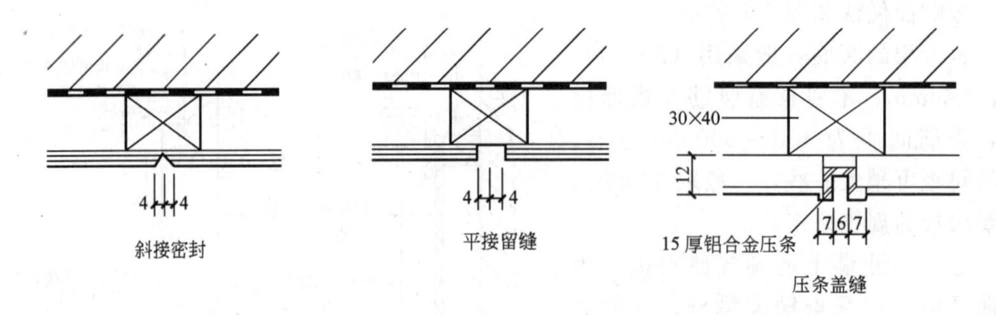

图 7-9 护壁板板缝处理（单位：mm）

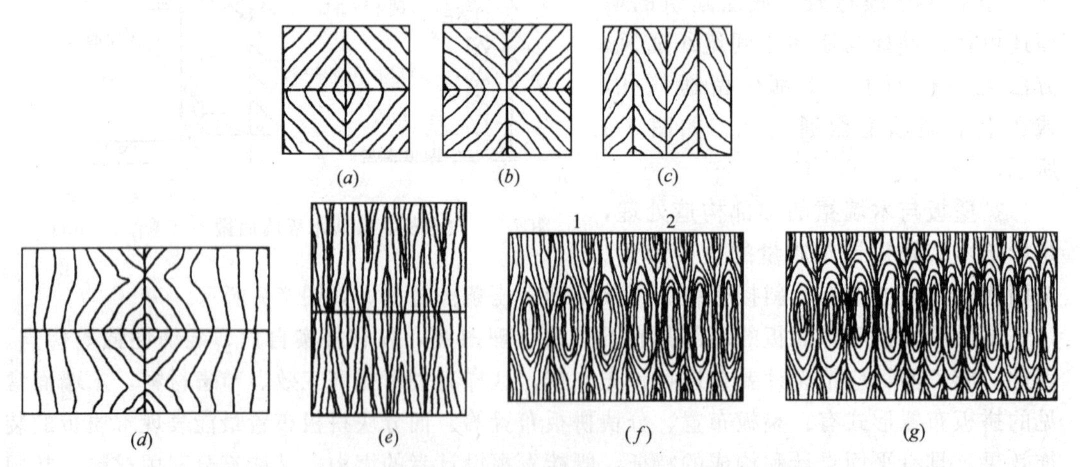

图 7-10 胶合板分块拼板布置示意图

(*a*) 菱形图案；(*b*) 反向菱形图案；(*c*) 人字形图案；(*d*) 以十字为中心的对接图案；(*e*) 竖向对接和水平方向书页式拼接板；(*f*) 平衡配板，指每个单板（1 和 2）是由一个饰面板的奇数或偶数倍组成，用来均衡每个单板上的纹理效果；(*g*) 中心配板法是由等宽偶数的饰面板构成的具有对称效果的饰面搭配。纹理从左向右看时既有连续感又有变化感

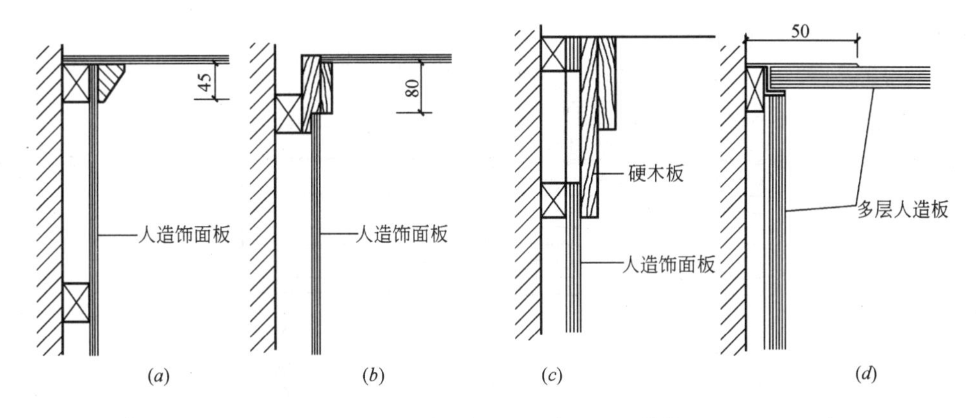

图 7-11　墙柱面与顶棚的连接处理（单位：mm）

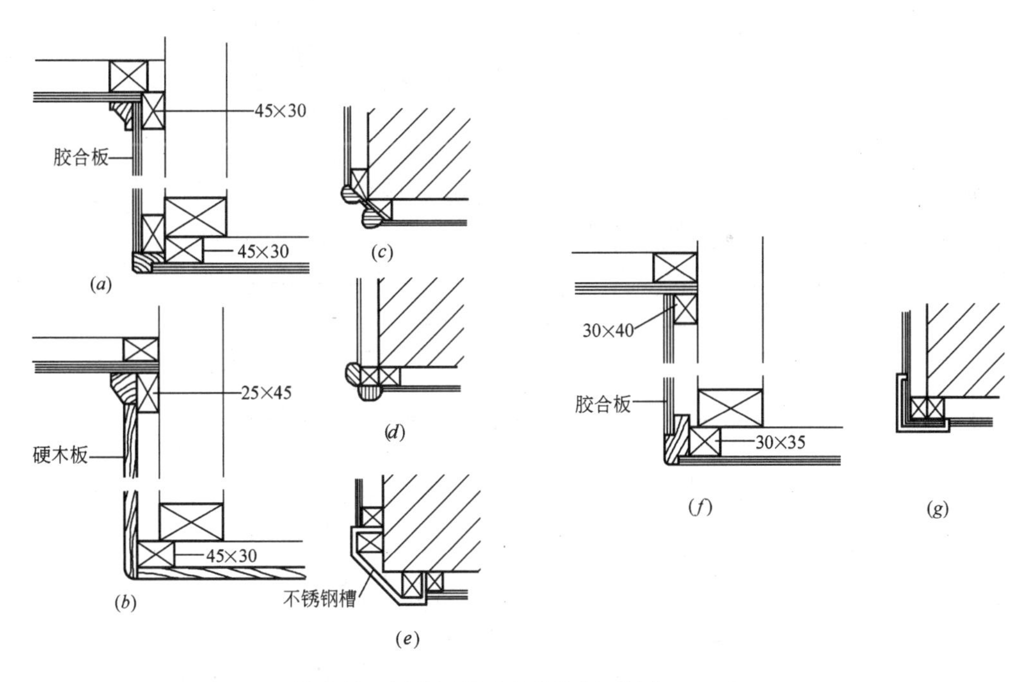

图 7-12　墙柱面的阴阳角处理（单位：mm）

2.2.2　天然木材装饰合板护壁墙面构造做法

对于比较高级的室内装修，夹板护壁显得比较呆板和简单，主要是质感太单薄，所以采用天然木材装饰合板护壁就显得比较华贵。而通常不用实心板，这是因为实心板材容易弯曲变形且价高，将贵重的木材薄切片复合到其他木板上，既有贵重木材美观的纹理，又不容易发生干裂和翘曲，最重要的是大大降低了材料成本。

天然木材装饰合板护壁在板面上开有各种形式的槽道，做成条木拼合的样子，开出的槽口有 V 形的，有 U 形的，也有的用不规则的铣板做成小板拼合板。如图 7-13 所示。

护壁板的构造做法如图 7-14 所示。连接与板缝做法如图 7-15 所示。

实木墙面与顶棚的连接，如图 7-16 所示。

墙面与设备连接收口做法，如图 7-17 所示。

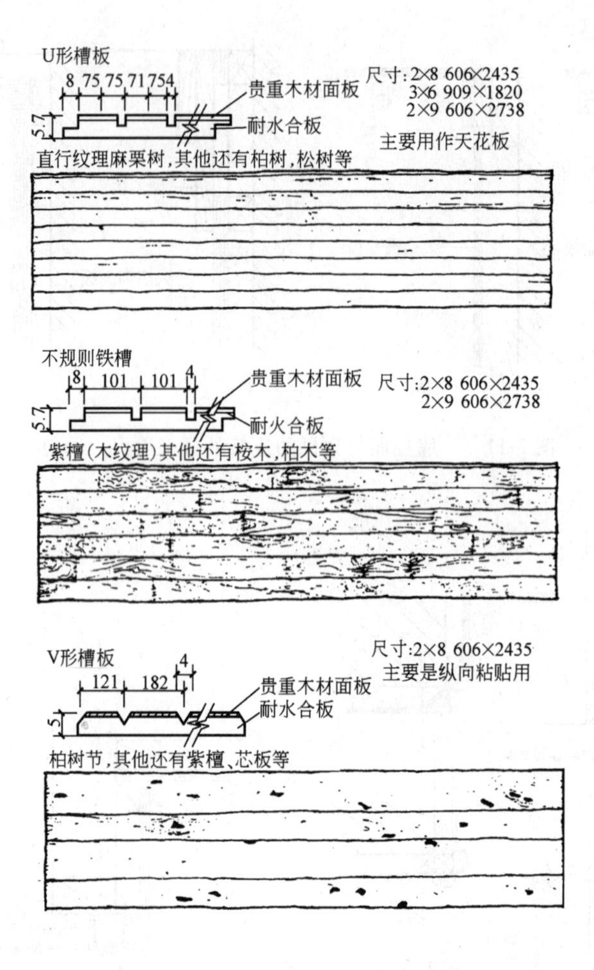

图 7-13　天然木材装饰合板护壁（单位：mm）

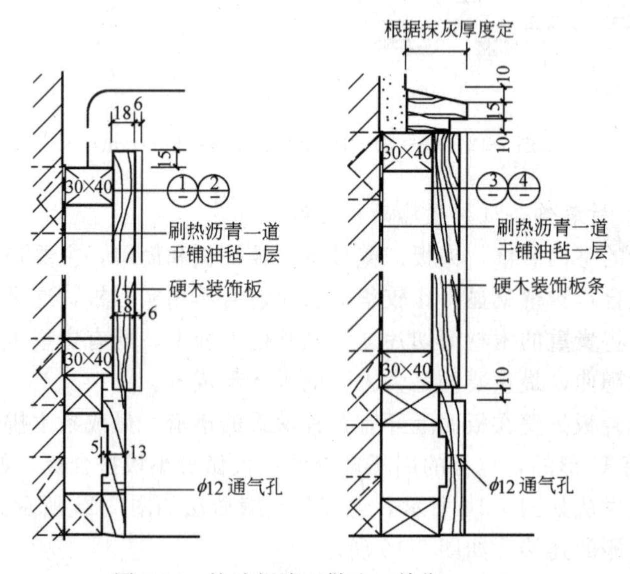

图 7-14　护壁板墙面做法（单位：mm）

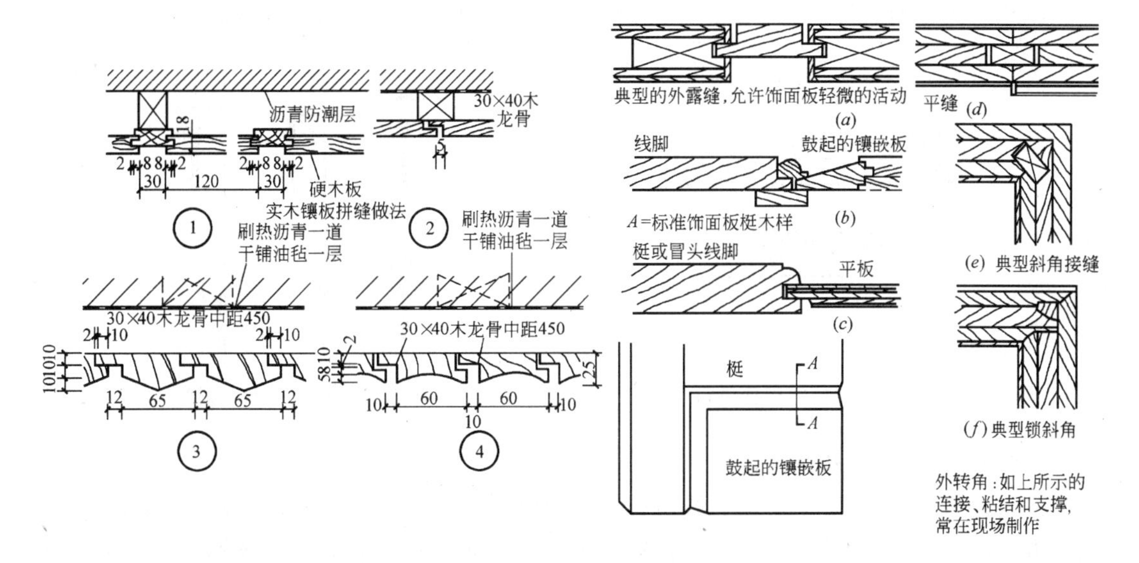

图 7-15　连接与板缝做法（单位：mm）

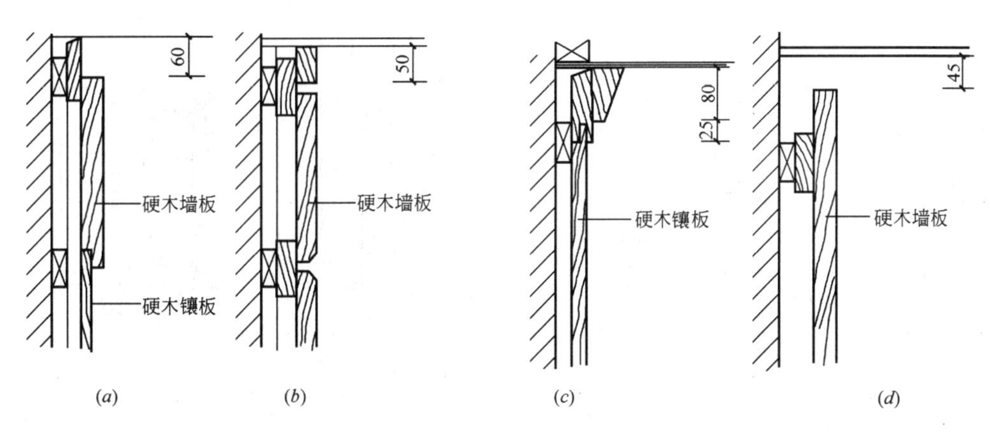

图 7-16　实木墙面与顶棚的连接（单位：mm）

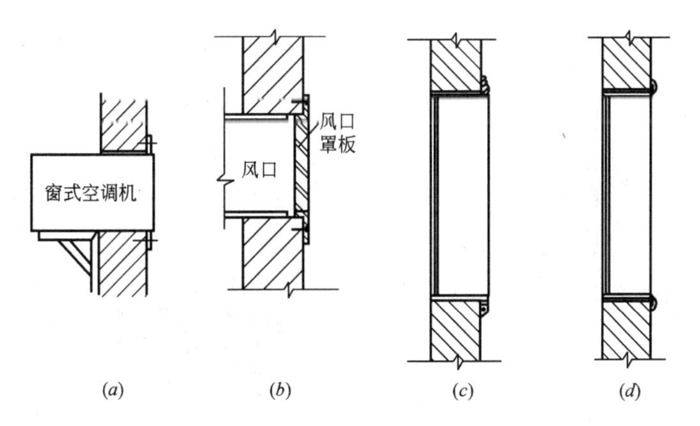

图 7-17　墙面与设备连接收口做法

(*a*) 空调机；(*b*) 排风机；(*c*) 外凸橱柜；(*d*) 与墙平齐橱柜

墙面上不同材料饰面收口做法，如图 7-18 所示。墙裙面封口做法，如图 7-19 所示。

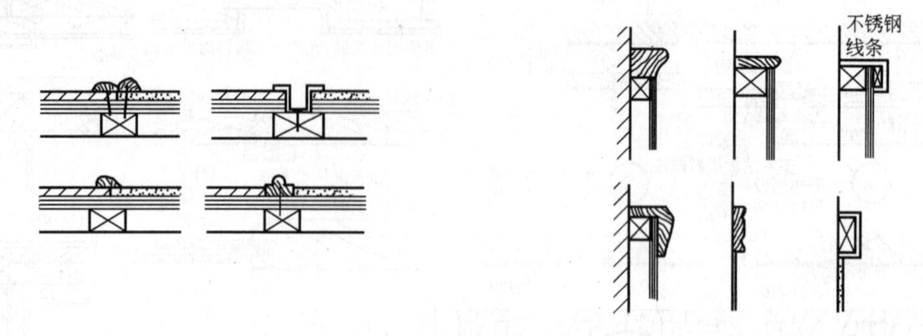

图 7-18　墙面上不同材料饰面收口做法　　　　图 7-19　墙裙面封口做法

2.2.3　*木踢脚的构造做法*

室内地面墙角的部位，一般设踢脚板，一方面保护墙体，使墙体免收外立冲撞而损坏，另一方面，也满足美观上的要求。踢脚板的高度一般为 100～150mm。木质踢脚为了避免受潮反翘而与上部墙面之间出现裂缝，应在靠近墙体一侧做凹口。构造做法如图 7-20 所示。

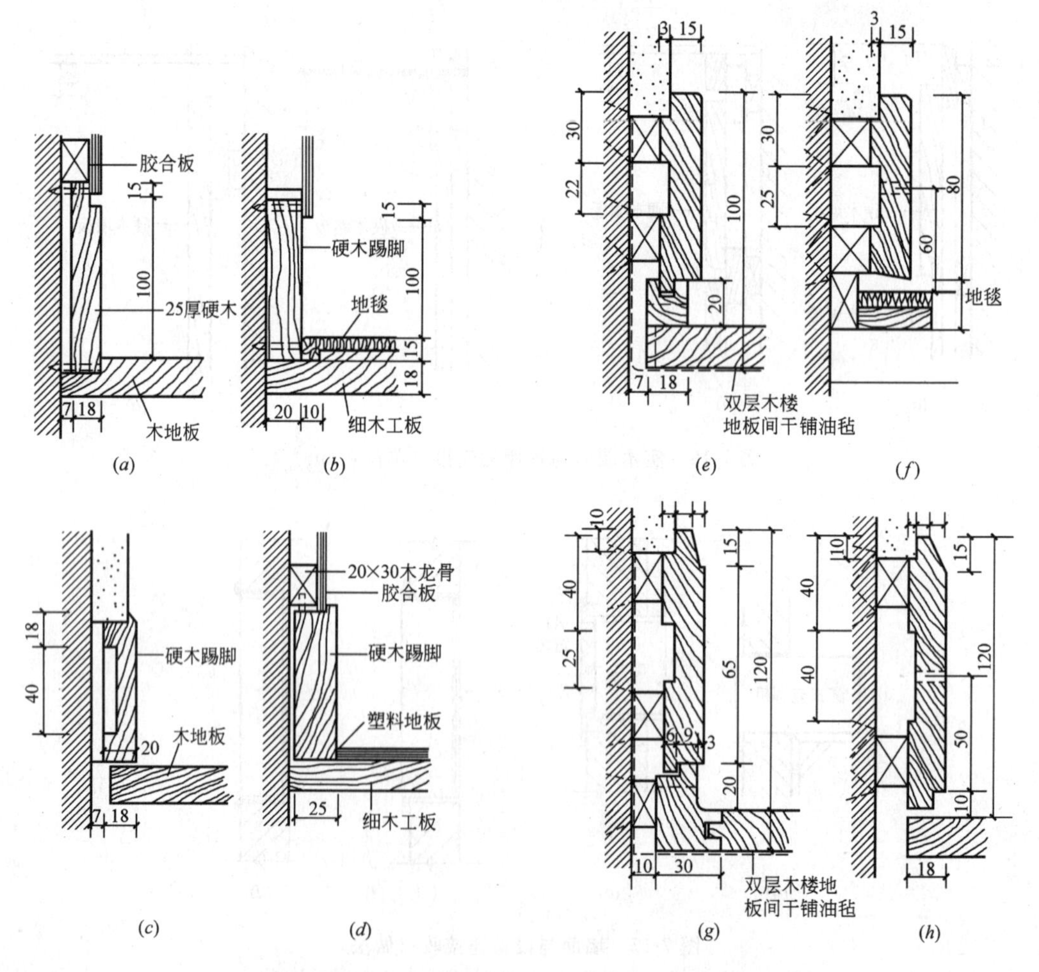

图 7-20　实木踢脚与墙及地面的连接（单位：mm）

2.3 主要施工工具

主要施工工具有：电锯、刨气钉枪、钻及钉等常用木工工具等。

2.4 施工条件与作业准备

（1）主体结构已施工完毕，其强度、稳定性、表面垂直度、平整度应符合装饰面的要求。有防潮要求的墙面，应按设计要求进行防潮处理。安装的施工组织设计已完成。

（2）材料按计划一次进足，配套齐全，并经过现场检验的合格产品。

（3）工程需要的埋件的数量、位置应符合龙骨布置要求。

（4）室内已弹好＋50cm 水平基准线。房间内空气干燥，无潮湿房间。

（5）熟悉图纸和技术资料，了解相关操作规程和质量标准。

2.5 木踢脚、木墙裙、木墙面的安装施工工艺

2.5.1 木墙面的安装施工工艺

（1）施工程序

弹线分格→加工拼装木龙骨架（刷防火涂料）→在墙上钻孔、打入木楔→安装木龙骨架→铺钉胶合板。

（2）施工操作要点

1）弹线分格：依据轴线、＋50cm 水平基准线和施工设计图，在墙上弹出木龙骨的分档、分格线。

2）加工拼装木龙骨架：木墙身的结构通常采用 20mm×30mm 的方木，先将方木料拼放在一起，刷防腐涂料。待防腐涂料干后，再按分档加工出凹槽榫，在地面进行拼装，制成木龙骨架。拼装木龙骨架的方格网规格通常是 300mm×300mm 或 400mm×400mm，对于面积不大的木墙身，可一次拼成木骨架后，安装上墙。对于面积较大的木墙身，可分做几片安装上墙。木龙骨架做好后，应涂刷三遍防火涂料。

3）钻孔打入木楔：用 ϕ16～20mm 的冲击钻头在墙面上弹线的交叉点位置打孔，孔距 600mm 左右，深度不小于 60mm，钻好孔后，打入经过防腐处理的木楔。

4）安装木龙骨架：立起木龙骨靠在墙面上，用吊垂线或水平尺找垂直度，确保木墙身垂直。用水平直线法检查木龙骨架的平直度。待垂直度、平整度达到要求后，既可用钉子将其钉固在木楔上。钉钉子是配合校正垂直度、平整度，木龙骨架下凹的地方加垫木块，垫平直后在钉钉子。

5）铺钉胶合板：

（a）事先挑选好罩面板，分出不同色泽，然后按尺寸裁割、刨边（倒角）加工。

（b）用 15mm 直钉将胶合板固定在木骨架上。如用铁钉则应使顶头砸扁埋入板内 1mm。钉距 100mm 左右，且布钉均匀。

2.5.2 木墙裙的安装施工工艺

木墙裙可用薄实木板和胶合板等进行铺钉。施工时，先用木板条和装饰线按分格布置钉成压条，不设压条时，就要考虑并缝的处理。

（1）施工程序

弹线、分格→在墙上钻孔、打入木楔→墙面防潮→钉木龙骨→铺钉面板→钉冒头→装钉木踢脚板

(2) 施工操作要点

1) 弹线、分格：在装钉木护墙板之前，应按设计图样及尺寸现在墙上划出水平标高，弹出分档线。

2) 在墙上钻孔、打入木楔：根据分档先在墙上钻孔楔入木榫，或在砌筑墙时先预埋尺寸为120mm×120mm×60mm的防腐木砖。

3) 墙面防潮：在安装木龙骨之前，墙面涂刷无毒、不燃的水乳型防水涂料，木龙骨应作防腐、防火处理。

4) 钉木龙骨：主龙骨中距450mm左右，此龙骨中距450～600mm左右，木龙骨按40mm×30mm下料。

5) 铺钉面板：

(a) 对于实木护墙板，应按设计图下料，使拼缝平直，木纹对齐，压条时要钉牢，钉帽要砸扁，顺木纹将钉冲进3mm，接头作暗榫。

(b) 对于胶合板做护墙板，则用15mm枪钉将胶合板固定在木龙骨架上。如用铁钉则应使顶头砸扁埋入板内1mm。钉距100mm左右，且布钉均匀。

6) 钉冒头：钉冒头施工时，在木墙板顶部拉线找平，顶压顶木线，压顶木线规格尺寸要一致，木纹、颜色近似的钉在一起。

7) 装钉木踢脚板：将实木踢脚板用圆钉钉于木龙骨上，钉帽砸扁，顺木纹钉入，并将钉头冲入木踢脚板内3mm。若采用胶合板踢脚板时，用圆钉将胶合板钉于木龙骨上，然后再用枪钉将薄木装饰板钉牢。

2.6 施工注意事项

(1) 应严格选料，使用的木材含水率不大于12%，并作防腐、防火、防蛀处理。饰面板应选用同一批好的产品。木龙骨钉板的一面应刨光，龙骨断面尺寸一致，组装后找方找直。交界处要平直，固定在墙上应牢固。

(2) 面板应以下面角上逐块铺钉，并以竖向装钉为好，拼缝应在木龙骨上。

(3) 所有护墙板的明钉，均应打扁，顺木纹冲入，避免表面钉眼过大。

(4) 木质较硬的压顶木线，应用木钻先钻透眼，然后再用钉子钉牢，以免劈裂。

2.7 木护墙板安装易出现的质量问题及防治措施

2.7.1 拼接花纹不顺

(1) 原因分析

1) 操作时，先钉上面的板，后接下面的板，压力小。

2) 胶刷得过厚，又未用力将胶挤出，使缝内有余胶，产生黑纹。

(2) 防治措施

1) 接对头缝，正面与背面的缝子要严，背后不能出现虚缝。

2) 先安装下面板，后接上面板，接头缝的胶不能太厚，胶应稍稀一点，将胶刷匀，接缝时用力挤出余胶，以防拼缝不严和出现黑纹。

2.7.2 拼缝露出钉帽

(1) 原因分析

1) 钉帽未打扁。

2) 板与板接头缝过宽。

(2) 防治措施

1) 清漆硬木分块护墙板，在松木龙骨上应垫一条硬木条，将小钉子帽打扁，顺木纹往里打。

2) 从设计上考虑，增设一条薄金属条，盖住松木龙骨。

2.8 质量标准与工程验收

2.8.1 主控项目

(1) 饰面板的品种、规格、颜色和性能应符合设计要求，木龙骨、木饰面板的燃烧性能等级应符合设计要求。

检验方法：观察；检查产品合格证书、进场验收记录和性能检测报告。

(2) 饰面板孔、槽的数量、位置和尺寸应符合设计要求。

检验方法：检查进场验收记录和施工纪录。

2.8.2 一般项目

(1) 饰面板表面应平整、洁净，色泽一致，无裂痕和缺损。

检验方法：观察。

(2) 饰面板接缝应密实、平直，宽度和深度应符合设计要求，填嵌材料色泽应一致。

检验方法：观察；尺量检查。

(3) 木饰面板安装的允许偏差和检验方法应符合表 7-2 规定。

木饰面板安装的允许偏差和检验方法　　表 7-2

项次	检 验 项 目	允许偏差(mm)	检 验 方 法
1	立面垂直度	1.5	用 2m 垂直检测尺检查
2	表面平整度	1	用 2m 靠尺和塞尺检查
3	阴阳角方正	1.5	用直角检测尺检查
4	墙裙、勒角上口直线度	1	拉 5m 线，不足 5m 拉通线，用钢直尺检查
5	接缝直线度	2	拉 5m 线，不足 5m 拉通线，用钢直尺检查
6	接缝高低差	0.5	用钢直尺检查
7	接缝宽度	1	用钢直尺检查

2.9 木墙面、木墙裙施工监理

(1) 认真做好设计图纸会审工作，协调好各专业的配合施工，责令承包商就节点构造大样等绘制施工图，经监理工程师审核后实施。

(2) 按规范、标准、合同要求对搁栅、胶合板等材料进行检查验收，并办理验收签证。

(3) 严格控制预埋铁件、木砖的规格、位置、数量，经检查合格后，方可进入下道施工工序。

(4) 审核承包商的施工准备工作，使现场作业条件适时发布施工令。

(5) 确立护墙板制安样板间检查验收制度，合格后准予承包商组织全面施工。

（6）以规范、标准为依据，在制安过程中进行质量抽查，不合格者坚决返修。

（7）在易发生质量通病的部位设置质量控制点。并采取技术措施等防范质量通病。

（8）严格执行验评标准，正确行使质量监督权、否决权，及时办理质量技术签证。

（9）监督承包商做好安全防火、文明施工及成品保护工作。

（10）审核施工进度计划，严格进度检查和纠偏，按合同规定对已完工程量进行计算。

（11）检查、监督承包商执行合同情况，严格控制工程变更，注意市场调查，审核工程结算书，确保分项投资目标的实现。

课题3　窗帘盒、窗台板、散热器罩的制作与安装

按窗帘盒的外观效果，窗帘盒有明式、暗式两种。明窗帘盒整个露明，多为成品或半成品在现场安装；暗窗帘盒与室内吊顶相结合，常见的有内藏式和外接式两种。在吊顶时预留并一体装饰完成，适用于有吊顶的房间。窗帘盒里安装帘轨并悬挂窗帘，成品窗帘轨道有单轨、双轨或三轨。窗帘又有手动和电动之分。在当前的室内装饰装修工程中，多数手动窗帘工程不再采用明窗帘盒，而选用装饰效果好的金属或木质窗帘杆件，直接悬挂装饰窗帘。

3.1　基本构造做法

3.1.1　窗帘盒的构造做法

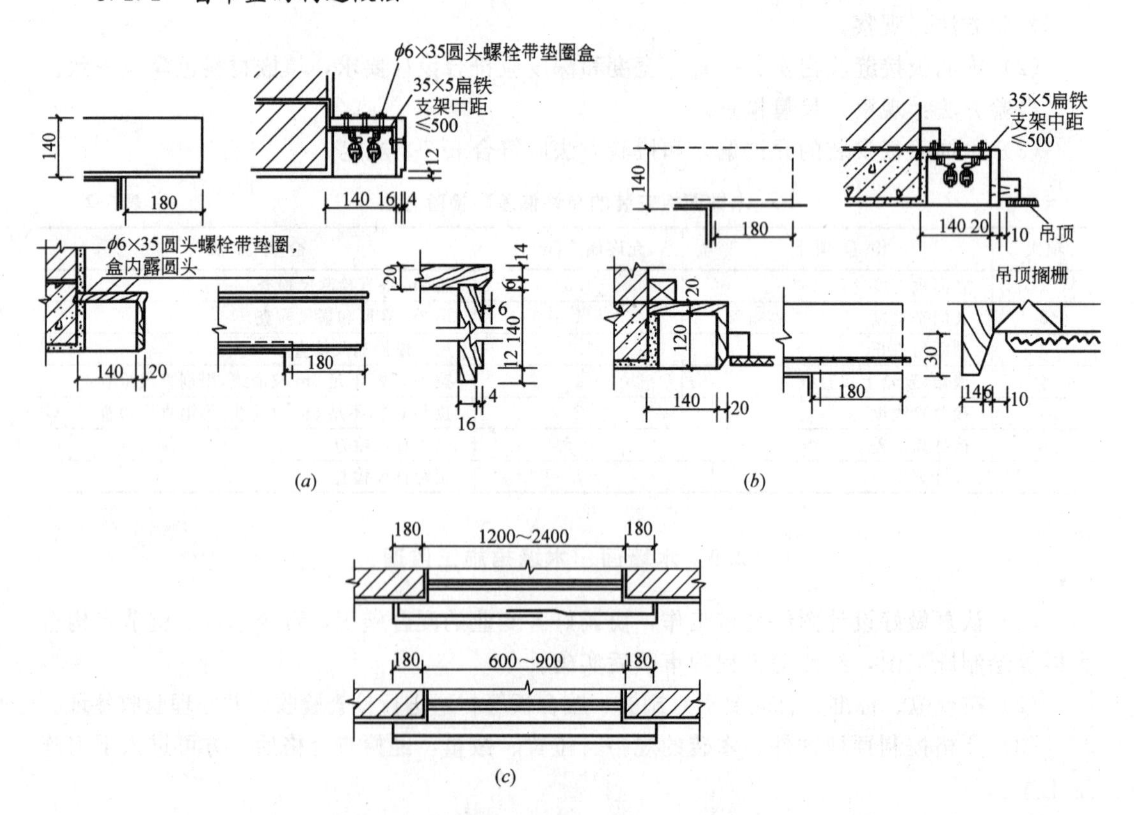

图7-21　单轨窗帘盒的构造做法（单位：mm）

(*a*) 单轨明窗帘盒示意图；(*b*) 单轨暗窗帘盒示意图；(*c*) 单轨窗帘盒仰视平面

明窗帘盒的宽度尺寸应符合设计要求，设计无要求时，窗帘盒易伸出窗口两侧 200～360mm，窗帘盒中线应对准窗口中线，并使左右两端伸出窗口的长度相同。窗帘盒的下沿与窗口应平齐或略低。

窗帘盒有面板、端板、盖板及支架组成。木窗帘盒分为单轨木窗帘盒、双轨木窗帘盒两种，单轨木窗帘盒用于吊单层窗帘，双轨木窗帘盒用于吊双层窗帘。

单轨木窗帘盒的构造做法如图 7-21～图 7-23 所示。

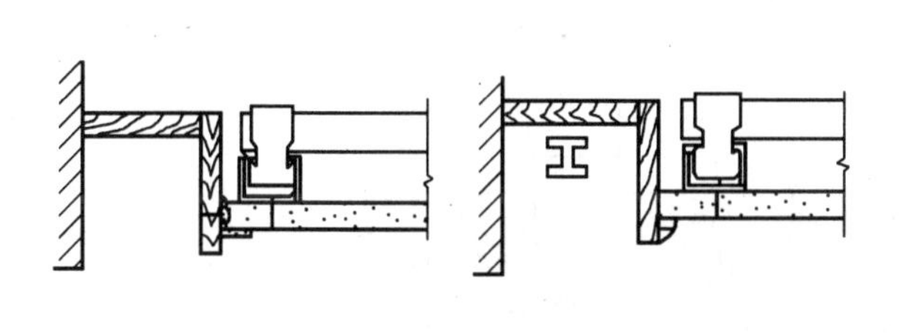

图 7-22　暗装内藏式窗帘盒

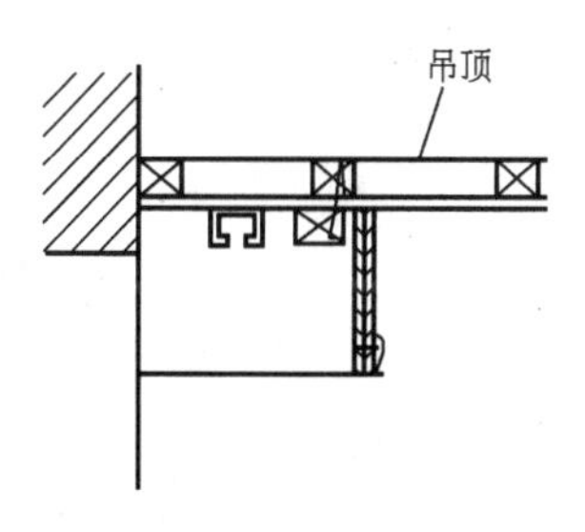

图 7-23　暗装外接式窗帘盒

双轨木窗帘盒的构造做法如图 7-24 所示。

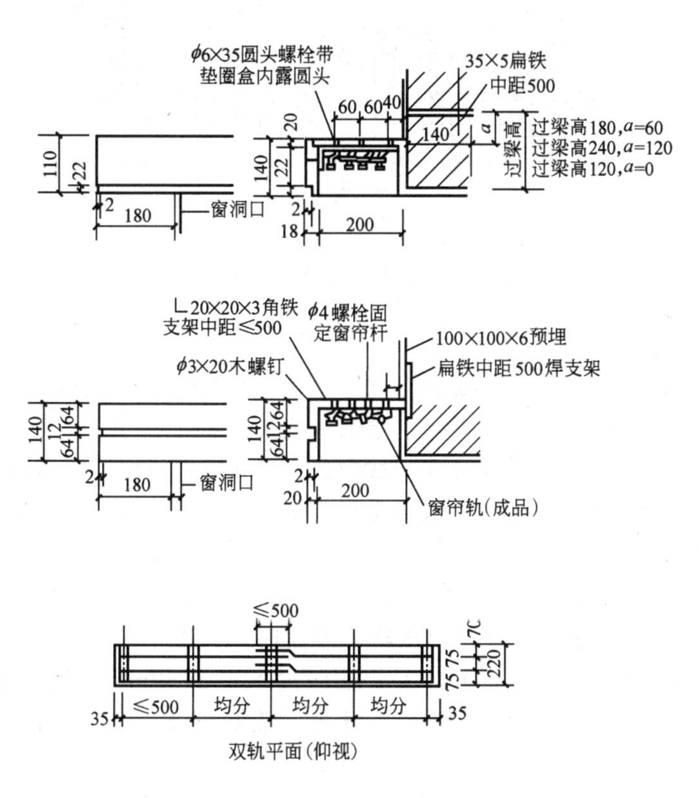

图 7-24　双轨木窗帘盒的构造做法（单位：mm）

3.1.2　窗台板的构造做法

窗台板的制作材料通常有木制窗台板、天然或人工石材窗台板、金属窗台板等。其中木制窗台板以现场制作为主，构造做法如图 7-25 所示。

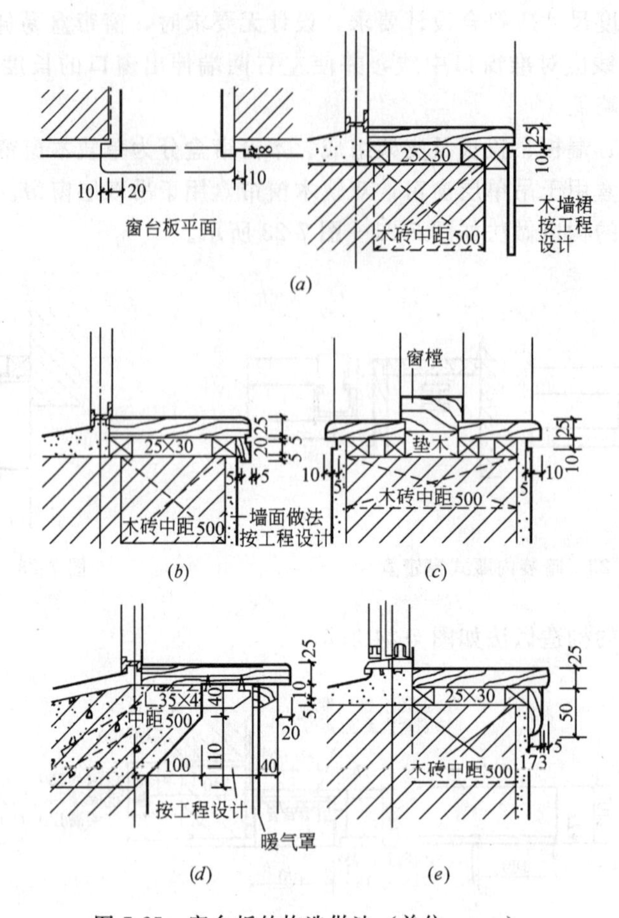

图 7-25　窗台板的构造做法（单位：mm）

3.1.3　散热器罩的构造做法

散热器罩是室内装饰的重要组成部分之一，主要作用是防护散热器片过热烫伤人员，使冷热空气对流均匀和散热合理，美化和装饰环境。

散热器罩就其安装形式可分为活动架式散热器罩和固定架板式散热器罩。常用材料主要有木材和金属。木材采用硬木条、人造木板；金属采用铝合金、不锈钢、铁艺等。散热器罩的上顶面板经常使用石材。

散热器罩的上半部和底部要做成通透式，保证空气的流通，其底部冷空气流通口高度不小于 120mm，上部热风出口在散热器罩立面时，高度不小于 300mm。散热器罩的内部净空不小于 180mm，立面与散热器片的距离不小于 60mm。散热器罩顶面与散热器片的距离不小于 100mm，并应加隔热材料。散热器罩的安装如图 7-26～图 7-33 所示。

3.2　施工材料及其要求

3.2.1　木材

(1) 木材在树种、强度、色泽、纹理没有限制时，应注意木材树种的性能及适用范围。

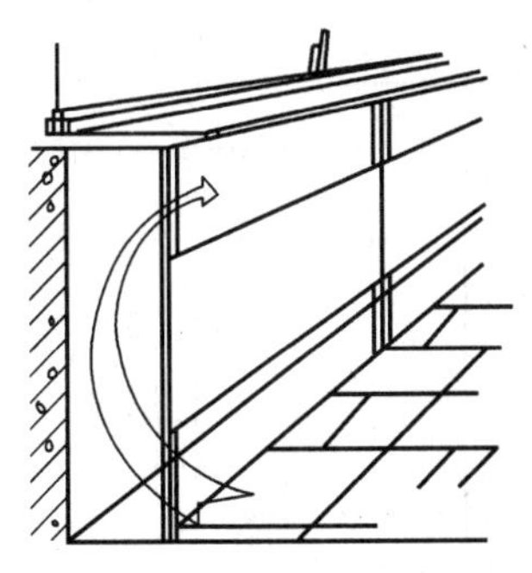

图 7-26　窗台下布置

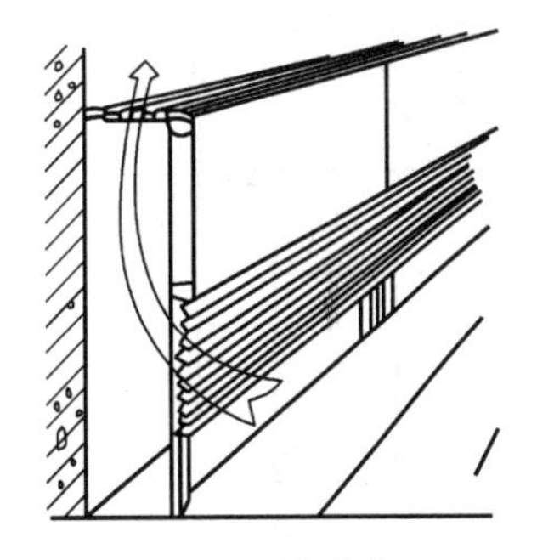

图 7-27　沿墙布置

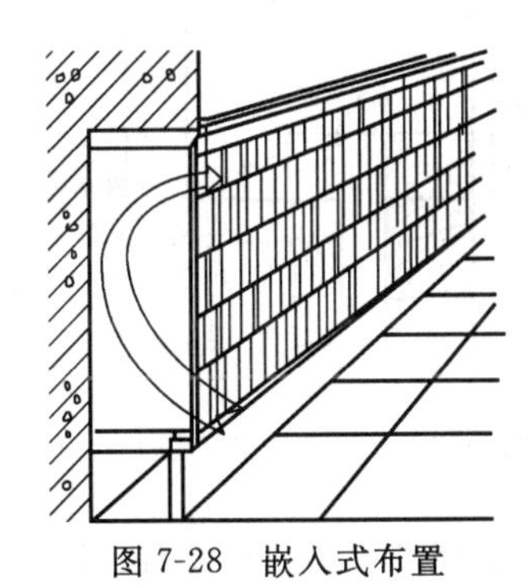

图 7-28　嵌入式布置

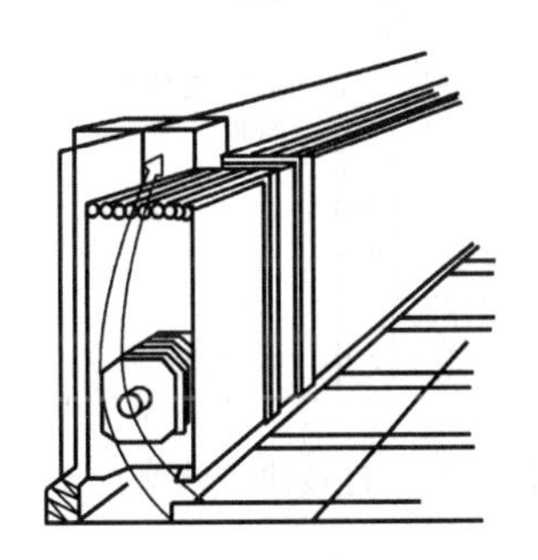

图 7-29　独立式布置

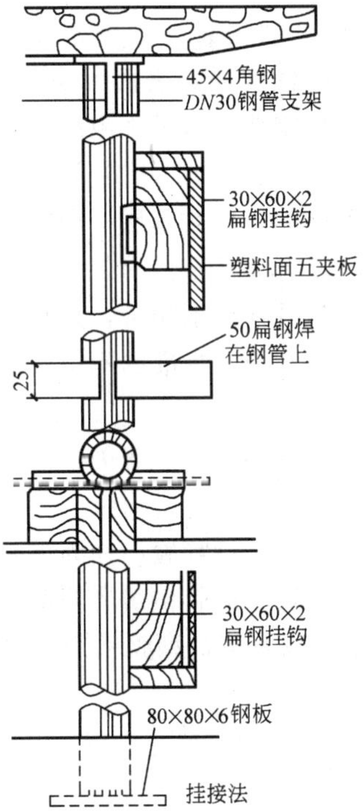

45×4角钢
DN30钢管支架
30×60×2
扁钢挂钩
塑料面五夹板
50扁钢焊
在钢管上
25
30×60×2
扁钢挂钩
80×80×6钢板
挂接法

图 7-30　挂接法（单位：mm）

式一
(碰珠)
式二
(弹簧夹头)
硬木(或铸
铝抛光)
4″插销
插接法

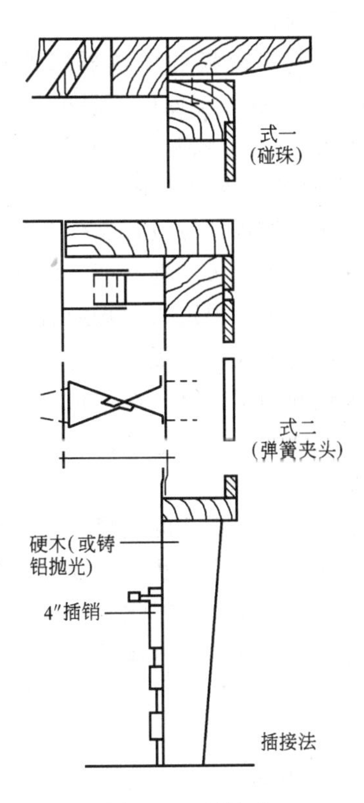

图 7-31　插接法

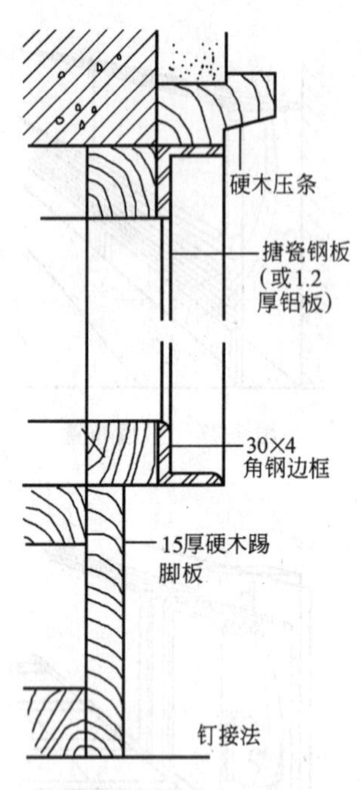

图 7-32　钉接法（单位：mm）

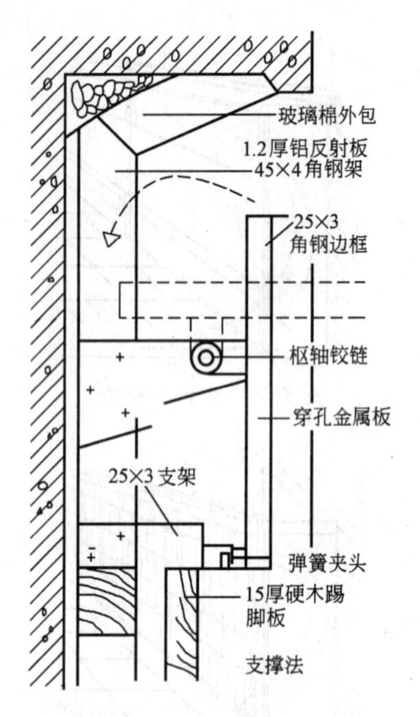

图 7-33　支撑法（单位：mm）

(2) 木制窗帘盒的材料可选用质地较软的树种，气干密度在 0.3～0.5g/cm^3 之间的，具有一定可靠的握钉力，且不易变形，易于干燥处理的树种。木材的含水量控制在不大于12%的范围内。

(3) 木制窗台板的散热器罩的用材，可选用质地较硬的树种，气干密度在 0.5～0.9g/cm^3 之间的，干燥后不易变形的树种，材质要求无腐蚀变质，表面无虫蛀及死节、豁裂的现象，色泽相似，纹理相同（似）的为首选材质（如刷混油时可不限纹理、色泽的要求）。木材的含水量限制在 12%左右。人造板及饰面人造板，饰面用的人造板和胶合板，其色泽、纹理须按设计文件要求，其材质应首选优等级的。内衬基层所用的人造板的表面质量可比饰面板的标准低，但强度要求合仍须符合国家有关标准要求。

(4) 人造板材料进入现场应有出厂质量保证书，品种与设计要求相符，具有性能检测报告，对进场的人造木板应按有关规定进行复验。复验达不到规定标准的不得使用。严禁使用受水浸泡的不合格人造木板和人造饰面木板。

(5) 人造木板及人造饰面木板的游离甲醛或释放量限制应符合国家有关标准。

3.2.2　胶粘剂

潮湿地区首选耐水的胶料。超过保质期的胶粘剂应按规定进行复验，并经试验鉴定合格后方可使用，有冻块状、沉淀泌水离析状、结皮不能搅拌均匀的胶粘剂严禁使用。水性胶粘剂材料的挥发性有机化合物（TVOC）和游离甲醛限量以及溶剂型胶粘剂中总挥发性有机化合物（TVOC）和苯限量应符合表 7-3 中要求。

3.3　施工准备

3.3.1　技术准备

图纸已通过会审与自审，若存在问题，问题已经解决，窗帘盒的位置和尺寸同施工图

水性胶粘剂材料的挥发性有机化合物（TVOC）和游离甲醛限量

溶剂型胶粘剂中总挥发性有机化合物（TVOC）和苯限量　　表 7-3

测定项目	水性胶粘剂材料		溶剂型胶粘剂	
	挥发性有机化合物 TVOC/(g/L)	游离甲醛/(g/kg)	挥发性有机化合物 TVOC/(g/L)	苯/(g/kg)
限量	≤50	≤1	≤750	≤5

相符，按施工要求做好技术交底工作。

3.3.2　施工所用的主要机具、工具

（1）电动机具：手电钻、小电动台锯、电焊机、电动锯石机等。

（2）手用工具：大刨、小刨、槽刨、手木锯、旋具、凿子、冲子、钢锯、小锯、锤子、割角尺、橡皮锤、靠尺板、20 号钢丝和小线，铁水平尺、盒尺等。

3.3.3　施工作业条件

（1）如果是明窗帘盒，则先将窗帘盒加工成半成品，再在施工现场安装。

（2）无吊顶采用明窗帘盒的房间，安装窗帘前，顶棚、墙面、地面、门窗的装饰已做完；有吊顶采用暗窗帘的房间，窗帘盒安装应与吊顶施工同时进行。

（3）安装窗台板的墙，在结构施工时已根据选用窗台板的品种，预埋木砖或铁件。

（4）窗台板长超过 1500mm 时，除靠窗台两端下木砖或铁件外，中间宜每 500mm 间距增埋木砖或铁件；跨空窗台板已按设计要求的构造设固定支架。

3.3.4　安装准备

（1）窗帘轨道在安装前，先检查是否平直，如果有弯曲应调直后再安装，使其在一条直线上，以便于使用。明窗帘盒宜先安装轨道，暗窗帘盒可后安装轨道。当窗宽大于 1.2m 时，窗帘轨中间应断开，断头处煨弯错开，弯曲度应平缓，搭接长度不少于 200m。

（2）根据室内 50cm 高的标准水平线往上量，确定窗帘盒安装的标高。在同墙面上有几个窗帘盒，安装时应拉通线，使其高度一致。将窗帘盒的中线对准窗洞口中线，使其两端伸出洞口的长度尺寸相同。用水平尺检查，使其两端高度一致。窗帘盒靠墙部分应与墙面紧贴，无缝隙。如墙面局部不平，应刨盖板加以调整。根据预埋铁件的位置，在盖板上钻孔，用平头机螺栓加垫圈拧紧。如果挂较重的窗帘时，明装窗帘盒安装轨道采用平头机螺钉；暗装窗帘盒安装轨道时，小角应加密，木螺钉应不小于 31.25mm。

（3）窗帘盒的尺寸包括净宽度和净高度，在安装前，根据施工图中对窗帘层次的要求来检查这两个净尺寸。如果宽度不足，会造成布窗帘过紧，不好拉动闭启；反之，宽度过大，窗帘与窗帘盒间因空隙过大破坏美观。如果净高度不足时，不能起到遮挡窗帘上结构的作用；反之，高度过高时，会造成窗帘盒的下坠感。

（4）下料时单层窗帘的窗帘盒的净宽度一般为 100～120mm，双层窗帘的窗帘盒净宽度一般为 140～160mm。窗帘盒的净高度要根据不同的窗帘来定。一般布料窗帘，其窗帘盒的净高为 120mm 左右，垂直百叶窗帘和铝合金百叶窗帘的窗帘盒净高度一般为 150mm 左右。

3.4　施工工艺

3.4.1　木窗帘盒制作与安装的施工工艺

（1）木窗帘盒制作要点：

1）木窗帘盒制作时，首先根据施工图或标准图的要求，进行选料、配料，先加工成半成品，再细致加工成型。

2）在加工时，多层胶合板按设计施工图要求下料，细刨净面。需要起线时，多采用粘贴木线的方法。线条要光滑顺直、深浅一致，线型要清秀。

3）再根据图纸进行组装。组装时，先抹胶，再用钉条钉牢，将溢胶及时擦净。不得有明榫，不得露钉帽。

4）如采用金属管、木棍、钢筋棍作窗帘杆时，在窗帘盒两端头板上钻孔，孔径大小应与金属管、木棍、钢筋的直径一致。镀锌钢丝不能用于悬挂窗帘。

5）目前窗帘盒常在工厂用机械加工成半成品，在现场组装即可。

（2）窗帘盒的安装

安装窗帘盒前，应检查窗帘盒的预埋件，预埋铁件的位置、尺寸及数量应符合设计要求。如预埋件不在一个标高时，应进行调整，使其高度一致。

1）明窗帘盒的安装：

明窗帘盒以木作占多数，也有用塑料、铝合金的。明窗帘盒一般用木楔钢钉或膨胀螺栓固定于墙面上。

（a）定位划线：将施工图中窗帘盒的具体位置画在墙面上，用木螺钉指导两个铁脚固定于窗帘盒顶面的两端。按窗帘盒的定位位置和两个铁脚的间距，画出墙面固定铁脚的孔位。

（b）打孔：用冲击钻在墙面画线位置打孔。如用M6膨胀螺钉固定窗帘盒，需用ϕ8.5冲击孔头，孔深大于40mm。如用木楔木螺钉固定，其打孔直径必须大于ϕ18，孔深大于50mm。

（c）固定窗帘盒：常用固定窗帘盒的方法是膨胀螺栓或木楔配木螺钉固定法。膨胀螺钉是将连接于窗帘盒上面的铁脚固定在墙面上，而铁脚又用木螺钉连接在窗帘盒的木结构上，一般情况下，塑料窗帘盒、铝合金窗帘盒都自身具有固定耳，可通过固定耳将窗帘盒用膨胀螺栓或木螺钉固定于墙面。

2）暗窗帘盒的安装：

暗装形式的窗帘盒，其主要特点是与吊顶部分结合在一起。常见的有内藏式和外接式两种。

（a）暗装内藏式窗帘盒：窗帘盒需要在吊顶施工时一并做好，其主要形式是在窗顶部位的吊顶处做出一条凹槽，以便在此安装窗帘导轨。

（b）暗装外接式窗帘盒：外接式是在平面吊顶上做出一条通贯墙面长度的遮挡板，窗帘就安装在吊顶平面上，但由于施工质量难以控制，目前较少采用。

3.4.2 落地窗帘盒的安装施工工艺

落地窗帘盒长度一般为房间的净宽，高度为180～200mm，深度120～150mm，在其两端墙设垫板安装ϕ12薄管窗帘杆。它同一般的窗帘盒相比，具有以下特点：落地窗帘盒贴顶棚，无需盒盖，美观、整洁、不积尘，它只有一块30mm厚立板和骨架组成，采用预埋木楔和铁定固定，制作简单经济。

（1）窗帘盒安装施工工序

钉木楔→制作骨架→贴里层面板→钉垫板→安窗帘杆→安装骨架→钉外层面板→装饰

(2) 安装施工过程质量监控要点

1) 钉木楔：沿立板与墙、顶棚中心线每隔 500mm 作一标记，在标记处用电钻钻孔，孔径 14mm，深 50mm，再打入直径 16mm 木楔，用刀切平表面。

2) 制作骨架：木骨架由 24mm×24mm 上下横方和立方组成，立方间距 350mm。制作横方与立方用 65mm 钢钉结合。骨架表面要刨光，不允许有毛刺和锤印。横、立方向应互相垂直，对角线偏差不大于 5mm。

3) 钉里层面板：骨架面层分里、外两层，选用三层胶合板。根据已完工的骨架尺寸下料，用净刨将板的四周刨光，接着可上胶贴板。为方便安装，先贴里层面板。安装过程如下：清除骨架、面层板表面的木屑、尘土，随后各刷上一层白乳胶，再把里层面板贴上，贴板后沿四边用 10mm 钢钉临时固定，钢钉间距 120mm，以避免上胶后面板翘曲、离缝。

4) 钉垫板：垫板为 10mm×100mm×20mm 木方，主要用作安装窗帘杆，同样采用墙上预埋木楔钢钉固定做法，每块垫板下两个木楔即可。

5) 安装窗帘杆：窗帘杆可到市场购买成品。根据家庭喜爱可装单轨式或双轨式。单轨式比较实用。窗帘杆安装简便，用户一看即明白。如房间净宽大于 3.0m 时，为保持轨道平面，窗帘轨中心处需增设一支点。

6) 安装骨架：先检查骨架里层面板，如粘贴牢固，即可拆除临时固定钢钉，起钉时要小心，不能硬拔。再检查预留木楔位置是否准确，然后拉通线安装，骨架与预埋木楔用 75mm 钢钉固定。先固定顶棚部分，然后固定两侧。安装后，骨架立面应平整，并垂直顶棚面，不允许倾斜，误差不大于 3mm，做到随时安装随时修正。

7) 钉外层面板：外层面板与骨架四周应吻合，保持整齐、规正。其操作方法与钉里层面板同。

8) 装饰：只需对落地窗帘盒立板进行装饰。可采用与室内顶棚和墙面相同做法，使窗帘盒成为顶棚、墙面的延续，如贴壁纸、墙布或作多彩喷涂。但也可根据自己的爱好，室内家具、顶棚和墙面的色彩做油漆涂饰。

3.4.3 散热器罩的安装施工工艺

制作散热器罩的材料常用木材和金属。木质散热器罩采用硬木条、胶合板、硬质纤维板等做成格片，也可采用实木板上、下刻孔的做法。金属散热器罩采用钢、不锈钢、铝合金等金属板，表面打孔或采用金属格片，表面烤漆或搪瓷，还有用金属编织网格加四框组成散热器罩的做法。

木质散热器罩手感舒适，加工方便，还可以作木雕装饰。金属散热器罩坚固耐用，热传导效果好，且易于安装。

散热器罩的安装常采用挂接、插装、钉接等做法与主体连接。既保持安装牢固，又要拆装方便，以利暖气散热片和管道的平时维修。具体施工步骤如下：

(1) 按设计施工图要求的尺寸、规格和形状制作。目前常在工厂加工成成品或半成品，在现场组装即可。

(2) 定位与划线：根据窗下框标高、位置，核对散热器罩的高度，并在窗台板底面或地面上弹散热器罩的位置线。

(3) 检查预埋件：检查散热器罩安装位置的预埋件，是否符合设计与安装的连接构造要求，如有误差应进行修正。

(4) 安装散热器罩：按窗台板底面或地面上划好的位置线，进行定位安装。分块板式散热器罩连接缝应平、齐，上下边棱高度、平度应一致，上边棱应位于窗台板底外棱内。

3.5 安全措施

(1) 材料应堆放整齐、平稳，并应注意防火。

(2) 木工机械应由专人负责，不得随便动用。操作人员必须熟悉机械性能，熟悉操作技术。用完机械应切断电源，并将电源箱关门上锁。

(3) 使用电钻时应戴橡胶手套，不用时及时切断电源。

(4) 操作前，先检查工具。斧、锤凿等易掉头断把的工具，经检查修理后再用。

(5) 砍斧、打眼不得对面操作，如并排操作时，应错开 1.2m 以上的间距，以防锤、斧失手伤人。

(6) 操作时应系好安全带，应注意对门窗玻璃的保护，以免发生意外。

(7) 操作地点，严禁吸烟，注意防火。操作地点的刨花、碎木料应及时清理，并存放在安全地点，做到活完脚下清。

(8) 在使用架子、人字梯时，注意在作业前检查是否牢固，必要时佩戴安全带。

(9) 窗帘盒等保证安装质量，不得有松动、脱落现象，杜绝由于窗帘盒坠落造成伤人毁物事故发生。

(10) 对于在施工过程中可能出现的影响环境的因素，在施工中应采取相应的措施减少对周围环境的污染。

3.6 成品保护

(1) 窗帘盒安装后，因进行装饰施工，安装好的成品应有保护措施，防止污染和损坏。

(2) 安装窗帘盒、窗台板和散热器罩时，应保护已完成的工程项目，不得因操作损坏地面、窗洞、墙角等成品。

(3) 窗台板、散热器罩应妥善保管，做到木制品不受潮，金属品不生锈，石料、块材不损坏棱角，不受污染。

(4) 安装窗帘盒时不得踩踏散热器片及窗台板，严禁在窗台板上敲击、撞碰，以防损坏。

(5) 安装窗帘及轨道时，应注意对窗帘盒的保护，避免对窗帘盒碰伤、划伤等。

3.7 常见工程质量问题及防治措施

3.7.1 窗帘盒安装不平、不严

(1) 现象

1) 单个窗帘盒高低不平，一头高一头低；同一墙面若干个窗帘盒不在一个水平上。

2) 窗帘盒与墙面接触不严。

3) 窗帘盒两端伸出窗口的长度不一致。

(2) 分析原因

1）预留的窗洞口有偏差。

2）连接窗帘盒的预埋铁件位置不准。

3）安装窗帘盒时，标高未从基本平线（室内 50 线）统一往上找。有的从顶板往下量，由于顶板不严而使窗帘盒高低不一。

4）一面墙上有若干个窗帘盒，安装时未拉通线，而是安一个量一个，不能保证水平一致。

5）窗口上部抹灰不平，以致墙面与窗帘盒接触不严。

6）窗帘盒安装前，未画出两端伸出窗框的尺寸，安装时仅凭目测估计，使窗帘盒两端伸出窗框长短不一。

（3）预防措施

1）窗帘盒的标高不得从顶板往下量，更不得按预留洞的实际位置安装，必须以基本平行线为标准。

2）同一面墙上有若干个窗帘盒时，安装时要拉通线找平。

3）洞口或预埋件位置不准时，应先予以调整，使预埋连接件处于同一水平上。

4）安装窗帘盒前，先将窗框的边线用方尺引到墙皮上，再在窗帘盒上画好窗框的位置线，安装时是两者重合。

5）窗口上部抹灰应设标筋，并用大杠横向刮平。安装窗帘盒时，盖板要与墙面贴紧，如果墙面局部不平，可将盖板稍微修刨调整，不得凿墙皮。

3.7.2 窗帘轨安装不平、不牢

（1）现象

窗帘轨不直，滚轮滑动困难；或安装不牢，窗帘轨脱落。

（2）分析原因

1）窗帘轨不直或对接的两根轨道不在一直线上，致使滚轮滑动困难。

2）窗帘轨搭接长度不够，使窗帘闭合不拢。

（3）预防措施

1）窗帘轨安装前应先调直，安装时再在盖板上画线，多层窗帘轨的挡距要均匀。

2）窗宽大于 1200mm 时，轨道应分两端，端开处要煨弯错开，弯度要平缓，搭接长度不少于 200mm。

3）盖板不宜太薄，以免螺钉拧紧太少不牢。盖板厚度一般不小于 15mm，有多层窗帘轨时要加厚。

3.7.3 窗台板高低不一

（1）现象

单个窗台板一头高一头低，或房间内若干个窗台板不在同一水平上。

（2）分析原因

1）安装窗台板时，未从室内基本平线量出窗台标高线，而是根据窗口位置安装窗台板，或是根据地面往上量标高，都可能产生较大误差。

2）一面墙有多个窗台板，安装时未拉通线，使窗台之间高低不一致。

（3）预防措施

1）窗台板的顶部标高必须有基本平线统一往上量，房间有多个窗台板时应拉通线找

平，而且在每个窗台的木砖顶面钉好找平木条。

2）如果几个窗框的高低有出入，应经过测量作适当调整。一般就低不就高，窗框偏低时可将窗台板稍截去一些，盖过窗框下冒头。

3.7.4 窗台板与墙面、窗框不一致

（1）现象

1）窗台板挑出墙面的尺寸不同、宽窄不一。

2）窗台板两端伸出窗框的长度不一致。

（2）分析原因

1）立窗框时未考虑窗台板的位置，窗框里出外进。

2）墙面标筋有变动，如按窗框时虽按标筋找平，但抹灰时由于某些原因而改变了标筋厚度，以致窗框位置与墙面不一致。

3）窗台板两端伸出窗框的长度不一的原因，一是安窗台板未按中分匀，二是墙面抹灰时为了窗口找方，侧面厚度不一致。

（3）预防措施

1）安装时距内墙抹灰面尺寸应一致。

2）预留窗洞口要准确，以保证抹灰厚度一致。

3）窗框下冒头内侧要有裁口。

3.7.5 窗台板活动、翘曲、泛水不一致

（1）现象

窗台板活动、翘曲、泛水不一致。

（2）分析原因

1）窗台板材料不干燥或施工中受潮，在其干燥后翘曲变形。尤其是因窗台板下有散热器片，冬季通暖后潮湿的窗台板受热，使变形更加严重。

2）窗台板与木砖钉结不牢或两端未压墙造成活动。

3）安装窗台板未用水平尺找平，造成泛水不一，甚至出现倒泛水。

（3）预防措施

1）窗台板要用干木料，并在其下作变形缝。

2）窗台板下的墙体内要预留木砖，窗台板与木砖钉牢，并拉通线找平。

3）安装窗台板时要用水平尺找平，允许顺泛水1mm。

3.7.6 散热器罩与窗台板之间有缝隙

（1）现象

散热器罩与窗台板之间有缝隙，接触不严。

（2）分析原因

1）窗台板（尤其是大理石、水磨使窗台板）背面不平，或两块拼接的窗台板厚薄不均，使散热器罩与窗台板间产生缝隙。

2）散热器罩片一般先加工成型，如果地面、窗台板的标高出现偏差，将会影响安装尺寸。

3）散热器罩槽洞口尺寸不准。

（3）预防措施

1）有散热器片房间的窗台板，在加工订货时必须标明底部磨平，同时要求窗台板的厚度一致。

2）严格控制窗台板与室内地面的标高，保证从地面至窗台板的距离及散热器罩的尺寸符合设计要求。

3）加工散热器罩时，将下面龙骨往上提 10mm 左右，即板面冒出龙骨 10mm，使调整高度时加垫或刻槽后不致外露。

3.8 质量标准与工程验收

3.8.1 主控项目

（1）材料质量：窗帘盒、窗台板和散热器罩制作与安装所使用材料的材质和规格、木材的燃烧性能等级和含水率、花岗石的放射性及人造木板的甲醛含量应符合设计要求及国家现行规定标准的有关规定。

检查方法：观察；检查产品合格证书、进场验收记录、性能检测报告和复验报告。

（2）造型尺寸、安装、固定：窗帘盒、窗台板和散热器罩的造型、规格、尺寸、安装位置和固定方法必须符合设计要求。窗帘盒、窗台板和散热器罩的安装必须牢固。

检查方法：观察；尺量检查；手扳检查。

（3）窗帘盒配件：窗帘盒配件的品种、规格应符合设计要求，安装应牢固。

检查方法：手扳检查；检查进场验收记录。

3.8.2 一般项目

（1）表面质量：窗帘盒、窗台板和散热器罩表面应平整、洁净、线条顺直、接缝严密、色泽一致，不得有裂缝、翘曲及损坏。

检查方法：观察。

（2）与墙面、窗框衔接：窗帘盒、窗台板和散热器罩与墙面、窗框的衔接应严密，密封胶缝应顺直、光滑。

检查方法：观察。

（3）窗帘盒、窗台板和散热器罩安装和允许偏差和检验方法应符合表 7-4 的规定。

窗帘盒、窗台板和散热器罩安装和允许偏差和检验方法　　表 7-4

项　次	项　　目	允许偏差(mm)	检 验 方 法
1	水平度	2	用 1m 水平尺和塞尺检查
2	上口、下口直线度	3	拉 5m 线，不足 5m 拉通线，用钢直尺检查
3	两端距窗洞口长度差	2	用钢直尺检查
4	两端出墙厚度差	3	用钢直尺检查

课题 4　木楼梯、木扶手的制作与安装

楼梯是建筑中起通行、疏散作用的交通设施，又是装饰设计施工中的重要内容。楼梯

的构造类型有多种，形式非常丰富，按楼梯材料组成分为钢筋混凝土楼梯、木结构楼梯和钢结构楼梯三种类型。楼梯的选用，一般与其使用功能和建筑环境要求有关。这里着重介绍的是木楼梯的细部构造处理。

4.1 木楼梯、楼梯木扶手的构造

4.1.1 木楼梯

(1) 木楼梯构造复杂，耗材较多，制作安装费用高，多用于较高级的中小型建筑，如别墅住宅、中小型高档酒店等。木楼梯构造做法如图 7-34 所示。

(2) 木楼梯踏板

木楼梯踏板的构造类型如图 7-35 所示，木踏板的连接做法如图 7-36 所示，木楼梯转折、平台连接细部做法如图 7-37 所示。

4.1.2 木扶手

楼梯木扶手是传统的装修制作工艺，广泛应用于工业、民用、商业、宾馆等建筑中。高级木装修常用水曲柳、柞木、榉木、柚木和花梨等高档硬木，而普通木装修则是用白松、红松、杉木等质地较软的树材。我国传统的木扶手样式多变，用料及制作工艺考究，触感舒适。其断面形式很多，常见的楼梯木扶手的断面形式如图 7-38 所示。根据工程性质和楼梯使用的场所，由设计人员选用类型和不同断面高度。

作清漆饰面的硬木扶手，应考虑木料的纹理、色泽的一致性。在装修中，木扶手施工分为扶手制作和扶手安装两个阶段。扶手制作由木器厂成品加工和施工现场制作两种方式，采取哪种方式，应根据扶手设计要求、加工数量和现场加工能力而定。制作前，应按施工图中的样式、尺寸绘出 1∶1 的断面大样并画出断面样板。制作时，先将毛料刨直、底部刨平，再画出扶手中线，并按样板在木料两端划出断面形式，再用线刨按断面线将木料刨刮成型，最后用净刨进行面处理。施工安装方法如图 7-39、图 7-40 所示。

4.1.3 木栏杆

楼梯木栏杆是由木扶手、立柱、梯帮三部分组成，形成木楼梯的整体护栏，起安全维护和装饰作用，如图 7-41、图 7-42 所示。立柱上端与扶手、立柱下端与梯帮均采用木方中榫连接。木扶手的转角木（弯头）依据转向栏杆间的距离大小，来确定转角木是整只连接还是分段连接。通常情况下，栏杆为直角转向时，多采用整只转角木连接，栏杆为 180°转向且栏杆间的距离大于 200mm 时，一般采用断开做的转角木进行分段连接。

4.2 施工材料要求

4.2.1 木栏杆和木扶手

木栏杆和木扶手，除考虑外形设计的实用和美观外，还应能承受规定的水平荷载，以保证楼梯的通行安全。所以，木栏杆和木扶手通常都用材质密实的硬木制作。由于现在已很少采用木结构楼梯，所以，木栏杆已基本被各种金属栏杆所取代，但木扶手由于它具有加工和安装简便，手扶感良好和价格适宜等优点，仍在许多工程中被采用。常用的木材树种有水曲柳、红松、红榉、白榉、泰柚木等。近几年我国的木材机械加工设备能力和水平

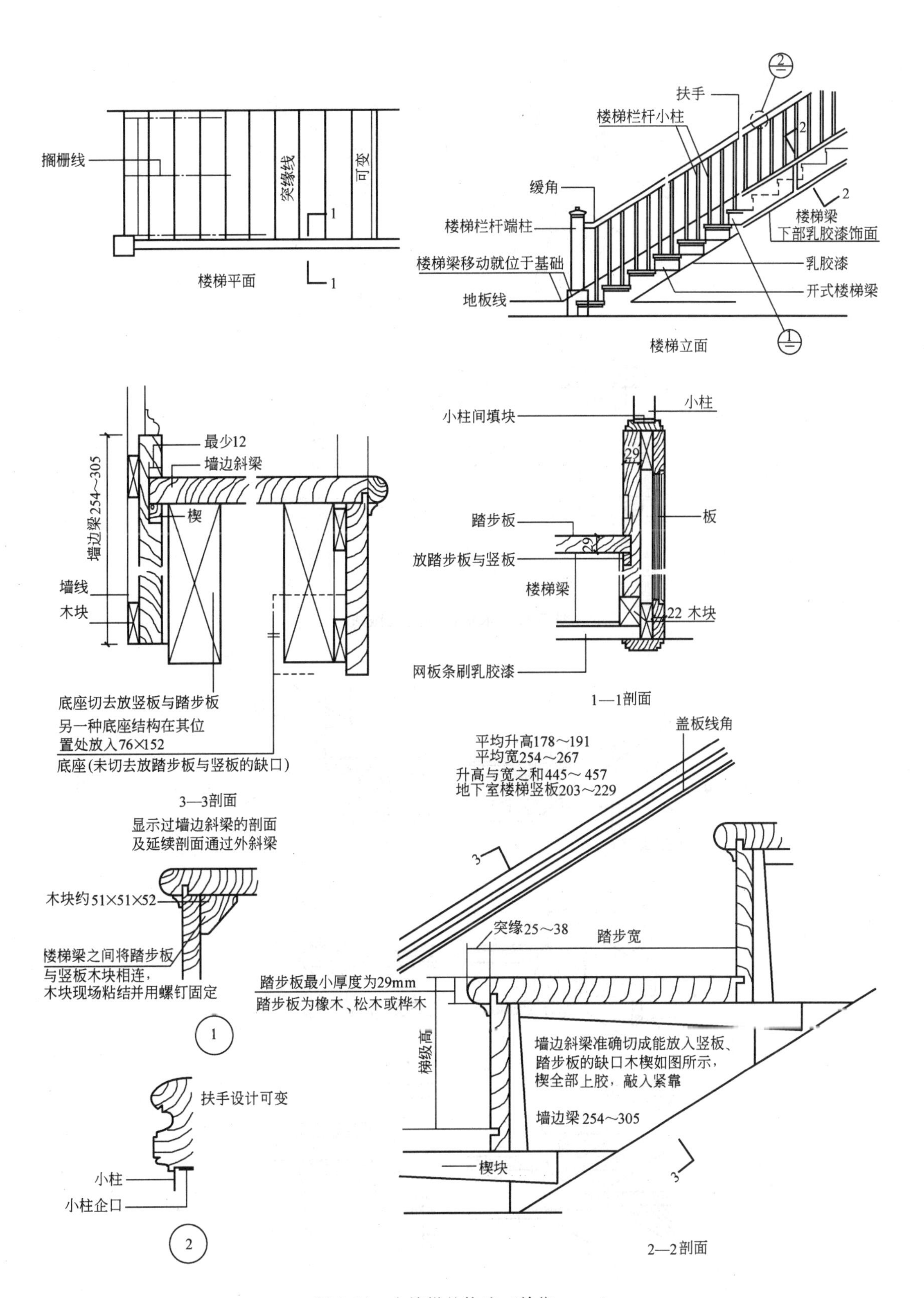

图 7-34　木楼梯的构造（单位：mm）

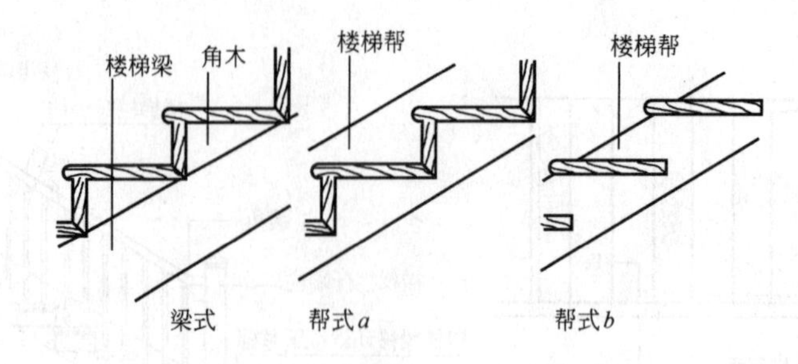

图 7-35　木楼梯踏板的构造类型

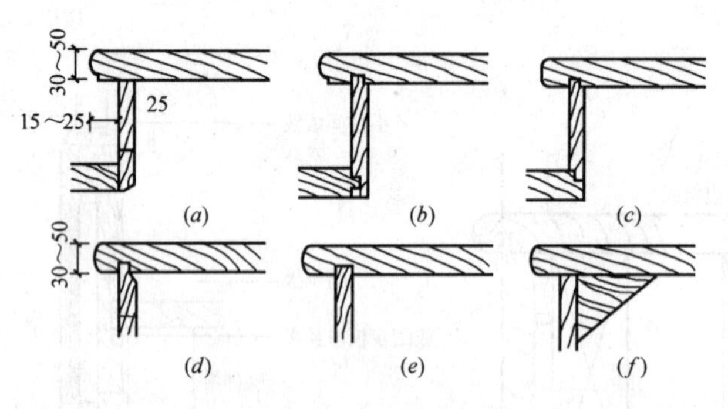

图 7-36　木踏板的连接做法

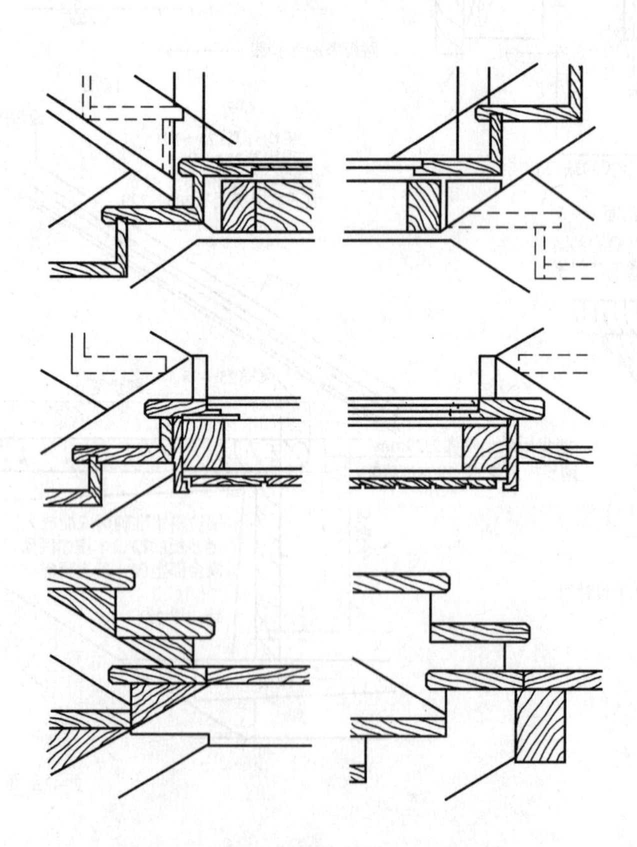

图 7-37　木楼梯转折、平台连接细部做法

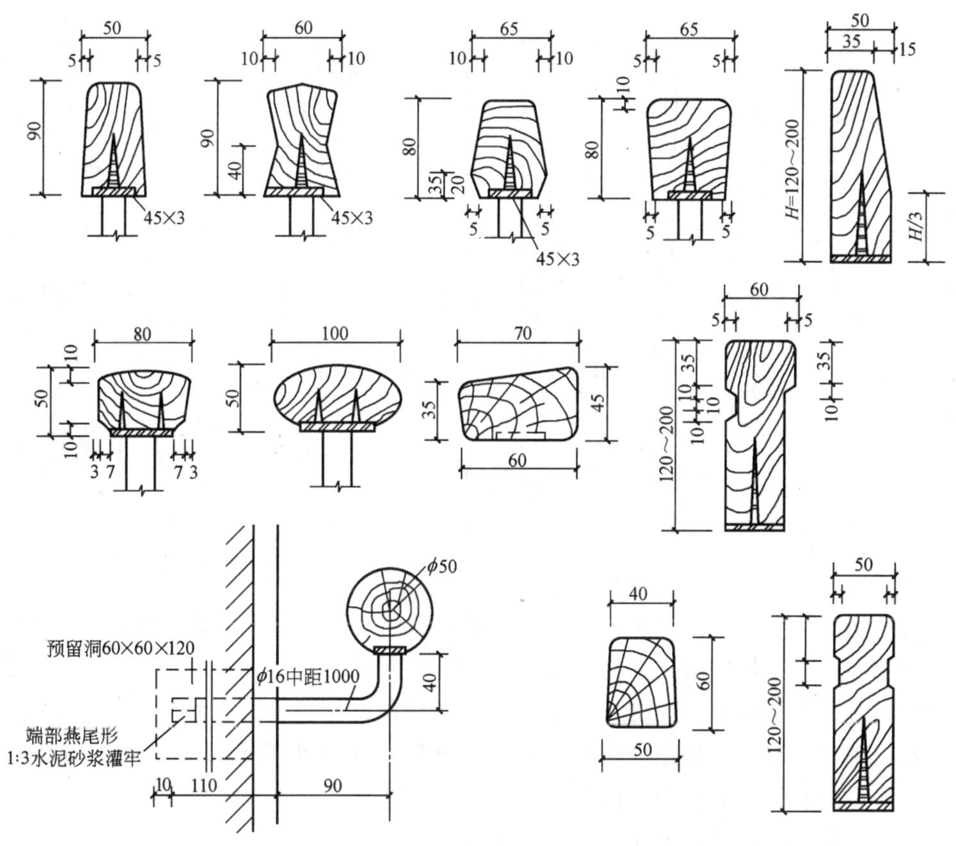

图 7-38　不同截面形式的木扶手示例（单位：mm）

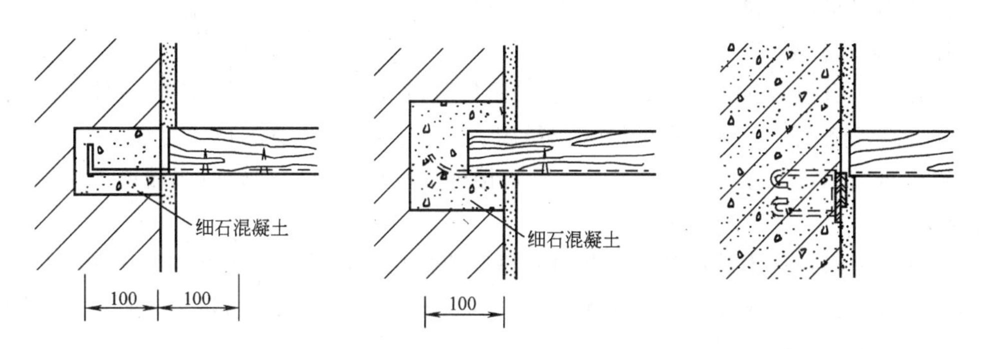

图 7-39　木扶手与墙（柱）的连接（单位：mm）

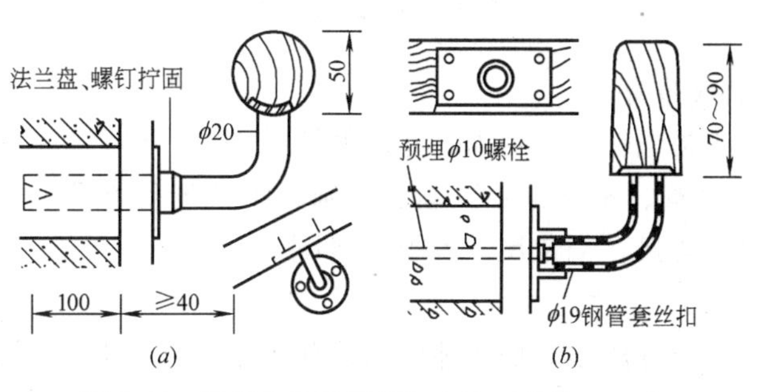

图 7-40　常用木扶手的安装方法（单位：mm）

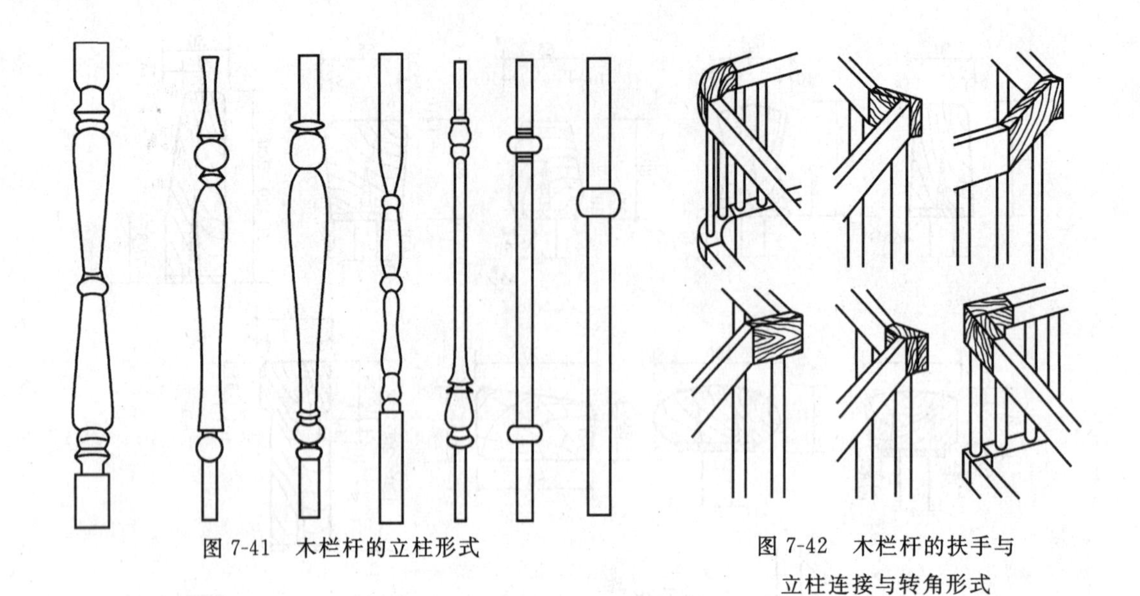

图 7-41　木栏杆的立柱形式

图 7-42　木栏杆的扶手与立柱连接与转角形式

有了很大的提高，可向市场供应定型和非定型的各种木栏杆和木扶手。所以木栏杆和木扶手一般均由专业工厂加工制作，而不再在现场用手工制作。

(1) 木制扶手其树种、规格、尺寸、形状应符合设计要求。木材质量均应纹理顺直、颜色一致，不得有腐朽、节疤、裂缝、扭曲等缺陷，含水率不得大于 12%。弯头料一般采用扶手料。断面特殊的木扶手按设计要求备弯头料。

(2) 胶粘剂：一般多用聚醋酸乙烯（乳胶）等胶粘剂。

(3) 其他材料：木螺钉、木砂纸、加工配件等。

4.2.2　玻璃栏板

(1) 玻璃：目前多使用钢化玻璃，单层钢化玻璃一般采用 12mm 厚的品种。因钢化玻璃不能在现场裁割，所以应根据尺寸到厂家订制。须注意玻璃的排块合理，尺寸精确。楼梯玻璃栏板其单块尺寸一般采用 1.5m 宽，楼梯水平部位及跑马廊所用玻璃单块宽度多为 2m 左右。

(2) 扶手材料：扶手是玻璃栏板收口和稳固连接构件，其材质影响到使用功能和栏板的整体装饰效果。栏板扶手也常采用木扶手，木扶手的主要优点是可以加大宽度，在特殊需要的场合较方便人们凭栏休息。

4.3　施 工 准 备

4.3.1　工具、机具准备

(1) 电动工具：手提电钻、小台锯、冲击电钻等。

(2) 手动工具：木锯、窄条锯；二刨、小刨、小铁刨；斧子、羊角锤、扁包铲、钢锉、木锉、螺钉旋具；方尺、割角尺、卡子、钢尺等。

4.3.2　作业条件

(1) 楼梯间墙面、楼梯踏步等抹灰铺装已全部完成，并已进行了隐蔽工作验收。

(2) 预埋件已安装完毕。

(3) 楼梯踏步、回马廊的地平等抹灰均已完成，预埋件已留好。

4.4 制作与安装施工工艺

4.4.1 木扶手制作

(1) 首先应按设计图纸要求将金属栏杆就位和固定，安装好固定木扶手的扁钢，检查栏杆构件安装的位置和高度，扁钢安装要平顺和牢固。

(2) 按照螺旋楼梯扶手内外环不同的弧度和坡度，制作木扶手的分段木坯。木坯可在厚木板上裁切出近似弧线段，但比较浪费木材，而且木纹不通顺。最好将木材锯成可弯曲的薄木条并双面刨平，按照近似圆弧做成模具，将薄木条涂胶后逐片放入模具内，形成组合木坯段。将木坯段的底部刨平按顺序编号和拼缝，在栏杆上试装和划出底部线。将木坯段的底部按划线铣刨出螺旋曲面和槽口，按照编号由下部开始逐段安装固定，同时要再仔细修整拼缝，使接头的斜面拼缝紧密。

(3) 用预制好的模板在木坯扶手上划出扶手的中线，根据扶手断面的设计尺寸，用手刨由粗至细将扶手逐次成型。

(4) 对扶手的拐点弯头应根据设计要求和现场实际尺寸在整料上划线，用窄锯条锯出毛坯，毛坯的尺寸约比实际尺寸大 10mm 左右，然后用持工锯和刨逐渐加工成型。一般拐点弯头要由拐点伸出 100～150mm。

(5) 用抛光机、细木锉和手砂纸将整个扶手打磨砂光。然后刮油漆腻子和补色，喷刷油漆。

4.4.2 木扶手的安装

(1) 先要检查固定木扶手的扁钢是否平顺和牢固，扁钢上要先钻好固定木螺钉的小孔，并刷好防锈漆。

(2) 测量好各段楼梯实际需要的木扶手长度，按所需长度尺寸略加裕量下料。当扶手长度较长需要拼接时，最好先在工厂用专用开榫机开手指榫。但最好每一梯段上的榫接头不超过 1 个。

(3) 安装扶手由下往上进行。首先按设计要求做好起步的弯头，再接着安装扶手。固定木扶手的木螺钉应拧紧，螺钉头不能外露，螺钉间距宜小于 400mm。

(4) 当木扶手断面的宽度或高度超过 70mm 时，如在现场做斜面拼缝时，最好加做暗木榫加固。

(5) 木扶手末端与墙或柱的连接必须牢固，不能简单将木扶手伸入墙内，因为水泥砂浆不能和木扶手牢固结合，水泥砂浆的收缩裂缝会使木扶手入墙部分松动。

(6) 沿墙木扶手的安装方法基本同前，因为连接扁钢不是连续的，所以在固定预埋铁件和安装连接件是必须拉通线找准位置，并且不能有松动。

(7) 所有木扶手安装好后，要对所有构件的连接进行仔细检查，木扶手的拼装要平顺光滑，对不平整处要用小刨清光，再用砂纸打磨光滑，然后刮腻子补色，最后按设计要求刷漆。

4.5 施工注意事项

(1) 扶手料进场后，应存放在库内保持通风干燥，严禁在受潮情况下使用。避免粘结对缝不严或开裂。

(2) 在墙、柱施工时，应注意扶手的预埋件的埋设，并保证位置准确。

(3) 颜色不均匀：主要是选料不当所致。

(4) 螺帽不平：主要是钻眼角度不当，施工时钻眼方向应与扁铁或固定件垂直。

(5) 安装完扶手后，要对扶手表面进行保护。当扶手较长时，要考虑扶手的侧向弯曲，在适当部位加设临时立柱，缩短其长度，减少其变形。

(6) 安装玻璃前，应检查玻璃板的周边有无缺口边，若有，应用磨角机或砂轮打磨。大块玻璃安装时，要与边框留有空隙，其尺寸为5mm。

(7) 安装前应设置简易防护栏杆，防止施工时意外摔伤。

(8) 安装时应注意下面楼层的人员，适当时将梯井封好，以免坠物砸伤下面的施工人员。

4.6 成品保护

(1) 安装好的玻璃护栏应在玻璃表面涂刷醒目的图案或警示标识，以免因不注意碰到玻璃护栏。

(2) 安装扶手时，应保护楼梯栏杆、楼梯踏步和操作范围内已施工完的项目。因为在装饰施工阶段，往往是多专业多工种交叉作业，甚至可能是多家施工单位同时施工。所以，在扶手和栏板施工过程中和完工后，特别要注意防止成品表面受到碰击破损和变形。除加强施工现场管理外，在交通来往频繁和凸出部位应有必要的保护遮挡措施。

(3) 注意玻璃防热炸裂。在玻璃面积较大且受到阳光照射外需格外注意。玻璃栏板安装时一定要注意不要在玻璃周边造成破损或缺陷，或因某个边缘是埋入嵌固而忽视对这边玻璃的裁割质量。由于这些周边上玻璃缺陷的存在，在不均匀日光温度作用下，很可能发生炸裂。

(4) 禁止以玻璃护栏及扶手作为支架，不允许攀登玻璃护栏及扶手。

(5) 木扶手安装完毕后，宜刷一道底漆，应用泡沫塑料等柔软物包裹，以免撞击损坏、划伤表面和受潮变色。

4.7 常见工程质量问题及防治措施

4.7.1 木扶手与栏杆结合不牢

(1) 现象

木扶手活动，木螺钉歪斜不平。

(2) 原因分析

1) 木扶手底部带钢槽太宽或太浅。

2) 木螺钉数量不够或拧得不紧，硬木扶手拧螺钉前所引得孔太深，使木螺钉拧不牢。

3) 因楼梯栏杆有坡度，拧螺钉时受立杆影响，螺钉旋具不能与扶手面垂直，因而螺钉歪斜拧不紧。

(3) 防治措施

1) 栏杆上部带钢螺钉孔中距不应大于400mm，螺钉孔四周要旋成窝，每个螺钉孔必须拧螺钉，不得有间隔。

2）螺钉孔应留在靠近栏杆立铁的上角部位，操作时螺钉旋具便可与扶手底垂直，防止螺母歪斜。

3）硬木扶手的螺钉孔用木钻引孔的深度不大于木螺钉长度的2/3。

4.7.2 表面不平整

（1）原因分析

木扶手转角处弯头与长条抛光、打光达不到要求，规格断面不一致。

（2）防治措施

1）操作施工时要严格要求。

2）楼梯扶手、弯头断面尺寸、形状与长条木扶手一致、阴、阳角应通顺，表面要平整，不得有锯纹和刨印等缺陷。

4.7.3 木扶手颜色、花纹不一致

（1）现象

相邻的木扶手或弯头的木料花纹、颜色相差较大，影响美观。

（2）原因分析

所用木材品种不一，加工或安装未注意选料，或施工中受污染。

（3）防治措施

安装木扶手时应注意选料，尽量使相邻木扶手的颜色、花纹近似，并将木纹颜色好的木扶手安在首层及显要位置。扶手安好后用不掉色的纤维织物或塑料布包裹，防止污染。

4.7.4 木扶手接头不严

（1）现象

弯头与扶手、扶手与扶手接头不严，产生缝隙，或在交工后接头处“拔缝”。

（2）原因分析

1）扶手与弯头材料含水率大，安装后风干产生裂缝。

2）接头的切割面不平整，角度不合适，造成接头的接触面不平。

3）采用胶粘剂粘结时，气温过高、过低或操作不当而未粘结牢固。

（3）防治措施

1）木扶手及弯头应使用干燥木料，含水率不大于12%，整体弯头一般在现场加工。如不能烘烤时，应在使用前3个月用水煮24h后，放在阴凉通风处自然干燥。

2）接头的切割面要用木锉修整，保证接触严密，宽度大于700mm的扶手，要作暗人头榫，并在弯头或下面的扶手上作卯，卯榫要精确，拼接的弯头要做45°榫接，保证拐角处方正。

3）弯头及扶手如用蛋白质胶粘结，涂抹时的温度不低于50℃，环境温度不低于5℃。

4）接头交接时要由下而上进行，脚镣涂抹要均匀，多余的胶要尽力挤出擦净，或在接头面划几道浅槽，以吸收余胶。

4.8 质量标准与工程验收

4.8.1 主控项目

（1）材料质量：护栏和扶手制作与安装所使用材料的材质、规格、数量和木材、塑料的燃烧性能等级应符合设计要求。

检查方法：观察；检查产品合格证书、进场验收记录和性能检测报告。

(2) 造型、尺寸：护栏和扶手的造型、尺寸及安装位置应符合设计要求。

检查方法：观察；尺量检查；检查进场验收记录。

(3) 预埋件及连接：护栏和扶手安装预埋件的数量、规格、位置以及护栏与预埋件的连接节点应符合设计要求。

检查方法：检查隐蔽工程验收记录和施工记录。

(4) 护栏高度、位置与安装：护栏高度、栏杆间距、安装位置必须符合设计要求。护栏安装必须牢固。

检查方法：观察；尺量检查；手扳检查。

(5) 护栏玻璃应使用公称厚度不小于 12mm 的钢化玻璃或钢化夹层玻璃。当护栏一侧距楼地面高度为 5m 及 5m 以上时，应使用钢化夹层玻璃。

检查方法：观察；尺量检查；检查产品合格证书和进场验收记录。

4.8.2 一般项目

(1) 护栏和扶手转角弧度应符合设计要求，接缝应严密、表面应光滑，色泽应一致，不得有裂缝、翘曲及损坏。

检查方法：观察；手摸检查。

(2) 护栏和扶手安装的允许偏差和检验方法应符合表 7-5 的规定。

护栏和扶手安装的允许偏差和检验方法 表 7-5

项 次	项 目	允许偏差(mm)	检 验 方 法
1	护栏垂直度	3	用 1m 垂直检测尺检查
2	栏杆间距	3	用钢直尺检查
3	扶手直线度	4	拉通线，用钢直尺检查
4	扶手高度	3	用钢直尺检查

课题 5 木花格的制作与安装

木花格是装饰性极强的一种室内隔断，造型有现代式和传统式两大类。使用材料以木材为主，局部也结合使用玻璃或石材。木花格这种空透式隔断自重小、加工方便，可以雕刻成各种花纹，做得轻巧、纤细，常用于室内隔断、博古架等。竹木花格空透式隔墙轻巧玲珑剔透，容易与绿化相配合，一般用于古典建筑、住宅、旅馆中。

5.1 木花格的构造做法

竹、木花格的种类很多，一般用条板和花饰组合。用于木花格（空透式木隔断）的木料多为硬杂木，也可以根据造形需要涂漆或雕刻；常用的花饰用硬杂木、金属或有机玻璃制成，花饰镶嵌在木条板的裁口中，外边钉有木压条。为保证整个隔断具有足够的刚度，隔断中应有一定数量的条板贯穿隔断的全高和全长，其两端与槛墙、梁等应有牢固的连接。木材的结合方式以榫接为主，另外还有胶结、钉接、销接、螺栓连接等方法。装饰木花格节点构造如图 7-43～图 7-46 所示。

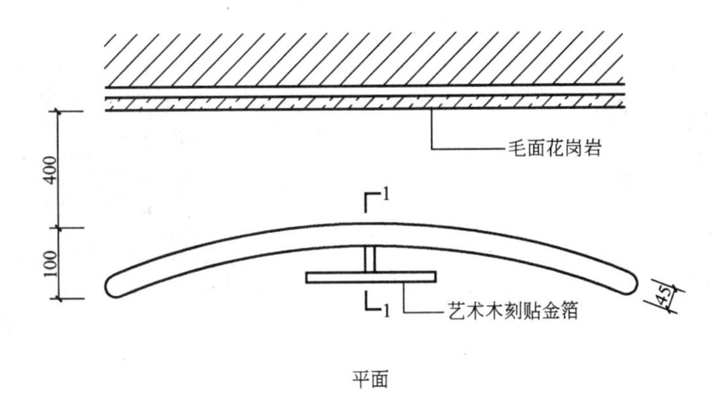

平面

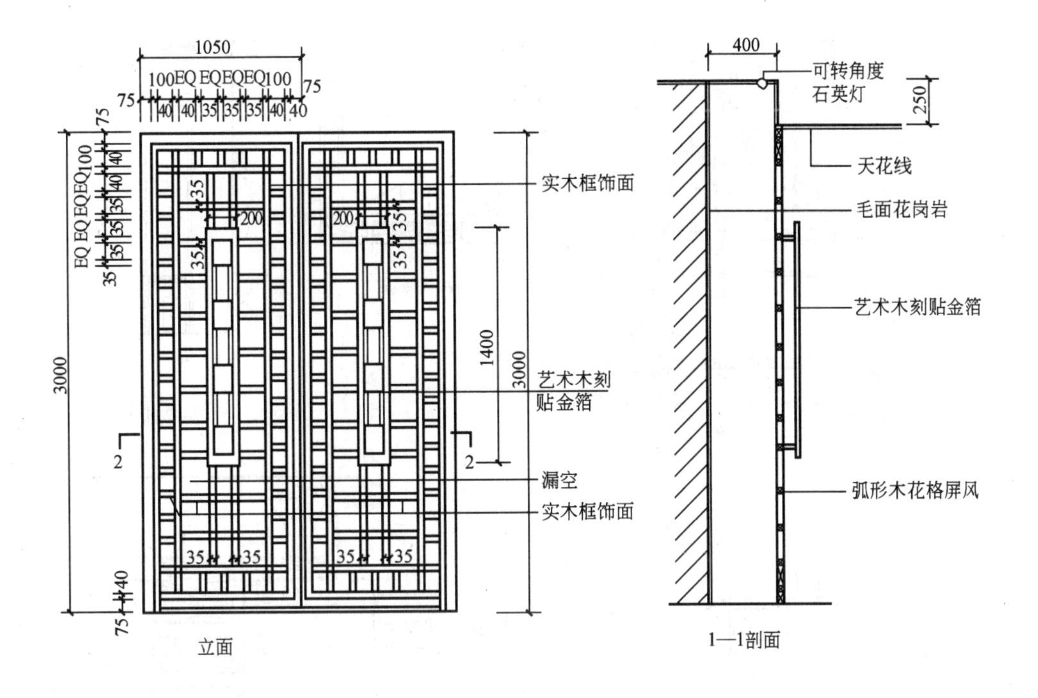

立面

1—1剖面

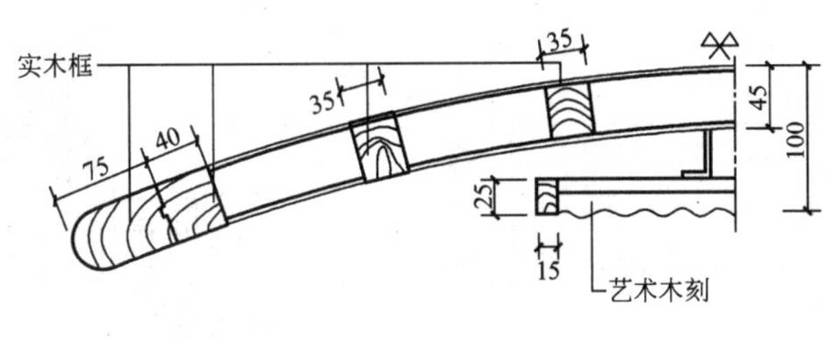

2—2剖面

图 7-43　弧形木花格屏风构造（单位：mm）

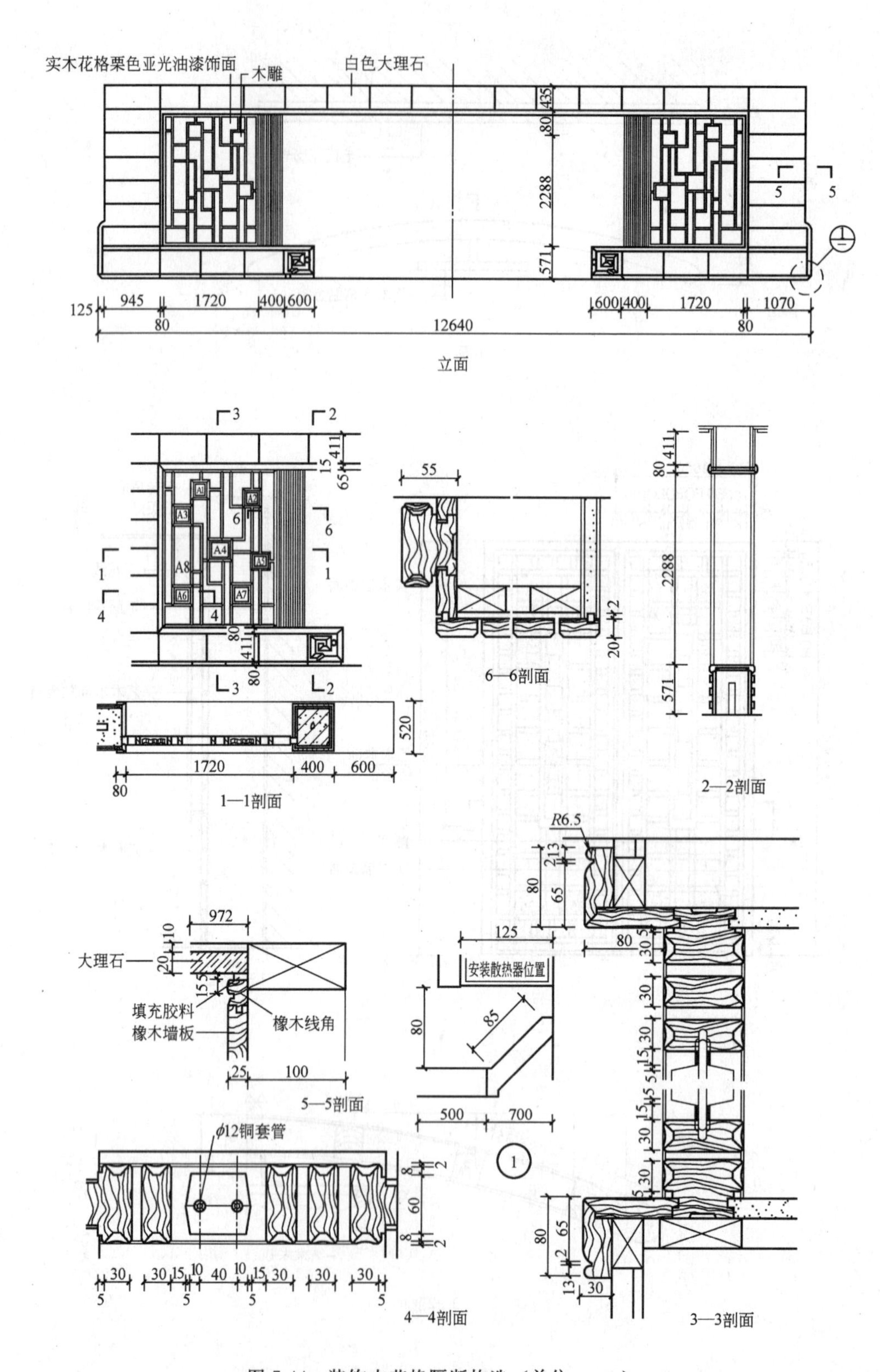

图 7-44 装饰木花格隔断构造（单位：mm）

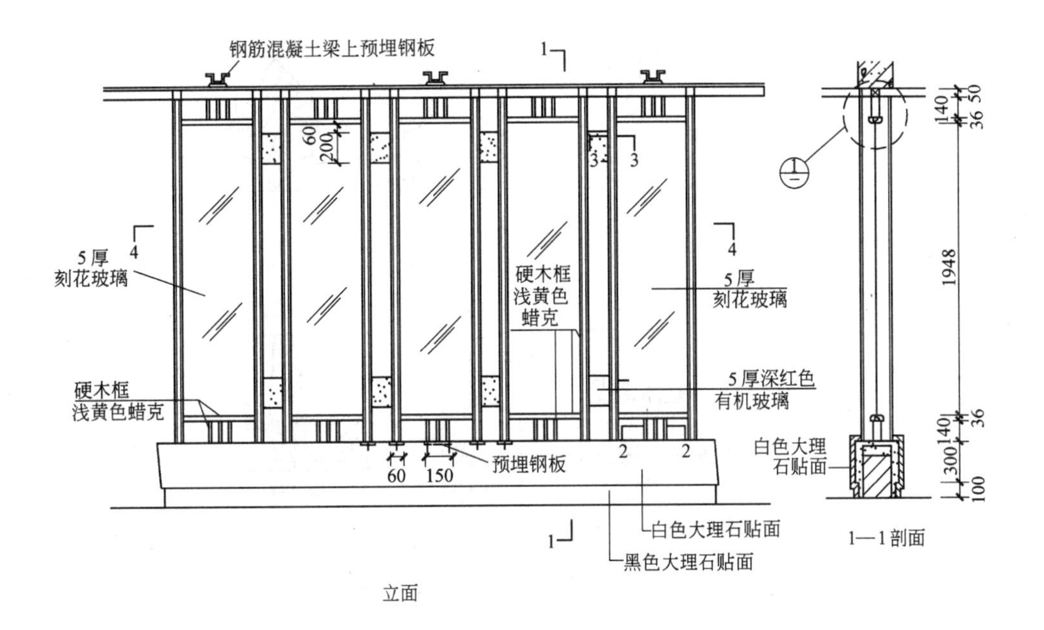

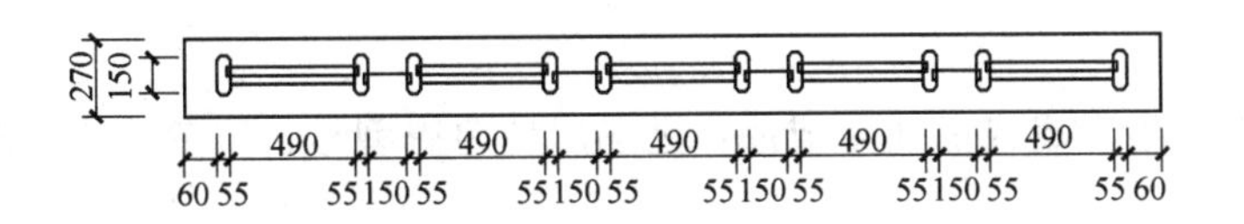

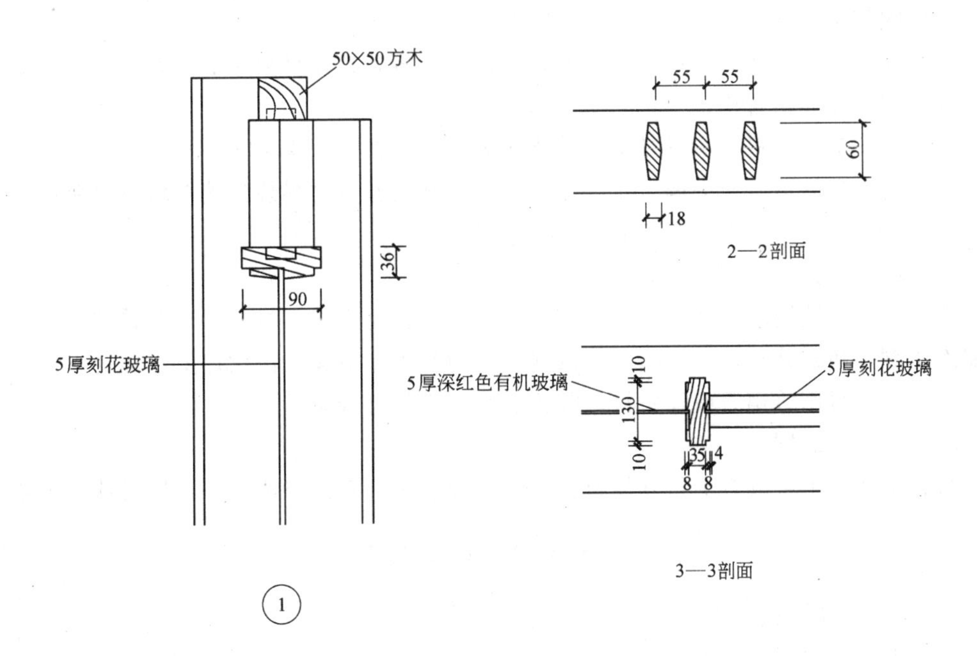

图 7-45　装饰隔断构造（单位：mm）

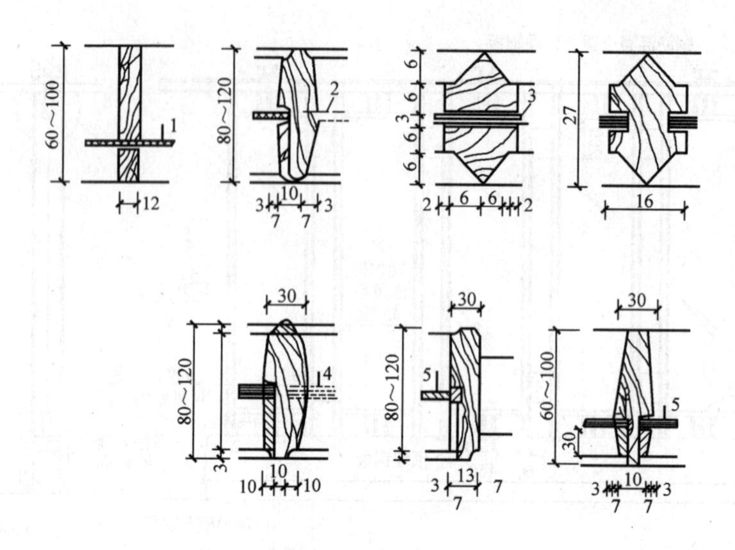

图 7-46　玻璃花格安装示意图（单位：mm）

5.2　施工材料要求

5.2.1　木花饰

（1）木花饰制品由工厂生产成成品或半成品，进场时应检查型号、质量、验证产品合格证。

（2）木花饰在现场加工制作时的，宜选用硬木或杉木制作，要求结疤少，无虫蛀、无腐蚀现象；其所用树种、材质等级、含水率和防腐处理必须符合设计要求和《木结构工程施工及验收规范》（GB 50206—2002）的规定。

（3）其他材料：防腐剂、铁钉、螺栓、胶粘剂等，按设计要求的品种、规格、型号购备，并应有产品质量合格证。

（4）木材应提前进行干燥处理，其含水率应控制在12%以内。

（5）凡进场人造木板甲醛含量限值经复验超标的及木材燃烧性能等级不符合设计要求和规范（GB 50325—2001）规定的，不得使用。

5.2.2　竹花饰

（1）竹子应选用质地坚硬、直径均匀、挺直、竹身光洁的竹子，一般整枝使用，使用前需作防腐、防蛀处理，如用石灰水浸泡。表面是否涂清漆，按设计要求确定。

（2）销钉可用竹销钉或铁销钉。螺栓、胶粘剂等符合设计要求。

5.2.3　其他材料

竹、木花格中可嵌有少量其他材料饰件，如金属、有机玻璃饰件，按设计要求选定。

5.3　施 工 准 备

5.3.1　工具、机具准备

（1）木花饰主要施工工具

木工刨子、凿子、锯、锤子、砂纸、刷子、螺钉旋具、吊线坠、曲线板等。

(2) 竹花饰主要施工工具

木工锯、曲线锯、电钻或木工手钻、锤子、砂纸、锋利刀具、尺等。

5.3.2 作业条件

(1) 木花格工程基层的隐蔽工程已验收。

(2) 结构工程已具备安装的条件，室内按已测定的+50cm基准线，测设花饰的安装标高和位置。

(3) 花饰成品、半成品已进场或现场已制作好，并经验收，数量、质量、规格、品种无误。

(4) 木、竹花饰产品进场验收合格并及时对其安装位置部位涂防腐涂料。

5.4 施工工艺

5.4.1 木花饰的制作与安装

(1) 制作

1) 选料、下料。按设计要求选择合适的木材。选材时，毛料尺寸应大于净料尺寸3～5mm，按设计尺寸锯割成段，存放备用。

2) 刨面、做装饰线。用木工刨将手料刨平、铜光，使其符合设计净尺寸，然后用线刨做装饰线。

3) 开榫。用锯、凿子在要求连接部位开榫头、榫眼、榫槽，尺寸一定要准确，保证组装后无缝隙。

4) 做连接件、花饰。竖向板式木花饰常用连接件与墙、梁固定，连接件应在安装前按设计做好，竖向板间的花饰也应做好。

(2) 安装

木花饰一定要安装牢固，因此，必须严格地按下述要求施工。

1) 预埋铁件或留凹槽。在拟安装的墙、梁、柱上预埋铁件或预留凹槽。

2) 安装花饰。分小花饰和竖向板式花饰两种情况：

(a) 小面种木花饰可像制作木窗一样，先制作好，再安装到位。

(b) 竖向板式花饰则应将竖向饰件逐一定位安装，先用尺量出每一构件位置，检查是否与预埋件相对应，并作出标记。将竖板立正吊直，并与连接件拧紧，随立竖板随安装木花饰。

5.4.2 木花格的施工做法

(1) 先在楼地面上弹出隔墙的边线，并用线坠将线引至两端的墙上，引到楼板或过梁的底部。根据所弹的位置线，检查墙上预埋木砖，检查楼板或梁底部预留钢丝的位置和数量是否正确。

(2) 弹线后，钉靠墙立筋，将立筋靠墙立直，钉牢于墙内防腐木砖上。再将上槛托到楼板或梁的底部，用预埋钢丝绑牢，两端顶住靠墙立筋钉固。

(3) 将下槛对准地面事先弹出的隔墙边线，两端撑紧于靠墙立筋底部，而后，在下槛上划出其他立筋的位置线。安装立筋时，立筋要垂直，其上下端要顶紧上下槛，分别用钉斜向钉牢。

(4) 在立筋之间钉横撑，横撑可不与立筋垂直，将其两端头按相反方向稍锯成斜面，以便楔紧和钉钉。横撑的垂直间距应在1.2～1.5m。在门樘间的立筋应加大断面或者是双根并用，门樘上方加设人字钉固定。

(5) 制作木隔断的木料，采用红松和杉木为宜，含水率不得超过12%。按设计图纸规定的木隔断的位置，须预埋经过防腐处理的木砖，通常每六层安设一个。

(6) 安装完成后，隔墙木骨架应平直、稳定、连接完整、牢固。对所有露明木材，需刷底漆一道，罩面漆两道。

5.5 施工注意事项

(1) 木、竹花格制作前应认真选料，并预先进行干燥、防虫、防腐等处理。

(2) 原材料和成品、半成品都要防止暴晒，并避免潮湿。

(3) 堆放时，要防止翘曲变形，要分层纵横交叉堆垛，便于通风干燥。堆放时，要离地30cm以上，不可直接接触泥土。

(4) 木花格半成品饰件未涂油饰前，要严格保持胚料表面干净，以免造成正式涂饰油漆时的困难。

(5) 有吊顶时，木花格和顶棚的连接可直接固定在龙骨上；无吊顶时，木花格可直接固定在混凝土板下。

(6) 在木花格中可装饰彩色有机玻璃或茶色镜面玻璃，用铝合金、不锈钢和铜包边，并将其固定于木花格中的立木上。

(7) 木花格的宽、高尺寸，花格的深度尺寸均应按设计要求施工。

(8) 木花格应保证安装质量，不得有松动、胶落现象。

5.6 成品保护

(1) 安装木花格时，应保护已施工完的项目。

(2) 木花格安装完毕后，宜刷一道底漆。

5.7 质量标准与工程验收

5.7.1 主控项目

(1) 材料质量：木花格制作与安装所使用材料的材质、规格、花纹和颜色、木材的燃烧等级和含水率以及人造木板的甲醛含量应符合设计要求及国家现行标准的有关规定。

检查方法：观察；检查产品合格证书、进场验收记录。

(2) 造型、尺寸：木花格的造型、尺寸应符合设计要求。

检查方法：观察；尺量检查。

(3) 安装位置与固定方法：木花格的安装位置和固定方法必须符合设计要求，安装应牢固。

检查方法：观察；尺量检查；手扳检查。

5.7.2 一般项目

(1) 表面质量：木花格表面应洁净，接缝应严密吻合，不得有歪斜、裂缝、翘曲及损坏。

检查方法：观察。

（2）木花格的线条应顺直，与墙面、顶棚的接缝应严密，安装应垂直。

检查方法：观察。

（3）木花格安装的允许偏差和检验方法应符合表 7-6 的规定。

木花格安装的允许偏差和检验方法 表 7-6

项次	项目	允许偏差(mm)	检验方法
1	外形尺寸	3	尺量检查
2	垂直度	2	吊线和尺量检查
3	表面平整度	2	用 2m 靠尺和塞尺检查

课题 6 木装饰线的安装施工

在镶钉类墙面的装饰工程中，大量使用各种线条，主要作用是遮盖装饰中的构造缝和材料缝，再者就是使装饰面造型丰富多变，尽显华丽。装饰线条有多种，最常用的是木质线条。

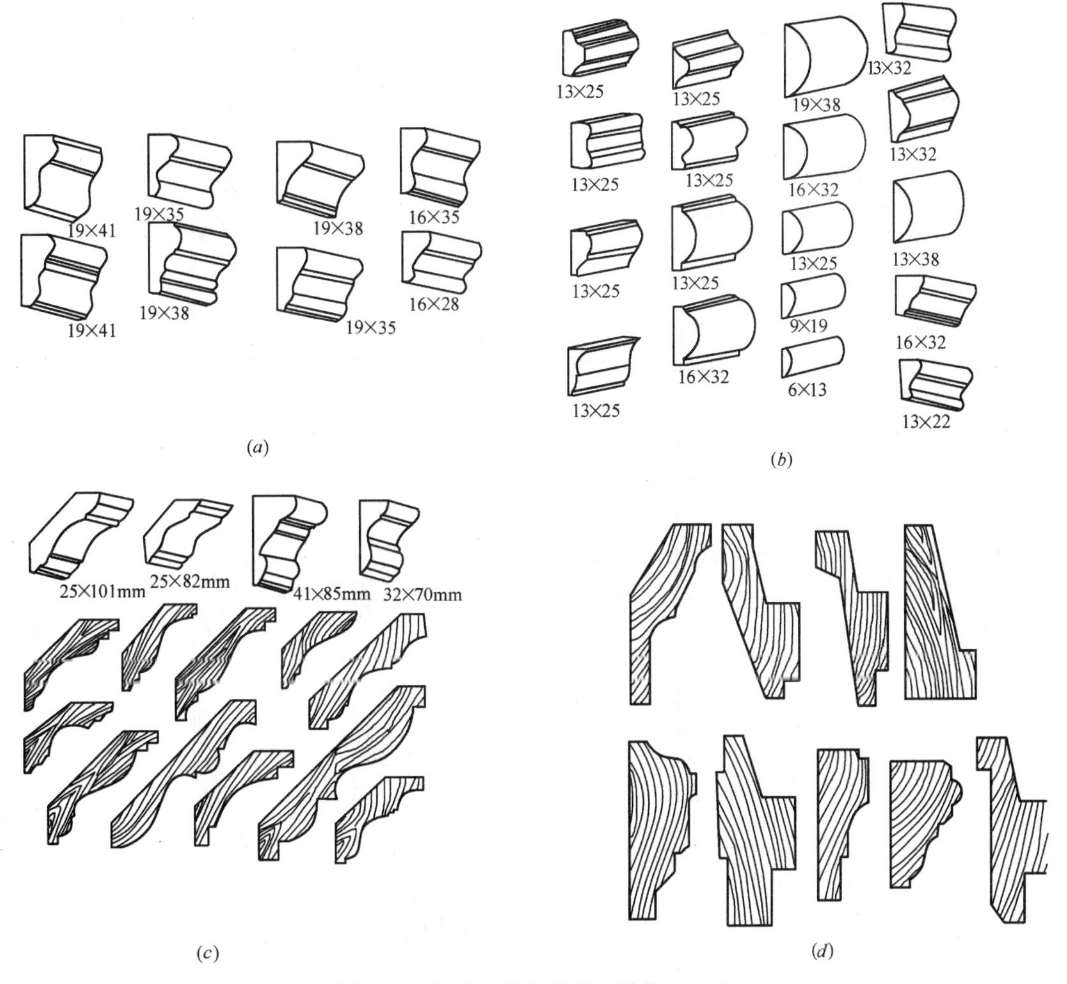

图 7-47 各种木线的样式（单位：mm）

（*a*）表面装饰线；（*b*）封边线；（*c*）天花角线；（*d*）挂镜线

木线条分硬质木线和软质木线两种，俗称硬线和软线。硬木线是选用质硬、木质较细、耐磨、耐腐蚀、不劈裂、切面光滑、加工性质良好的阔叶树材，如水曲柳、榉木、橡木等。经干燥处理后，用手工加工或机械加工而成。木线条应表面光滑，棱角棱边及弧面弧线既挺直又轮廓分明，木线条不得有弯曲和斜弯。木线条可油漆成各种色彩和木纹本色，可进行对接拼接，以及弯曲成各种弧线。造型多样，做工精细，在室内装饰工程中木线条的用途十分广泛。

6.1 木线的种类

木线条的品种较多，从材质上分有硬质杂木线、进口洋杂木线、白木线、白圆木线、水曲柳木线、山樟木线、核桃木线、柚木线；从功能上分有压边线、柱角线、压角线、挂镜线、墙腰线、上楣线、覆盖线、封边线、镜框线等；从外形上分有半圆线、直角线、斜角线、指甲线等多种；从结构上分有外凸式、内凹式、凸凹结合式和嵌槽式等。

木线的规格一般是指其截面的最大宽度和最大高度，其长度通常为 2～5m 不等。各种木线的样式、规格及断面形式如图 7-47、图 7-48 所示。

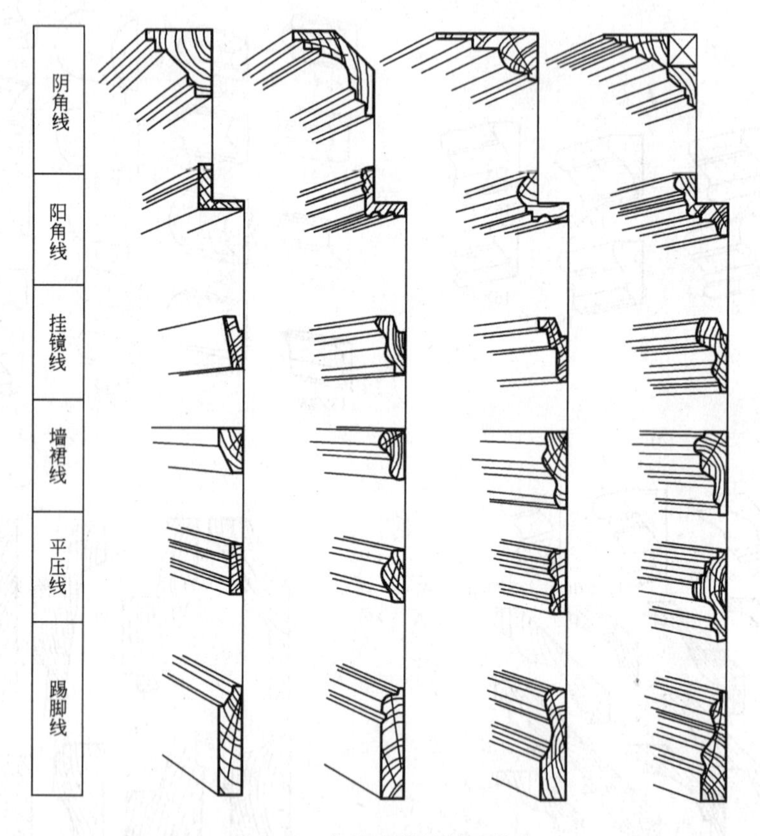

图 7-48 各种木线的断面形式

6.2 木线的用途和构造

6.2.1 天花线和天花角线

天花线：天花上不同层次面的交界处的封边，天花上不同材料面的对接处封口，天花平面上的造型线，天花上设备的封边收口。

天花角线：天花与墙面，天花与柱面的交界处封边收口。天花线和天花角线的连接构造，如图 7-49 所示。

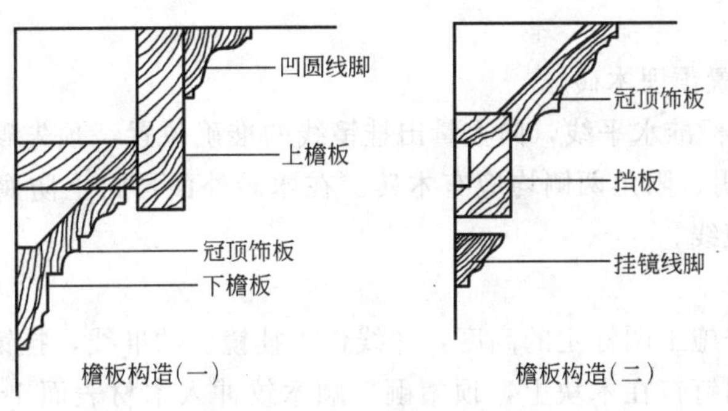

图 7-49　天花檐板连接构造

6.2.2　墙面线

墙面线：墙面不同层次交接处封边，墙面饰面材料压线，墙面装饰造型线，墙面上每个不同材料面的对接处封口。

封边（压角）线：墙裙压边、踢脚板压边、设备的封边，造型体、装饰隔墙、屏风上的收口线和装饰线以及各种家具上的收边线装饰线，如图 7-50 所示。

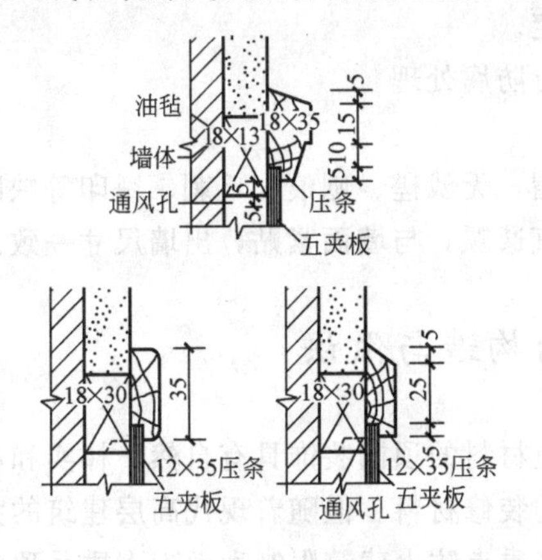

图 7-50　木封边压线做法

6.2.3　挂镜线

在室内装饰中，常常在墙的上部钉一圈带型木条，是为了室内悬挂镜框、画幅或起一定的装饰作用而装设的，所以称之为挂镜线，挂镜线的安装示意如图 7-51 所示。

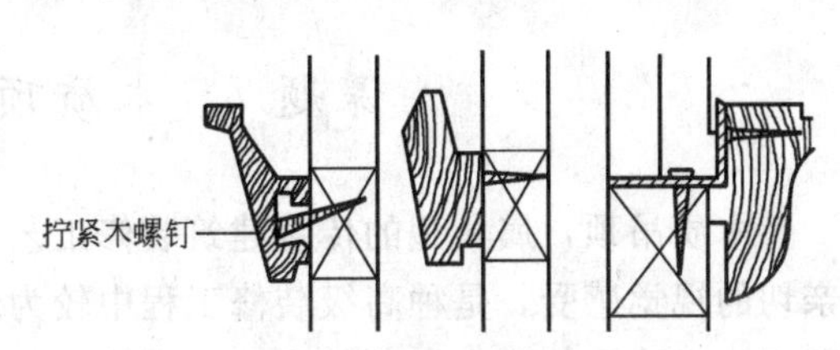

图 7-51　挂镜线的安装示意

6.3　木线条的钉装方法

6.3.1　标准线脚安装

木线的装订主要是在饰面工序完成后，一般是在装订饰面板后进行。线条用料应干燥、无结疤、无裂纹；线条厚薄宽窄一致，表面平整光滑，起线顺直清秀。装订木线条时，先按图纸要求的间距尺寸在板面上弹墨线，以墨线为准，将压条钉子左右交错钉牢，钉距不应大于 200mm，钉帽应打扁顺着木纹进入压条表面 0.5～1.0mm，钉眼用油性腻子抹平，如图 7-52 所示。木压条的接头处，用小齿锯割角，使其严密完整。

图 7-52　标准线脚安装

6.3.2 挂镜线安装

(1) 施工工序:

加工挂镜线→油漆防潮→弹线定位置→埋木砖→钉挂镜线。

(2) 施工要点

1) 弹线确定位置预埋木砖

按室内50cm的标准水平线,向上量出挂镜线的准确位置,预先砌入防腐木砖,其间局部大于500mm,阴、阳角两侧均应有木砖。在木砖外面再钉上防腐木块。在墙面粉刷做好后,即可钉挂镜线。

2) 钉挂镜线

从地面量起,按施工图标定的高度,弹线作为挂镜线的准线,挂镜线四周要交圈。

挂镜线一般用明钉钉在木块上,顶帽砸扁顺木纹冲入木材表面1~3mm,在墙面阴、阳角处,应将端头锯成45°角平缝相接,对接严密、整齐、牢固。挂镜线使用木砖明钉固定。也可用粘结或膨胀螺钉固定。挂镜线的接长处应钉两块防腐木砖,两端头钉牢后各自钉牢在木块上,不应使其悬空。

6.4 木线安装施工质量控制要点

(1) 木线所用木料的材质和规格、木材的燃烧性能等级、含水率及人造板的甲醛含量等,均应符合设计要求及国家现行标准的有关规定。

(2) 安装木挂镜线所用的木砖、木块必须进行防腐处理。

(3) 木线与墙面必须镶钉牢固,无松动现象。

(4) 木线表面平直光滑,线条顺直,不露钉帽,无戗槎、刨痕、毛刺、锤印等缺陷。

(5) 安装位置正确,割角整齐,缝严密,平直通顺,与墙面紧贴,出墙尺寸一致。

课题7 木质顶棚的构造与做法

木质吊顶,属典型的传统建筑装修工艺,木质材料的顶棚装饰具有自然、朴实和温暖亲切的视觉感受,是种高级装修工程中较为理想的装修材料。但随着现代高层建筑的大量涌现,对建筑的防火问题提出了更高的要求,许多重点防火建筑限制大面积木质吊顶的使用,木质吊顶只能在特定环境中使用。

7.1 木龙骨吊顶

木龙骨吊顶是比较原始的一种吊顶方法,主要缺点是不利于防火。所以木龙骨吊顶必须采取防火措施。如:木龙骨表面涂防火涂料,穿线管为阻燃管,在顶棚上配有烟感报警器、温感器、自动喷淋系统等。

7.1.1 木龙骨构造

现代建筑装饰木龙骨吊顶,已不再采用传统的方法,多采用由工厂加工生产的木合方拼成网络格直接钉在龙骨上,主龙骨要通过吊杆与顶棚基层面连接固定。构造做法如图7-53~图7-56所示。

主龙骨一般采用50mm×70mm的方木,较大房间采用60mm×100mm方木。吊杆可

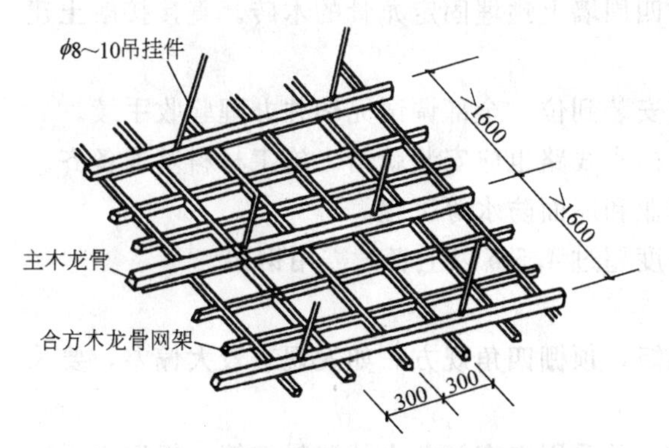

图 7-53　木龙骨吊顶安装示意图

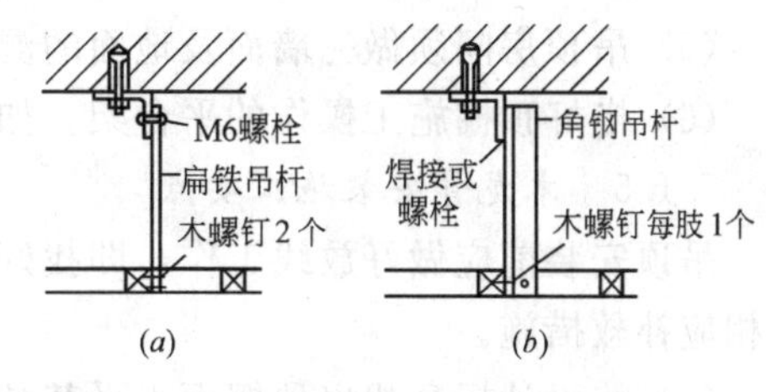

图 7-54　木龙骨架与吊点连接示意图

(a) 用扁铁固定；(b) 用角钢固定

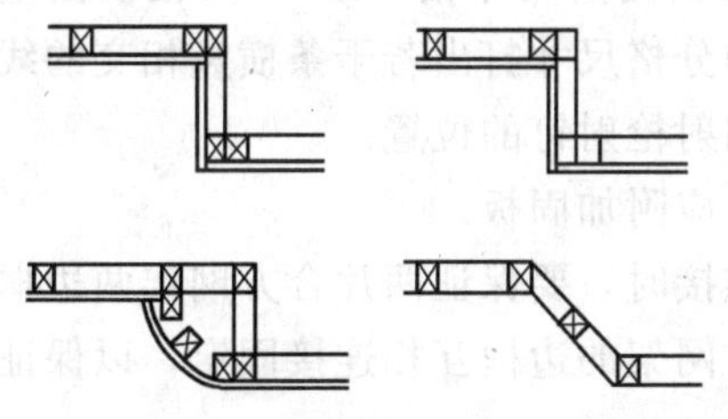

图 7-55　木龙骨架迭级构造示意图

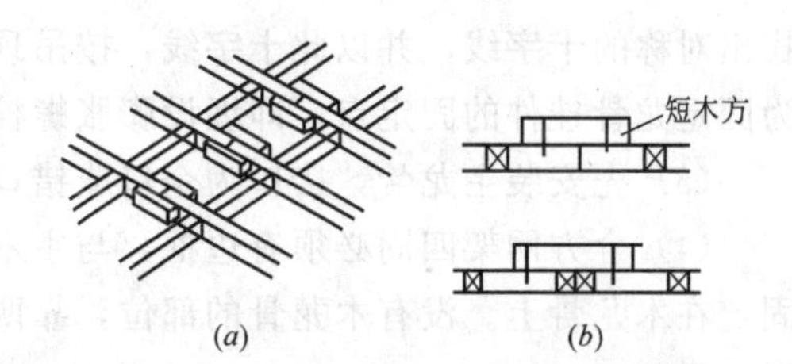

图 7-56　木龙骨架对接固定示意图

(a) 短木方固定于龙骨侧面；(b) 短木方固定于龙骨上面

用 ϕ8～12 钢筋，或断面为 40mm×40mm 木杆。

7.1.2　木龙骨吊顶的材料要求

(1) 木材骨架必须是烘干、无扭曲的红、白松树种，并按设计要求进行防火处理；木龙骨的规格按个体设计要求，如设计无明确规定时，大龙骨规格为 50mm×70mm 或 50mm×100mm；小龙骨规格为 50mm×50mm 或 40mm×60mm；吊杆规格为 50mm×50mm 或 40mm×40mm。

(2) 建筑装饰工程中所用的木龙骨材料，应按规定选材并实施在构造上的防潮处理，同时亦应涂刷防腐防虫药剂。

(3) 工程中木构件的防火处理，一般是将防火涂料涂刷或喷于木材表面，也可把木材至于防火涂料槽内浸泽。

(4) 罩面板材积压条：按设计选用，严格掌握材质及规格标准。

(5) 其他材料：圆钉、ϕ6 或 ϕ8 的螺栓、射钉、膨胀螺栓、胶粘剂、木材防腐剂和 8 号镀锌钢丝等。

7.1.3　施工工具

(1) 电动工具：手电钻、小电锯、小台刨、曲线锯等。

(2) 手动工具：木刨、扫槽刨、线包、板锯、斧、锤、螺钉旋具、手摇钻、水平尺、抄平管墨斗、线坠等。

7.1.4　作业条件与施工准备

(1) 现浇混凝土拌和预制楼板板缝中，按设计预埋吊顶固定件，如设计无要求时，可预埋 ϕ6 或 ϕ8 的钢筋，间距为 1000mm 左右。

(2) 墙为砌体时，应根据顶棚标高，在四周墙上预埋固定龙骨的木砖。直接接触土建结构的木龙骨，应预先刷防腐剂。

(3) 顶棚内各种管线及通风管道，均应安装到位，全部调试完毕并办理验收手续。

(4) 顶棚与墙体相连的各种电器开关、插座线路也应安装就绪。施工材料基本备齐。

(5) 吊顶房间须做完墙面及地面的湿作业和屋面防水等工程。

(6) 搭好顶棚施工操作的平台架。如高度超过 4.5m 以上者，需用钢架。

7.1.5 木龙骨安装施工要点

吊顶安装前应做好放线工作，即找好规矩，顶棚四角规方。如发现有较大偏差，要采取相应补救措施。

(1) 按设计标高找出顶棚面水平基准点，并采用充有颜色水的塑料细管，根据水平确定墙壁四周其他若干个顶棚面标高基准点。用墨线打出顶棚与墙壁相交的封闭线。

(2) 为确保龙骨分格的对称性（要和所安装的顶棚面尺寸相一致），要在顶棚基层上找出对称的十字线，并以此十字线，按吊顶龙骨的分格尺寸打出若干条横竖相交的线，作为固定龙骨挂件的固定点，即埋设膨胀螺栓或采用射枪射钉的位置。

(3) 先安装主龙骨，接口为企口或错口连接，应附加固板。

(4) 合方网架四周必须有边框，与主木龙骨连接时，要保证两片合方网架两边框同时固定在木龙骨上。没有木龙骨的部位，靠两片合方网架的边框互相连接固定，以保证合方网架平整。

(5) 主木龙骨跨度较大时，可以增加合方网架与顶棚基层面的固定点。复杂的造型应事先编制好施工设计，确定其工艺及施工构造，明确节点构造。

(6) 木龙骨吊顶棚板多采用木夹板（厚度 5mm 以上）、石膏板等。

(7) 分片龙骨架在同一平面上对接时，将其端头对正，而后用短木方进行加固，将木方定于龙骨对接处的侧面或顶面均可。对一些重要部位的龙骨接长，须采用铁件进行龙骨加固。

(8) 木龙骨按图纸要求全部安装到位后，即在吊顶面下拉出十字或对角交叉的标高线，检查吊顶骨架的整体平整度。对于骨架底平面出现有凸出的部分，要重新拉吊杆；对于出现有凹陷的部位，可用木方杆件顶撑，尺寸准确后将木方两端固定。各个吊杆的下部端头均按准确尺寸截平，不得伸出骨架的底部平面。

7.1.6 饰面板安装

(1) 胶合板安装

安装胶合板时，板块的接缝有碰缝（密缝）、凹缝（离缝）和盖缝（无缝）三种形式。

碰缝：即板与板在龙骨处相对拼接，用粘、钉的方法将板固定在龙骨上，钉距不超过 200mm。对缝多作于有裱糊、喷涂饰面的面层。

凹缝：即在两块板接缝处，利用顶板的造型和长短做出凹槽。凹槽有矩形和 V 形缝两种。由板的形状而形成的凹缝可以不必另加处理，只需利用板的厚度所形成的凹缝即可。也可加钉带凹槽的金属装饰板条，增加装饰效果。凹缝宽度不应小于 6～10mm，缝宽应一致、平直、光滑、通顺，十字处不得有错缝。

盖缝：板缝不直接露在板外，而用木压条盖住拼缝，这样可避免缝隙宽窄不匀的现象，使板面线型更加强烈。木压条必须用优质干燥的木材，规格尺寸一致，表面平整光滑，不得有扭曲现象。钉距一般不大于200mm，钉子要两边交错钉，钉帽应打扁，并冲入压条0.5～1.0mm，钉眼用油性腻子填平。

1）施工准备：室内吊顶一般用4mm厚的加厚胶合板或五层板。板材应符合规范要求。

(a) 面板采用离缝安装，应根据设计要求，进行分格布置。安装时，应尽量减少明显部位的接缝数量，使吊顶规整。对此，可用两种方法进行布置：其一为整块板居中，小块板块应按尺寸用细刨刨角，并用细砂纸磨光，达到边角整齐、安装方便的要求。

(b) 面板采用密缝安装时，由于板块较大，所以应将胶合板下面向上，按照木龙骨分格的中心线尺寸，用常色棉线或铅笔在胶合板正面画出钉位标线，作为安装钉位的依据，然后正面向下铺钉安装。对于方形和长方形板块，应用角尺找方，以保证四角方正。然后进行板边的制作。密缝安装的板块，为便于嵌缝补腻子，减少缝隙的变形量，在板四周用细刨刨出倒角，使缝的宽度在2～3mm为宜。

(c) 对吊顶有防火要求时，应在上述工序完成之后，对板块进行防火处理。方法是，用2～4条木方将胶合板垫起，使板的反面向上，用防火漆涂刷两遍，待干后再用。

2）安装：根据已裁好的板块尺寸和木龙骨上的板块控制线铺钉，由中心向四周展开。铺钉时，将板光面朝下，托起到预定位置，使板块上的画线与木龙骨的弹线对齐，从板块的中间开始钉钉，逐步向四周展开。钉头应预先砸扁，顺木纹冲入板面0.5～1.0mm，钉眼用油性腻子找平，钉距80～150mm，分布均匀，钉长25～35mm。如果板块边长大于400mm，方板中间应加25mm×40mm的横撑，使板面平整，防止翘鼓。吊顶中的高空送风口、回风口、灯具口等开口处，可预先在胶合板上画出，待钉好吊顶饰面后再行开出洞口。

3）罩面：先将胶合板表面清理干净，再用油性腻子嵌批孔眼等，然后满批一层腻子，用砂纸找平，刷清漆2～3遍，也可用白乳胶漆涂刷。

(2) 纤维板安装

纤维板的铺钉与胶合板大致相同。一般钉距80～120mm，钉长20～30mm，钉帽打扁钉入板面0.5mm。为防止硬质纤维板安装后的湿胀干缩问题，安装前可将其浸入水中浸泡24h，取出后晾干后再安装。如果事先不浸水处理而安装使用，用钉子固定后无法伸胀，会因膨胀而产生起鼓、翘角现象。注意掌握好浸泡时间，且要轻拿轻放，减少摩擦，以免造成边角发毛。

7.1.7 吊顶边缘接缝处理

木吊顶边缘的接缝处理，主要是指不同的材料的吊顶面交接处的处理，如吊顶面与墙面、柱面、窗帘盒、设备开口之间，以及吊顶的各交接面之间的衔接处理。接缝处理的目的是将吊顶转角接缝处盖住。接缝处理通常用不锈钢线条、木装饰线条、铝合金线条等。

(1) 接缝处理的工序，应安排在吊顶饰面完成之后。接缝线条的色彩与质感，可以有别于吊顶的装饰面。用木线条时，一般是先做好盖缝条，后涂饰，使用电动或气动射钉枪来钉接线条。用铁钉钉时，应将钉头砸扁，钉在木线条的凹槽处或隐蔽部位；用不锈钢线条时，可用衬条粘接固定。

(2) 常见接缝处理形式如下：

1）阴角处理：阴角是指两吊顶面相交时内凹的交角。常用木线角压住，在木线解的凹进位置打入钉子，钉头孔眼可用与木线条饰面相同的涂料点涂补孔。

2）阳角处理：阳角是指两吊顶面相交时外凸的交角，常用的处理方法有压缝、包角等。

3）过渡处理：指两吊顶面相接高度差较小时的交接处理，或者两种不同吊顶材料交接处的衔接处理。常用过渡方法是用压条来处理，压条的材料有木线条和金属线条。木线条和铝合金线（角）条可直接钉在吊顶面上，不锈钢线条是用胶粘剂粘在小木方衬条上，不锈钢线条的端头一般做成30°或45°角的斜面，以求斜面对缝紧密、贴平。

7.2 实木条板顶棚

7.2.1 构造

木条板顶棚适用于住宅及办公用房等。条板常见规格为900mm宽，1.50～6.00m长，成品有光边、企口和双面槽缝等种类。

实木板顶棚的拼缝主要有企口平铺、嵌缝平铺、离缝平铺和鱼鳞斜铺等多种形式。如图7-57所示。拼缝不同，其构造和连接方式也不同。有的采用钉固连接，榫卯连接，还有的采用半边开凹槽再用隐蔽金属卡具连接。

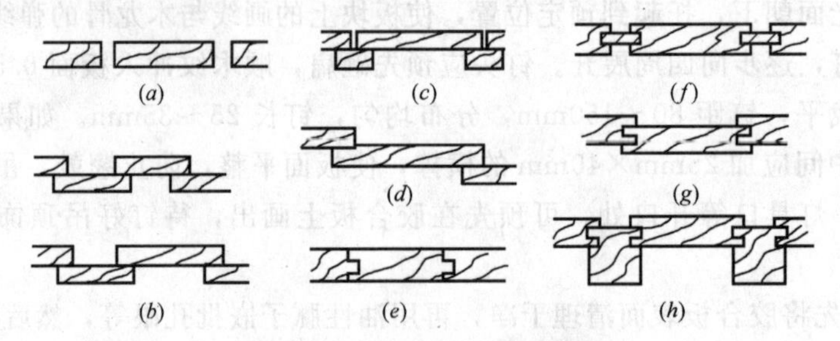

图7-57 木板条顶棚接缝形式

(*a*) 离缝；(*b*) 搭盖缝；(*c*) 盖缝；(*d*) 鱼鳞铺；(*e*) 企口拼装；

(*f*) 嵌榫；(*g*) 重叠搭接；(*h*) 插入盖缝

其中离缝平铺的离缝约10～15mm，条板木顶棚的支承层只须一层主龙骨垂直于条板，约625mm或500mm，吊挂间距在1m左右，靠边主龙骨离墙间距不大于200mm。构造上可采用钉接及卡扣结合。

(1) 钉合构造

常用方法一般有两种：一是直接将木条板钉在木龙骨上，二是用暗卡钉在木龙骨上。如图7-58所示。

(2) 卡扣结合

卡扣结合一般用卡扣件与T形金属龙骨结合，如图7-59所示。这种做法一般用于离缝木顶棚，有利于通风和吸声。为了加强吸声效果还可在木板上加铺一层矿棉吸音毯。

7.2.2 设计施工要点

(1) 为防止实木板顶棚变形，实木板在使用前必须进行干燥处理，经检验符合要求后方可铺钉。

(2) 如采用长条木板顶棚，板的宽度应尽量大一些，这样有利于减少拼板的工作量，

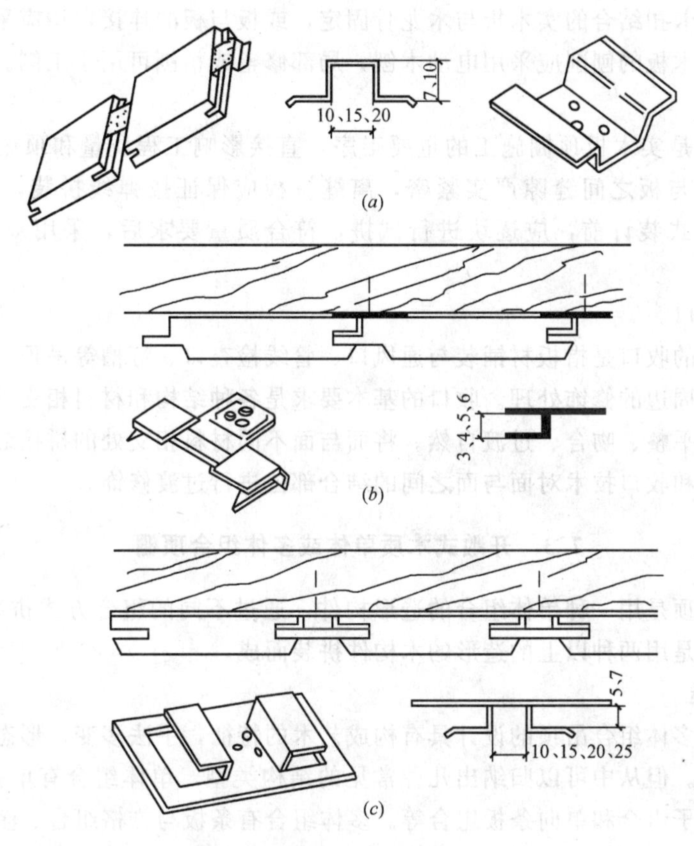

图 7-58　暗卡钉合（单位：mm）

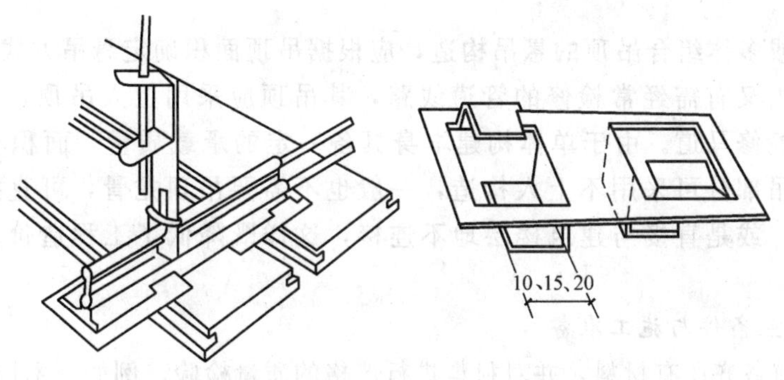

图 7-59　卡扣结合（单位：mm）

提高施工效率。

（3）当顶棚设计为离缝或方板分格方式时，应先按离缝或分格的尺寸弹墨线，然后再按线铺钉并使缝宽均匀一致。

（4）面层实木板应进行严格检验，对不符合质量要求、有明显缺陷的予以剔除。

（5）采用密缝拼板施工方式，钉装前应严格检查每块板的拼口是否符合要求，如板口有毛边、不直等现象，应进行修整后方可铺钉。

7.2.3　实木板的装订

（1）工具要求

非金属龙骨卡扣结合的实木板与木龙骨固定，或板与板的连接，均应采用直钉或气钉枪施工，大面积木板的刨削应采用电动木刨，局部修整或精刨可用手工刨。

（2）拼缝

拼缝与收口是实木板顶棚施工的重要工序，直接影响工程质量和顶棚装饰效果。密缝拼板应做到板与板之间缝隙严实紧密，离缝拼板应保证按弹线拼装，离缝的宽度应均匀一致。在正式装订前，应逐块进行试拼，符合质量要求后，采用双面刮胶压紧压实装订。

（3）板材收口

板材顶棚面的收口是指板材铺装与通风口、管线检查口、灯槽等吊顶空洞的衔接，以及顶棚面转折和周边的修饰处理。收口的基本要求是各种结构和材料相交处的衔接口与对缝处，均应做到平整、吻合、过渡自然。将面与面不同材料相交处的拼接缝进行遮盖，或用专门收口材料和收口技术对面与面之间的结合部位进行过渡修饰。

7.3 开敞式木质单体或多体组合顶棚

单体组合吊顶是用一种单体组合的造形构件，通过不同的组合方式拼装成整体吊顶；多体组合吊顶则是用两种以上的造形的木构件拼装而成。

7.3.1 构造

木质单体或多体组合吊顶的设计具有构成艺术的特征，手法多变，形态各异，其造形和构造多种多样。但从中可以归纳出几种常见的结构类型。单体组合有单板方格子组合、单板有骨架方格子组合和单向条板组合等。多体组合有条板与方格组合、多角格与方格子组合、方格与圆体组合以及各种异形体组合等。组合材料又分实木板、木胶合板和中密度纤维板三种。

木质单体或多体组合吊顶的悬吊构造，应根据吊顶面积确定悬吊方式。大面积组合吊顶的吊顶层内又有需经常检修的管道线路，其吊顶应采用上人吊顶，有条件的应在主龙骨上附设检修马道。由于单体构建本身具备一定的承载质量，面积小于 $100m^2$ 的组合吊顶，悬吊部分可采用不上人构造，一般也不需要吊顶龙骨，可直接将单体构件悬挂在吊点上，或是直接与建筑楼层地不连接，这样既降低了工程造价又提高了施工效率。

7.3.2 作业条件与施工准备

（1）施工前备齐所有材料，并对材料进行严格的质量检验。例如：木构件的含水率是否合乎要求，是否有扭曲变形。疤痕、死结和虫眼的数量是否超出规定的质量标准。

（2）吊顶层上附设的空调管道、电气线路、喷淋系统和给排水管道必须安装、调试完毕。

（3）吊顶层与下部墙体相连的各种设备线路、管道，以及控制开关、插座等，应安装到位。

（4）工作台、脚手架应已组装好。

（5）吊顶层以上空间设计为黑色夜幕或彩色空间的，应进行黑漆和彩色涂刷处理。

7.3.3 安装施工工艺

（1）弹线定位

1）木质单体或多体组合吊顶施工的控制线主要分为标高线、分片布置线和吊点吊杆布置线，按施工程序，通常先弹标高线、吊点吊杆布置线，再弹分片布置线。

2）标高线、吊挂布置线均可将定位线弹到楼层的底面和墙面上，而分片布置线要根据单体和多体组合吊顶的工艺限制，特别是木构件无法在半空中逐个吊装，只能分片施工，而每个分片通常需在地面进行组装。因此，分片布置线应视木构件的构造和组合要求，来确定弹线的位置。

3）吊挂点的布置应根据吊顶设计中有无主龙骨、吊顶面积的大小和吊顶分片情况确定。有主龙骨的应根据主龙骨来设置吊点和吊杆，吊顶无主龙骨且面积不大的可按分片布置线来确定。

（2）制作与拼装

1）单板方格子组合设计及拼装

单板方格子组合吊顶通常采用10～18mm的实木板，或用9～15mm厚的木胶合板。制作时，先按设计尺寸统一开成一定宽度板条，然后按方格尺寸在板条上弹线开槽。槽深为板条宽度的1/2，槽口要垂直，如图7-60所示。

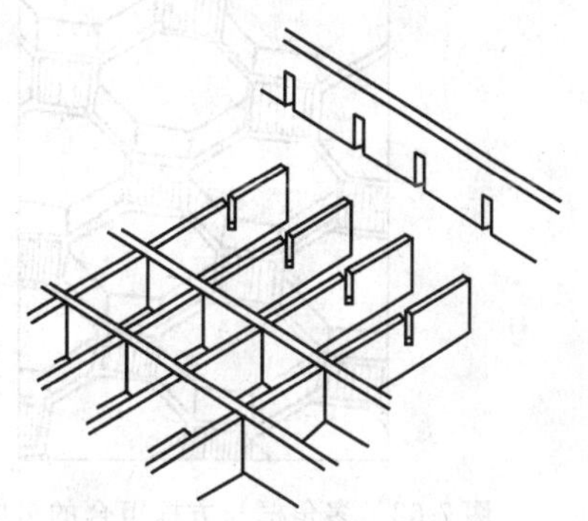

图7-60　单板方块式单体结构

在所有板条统一开槽后，即可进行拼装。普通方格拼装采用胶粘法，将白乳胶涂布在槽口周边，然后进行对拼插接，并使上下两槽口压实吻合，将挤出的胶液随即擦去。

单板方格子需分片拼装的，片与片之间的拼装须采用角码连接件，方法是在各分片结合处的单板端头部位安装金属角码连接件，若无专用角码连接件，可用1.5～3mm的钢板或扁钢现场制作。

2）单向条板组合设计及拼装

大面积的单向条板组合多采用实木，且其截面尺寸较大，以增强稳定性及承载能力，如图7-61所示。如果吊顶面积较小，也可采用厚木胶合板。但两种材质均须用支撑条板连接组合，支撑条板同时又起到主龙骨的作用。

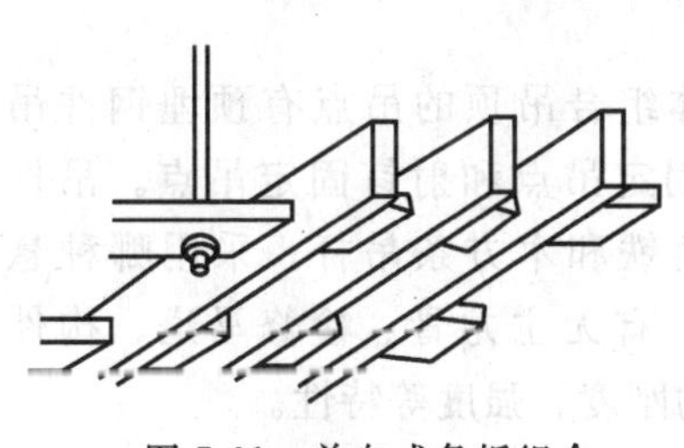

图7-61　单向式条板组合

先在木条板上按划线凿出方孔或长孔槽，再将实木支撑板加工成截面与木条板开孔尺寸相同的木料，精刨打磨后备用。

将加工好的单向条板一一插在支撑板上，全部条板穿入完成后，再按设计的间距进行调整，然后用木螺钉固定，最后在支撑龙骨上按规定的定位点钻孔，用螺栓固定吊杆。

如果采用轻钢龙骨作为支撑，连接单向条板的主龙骨、单向木条板应严格按轻钢龙骨断面形式和尺寸开孔槽，轻钢龙骨和木板条的固定应用自攻螺钉。

3）多角格与方格子组合设计及拼装

多角格与方格子组合实则是多角格子纵横的连接组合，常见的多角格有六角格和八角格。常见实木板或厚木胶合板制作，多角格的转角拼缝处应采用胶粘剂加钉固结合法，如

图 7-62 所示。

制作时，先按设计尺寸下料并制作多角格单体，为确保每个单体尺寸一致、角度准确，造形和尺寸完全相同的多角单体应采取统一下料，按图组装。

多角单体制作完毕后，平摆叠放，待胶液凝固后再进行拼装，拼装时，既可采取单体与单体直接连接，也可用相同的材料将单体之间过渡连接。胶粘剂应使用快速干燥胶，全部单体组装完毕后，再对结合部位用金属连接件加固。

(3) 吊装

1) 直接吊装法

直接吊装是将单体和多体吊顶通过吊杆直接连接固定。直接吊装法要求单体构件具有承受自身质量的刚度和强度，且吊顶面积不宜太大。否则，吊顶面容易产生变形，如图 7-63 所示。

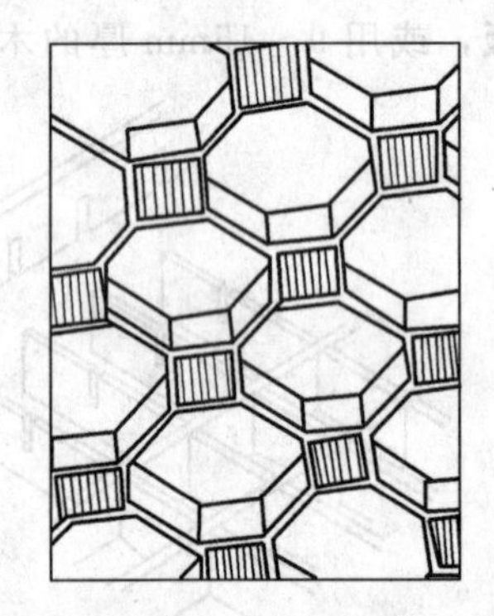

图 7-62　多角框与方框组合的多体结构

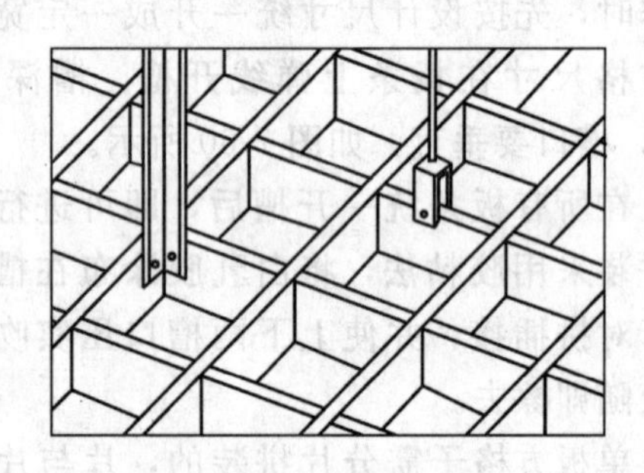

图 7-63　直接吊装法

2) 主龙骨吊装法

是将单体和多体吊顶棚通过主龙骨连接，主龙骨再与吊杆连接。这种结构主要用于单体或多体构件本身刚度不够、不能直接吊装，或是吊顶面积很大，不采用主龙骨难以保证吊顶质量，如图 7-64 所示。

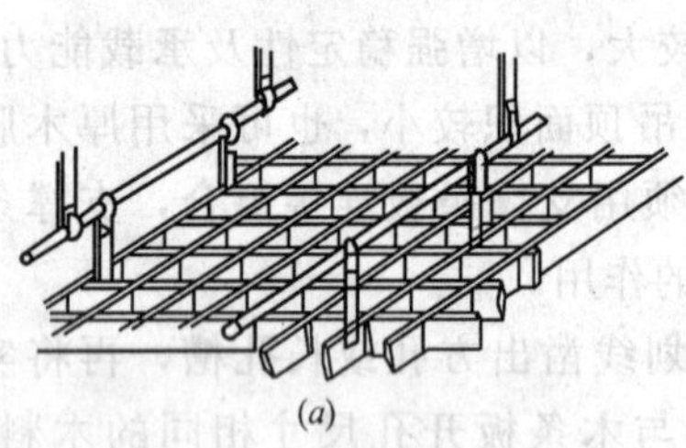

(*a*)

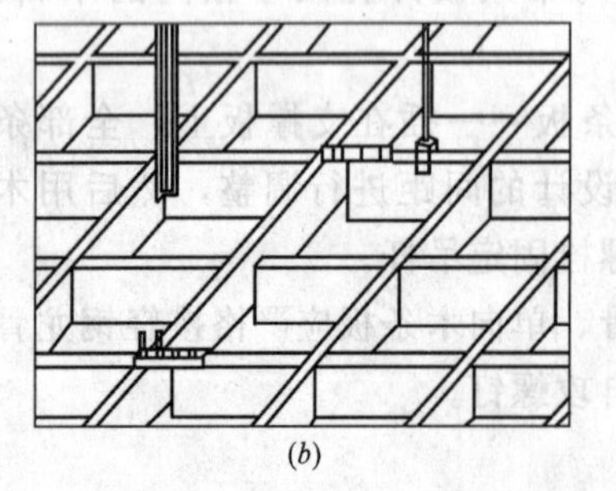

(*b*)

图 7-64　主龙骨吊装法

(*a*) 有主龙骨固定；(*b*) 无主龙骨固定

3) 悬吊构造

木质单体或多体组合吊顶的吊点有预埋钢件吊点，金属膨胀螺栓固定吊点和射钉固定吊点。吊杆分为圆钢、扁钢、角铁和木方条吊杆。采用哪种悬吊结构，主要取决于有无主龙骨、检修马道、构件的断面尺寸和材料的刚度、强度等特性。

4) 施工方法

(a) 吊装前，现找出吊顶平面基准线，方法是用尼龙线在吊顶四周沿标高线拉出交叉线。

(b) 大面积分片分装吊顶，应从一个墙角开始，并将每片吊顶高度略高于标高线，然后通过吊点临时固定。

(c) 每片吊顶均按基准线吊装调平，大面积的构建组合吊顶（>150m²），应使吊顶面带有一定量的起拱，起拱率约为0.75/1000左右。

(d) 全部分片吊装调平后，即可进行连接固定。

(e) 单体和多体组合吊顶的分片连接，应在各分片调平悬吊固定后，将两片对接处的缝隙对接严实，再用金属连接件固定，连接方式应根据构件结构和吊顶的整体需要，选择直角连接或是平面水平连接，如图7-65所示。

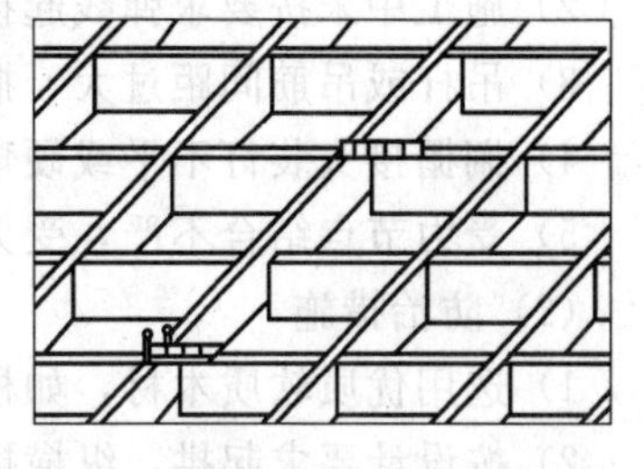

图7-65 构件吊顶分片间的连接

(f) 单体和多体组合吊顶的灯具安装，一般有嵌入式、吸顶式、内藏式和悬挂式四种形式。可根据设计要求和工程具体情况选择，嵌入式安装和吸顶式安装是将灯具固定在吊顶组合面上，这两种方式均可在吊顶完成后进行安装。内藏式安装和悬挂式安装均须将灯具和吊杆安装在吊顶层上部，因此，这两种方式均在顶棚吊装前进行灯具安装和吊杆固定。

7.3.4 开敞式吊顶施工质量控制要点

(1) 木材材质的好坏，是质量控制重点工作之一。木质开敞式吊顶应检查控制木材树种是否理想，板条及木方是否坚韧平整光滑，规格尺寸是否一致，是否有开裂、虫蛀等现象，是否已经干燥，是否有明显且又美观的木纹等。

(2) 木质开敞式吊顶应检查控制单体构件的拼装及单元体的接头是否牢固密实，线角是否顺直方正，清漆等终饰面层施工质量是否达到质量标准。

7.4 成品保护

7.4.1 顶棚木龙骨及罩面板安装时，应注意保护顶棚内装好的各种管线、设备；木龙骨的吊杆、龙骨不准固定在通风管道及其他设备上。

7.4.2 施工部位已安好的门窗，已施工完的地面、墙面、窗台等，应注意保护，防止损坏。

7.4.3 木骨架材料，特别是罩面板，在进场、存放、安装过程中，应妥善管理，使其不损坏、不受潮、不变形、不污染。

7.4.4 其他工种的吊挂件不得吊于已安装好的木骨架上。

7.5 常见工程质量问题及防治措施

7.5.1 灯槽、藻井造形不对称，罩面板布置不合理

(1) 主要原因

1) 没有在吊顶前拉十字中心线，使吊顶位置偏移；

2) 主、次龙骨没有按要求布置；

3) 罩面板的铺装方向不正确。

(2) 防治措施

1) 应严格按设计标高，在四周墙面的水平线位置拉十字中心线；

2) 主、次龙骨的布置应严格按设计要求进行；

3) 罩面板的铺装方向应严格按设计要求，中间铺装整块板，余量应分配到四周外墙。

7.5.2 吊顶搁栅拱度不均匀，形成波浪形

(1) 主要原因

1) 材质不好，施工中难于调查；木材含水率较大，产生收缩变形；

2) 施工中未按要求弹线起拱，形成拱度不均匀；

3) 吊杆或吊筋间距过大、搁栅的拱度未调匀，受力后产生不规则挠度；

4) 搁栅接头装订不平或硬弯，造成吊顶不平整；

5) 受力节点结合不严，受力后产生位移。

(2) 防治措施

1) 选用优质软质木材，如松木、杉木；

2) 按设计要求起拱，纵横拱度应吊均匀；

3) 搁栅尺寸应符合设计要求，木材应顺直，遇有硬弯时应锯断调直，并用双面夹板连接牢固，木材在两吊点如稍有弯度，弯度应向上；

4) 受力节点应装订严密、牢固、保证搁栅整体刚度；

5) 预埋木砖的位置应正确、牢固，其间距为1.0m，整个吊顶搁栅应固定在墙内，以保持整体；

6) 吊顶内应设通风窗，室内抹灰时，应将吊顶的人孔封严，待墙面干燥后，再将人孔打开通风，以便整个吊顶处于干燥环境之中。

7.5.3 吊顶出现部分或整体凹凸变形

(1) 主要原因

1) 板块接头未留空隙，板材吸湿膨胀易产生变形；

2) 当板块较大，装订时板块与搁栅未全部贴紧，就以四角或四周向中心铺钉安装，致使板块凹凸变形；

3) 搁栅分块过大，易产生挠度变形。

(2) 防治措施

1) 选用优质板材，木夹板宜选用五层以上的椴木胶合板，纤维板宜选用硬质纤维板；

2) 纤维板应进行浸水处理，胶合板不得受潮，安装前应两面涂刷一道油漆，提高抗吸湿变形能力；

3) 轻质板材宜加工成小块后再装订，并应从中间向两端排钉，避免产生凹凸变形，接头拼缝留3～6mm的间隙，适应膨胀变形要求；

4) 采用纤维板、胶合板吊顶时，搁栅的分割间距不宜超过45mm，否则中间应加一根25mm×40mm的小搁栅，以防板块下挠；

5) 合理安排施工程序，当室内湿度较大时，宜先安装吊顶木骨架，然后进行室内抹灰，待抹灰干燥后再装订吊顶面层。周边吊顶搁栅应离开墙面20～30mm，以便安装板块及压条，并应保证压条与板块接缝严密。

7.5.4 吊顶板材拼缝装订不直，分格不均匀

(1) 主要原因

1) 搁栅安装时，拉线找直或归方控制不严，搁栅间距分得不均匀，且与板块尺寸不相符合等；

2) 未按先弹线、再安装板块或木压条进行操作；

3）明拼缝板块吊顶，板块裁截得不方正。

（2）防治措施

1）按搁栅弹线计算出板块拼缝间距或压条分格间距，准确确定搁栅位置，保证分格均匀。安装搁栅时，按位置拉线找直，归方，固定和顶面起拱、平整；

2）板面应按分格尺寸裁截成板块，板块尺寸等于吊顶搁栅间距减去明拼缝的宽度(6～8mm)，板块要求方正，不得有棱角，板边挺直光滑；

3）板块装订前，应在每条纵横搁栅上按所分位置弹出拼缝中心线及边线，然后沿弹线装订板块，发生超线则应修正；

4）应选用软质优材制作木压条，并按规格加工，表面应刨平整光滑。装订时，应在板块上拉线，弹出压条分格线，沿线装订压条，接头缝应严密。

7.5.5 粘贴式罩面板空鼓、脱落

（1）主要原因

1）龙骨或罩面板粘贴处不洁净；

2）胶粘剂质量不好；

3）涂刷胶粘剂不均匀，有漏涂漏粘现象；或涂胶后加压时不是由中间向外赶压，而是有四周向中间赶压，使中间的空气排不出，积累其中，热胀冷缩而使板材变形；

4）涂刷胶粘剂后未有临时固定措施，遭受松动而松脱；或粘结面不平整；或胶粘剂选择不当。

（2）防治措施

1）胶粘面要处理干净与平整；

2）胶粘剂应先作粘结试验，以便掌握其性能，检查其质量，鉴定是否选用得当；

3）涂胶面积不宜一次过大，厚薄应均匀，粘结时要由中部往四周赶压以排出空气；粘结后要有临时固定措施，多余胶液应及时擦去；未粘结牢固前，不得使罩面板受震动或受力。

7.6 质量标准与工程验收

7.6.1 主控项目

（1）罩面板安装必须牢固，无脱层、翘曲、折裂、缺棱掉角等缺陷。

检查方法：观察；手扳检查。

（2）主梁、搁栅安装位置必须正确，连接牢固、无松动。

检查方法：观察；手扳检查。

7.6.2 一般项目

（1）罩面板表面应平整、洁净、颜色一致，无污染、反锈、麻点和锤印。

检查方法：观察。

（2）罩面板接缝宽窄均匀一致、整齐；压条宽窄一致、平直，接缝严密。

检查方法：观察；尺量检查。

（3）钢木骨架外观顺直、无弯曲、无变形；木吊杆无劈裂。

检查方法：观察。

（4）顶棚内填充料应干燥，铺设厚度符合要求且均匀一致。

检查方法：观察。

(5) 灰板条的抹灰基层应钉结牢固，接头在搁栅上，交错布置，间隙及对头缝大小均符合要求。

检查方法：观察；尺量检查。

(6) 木质吊顶安装的允许偏差和检验方法应符合表 7-7 的规定。

允许偏差和检验方法 **表 7-7**

<table>
<tr><th rowspan="2">项次</th><th rowspan="2" colspan="3">项　目</th><th colspan="4">允许偏差(mm)</th><th rowspan="2">检验方法</th></tr>
<tr><th>胶合板
塑料板</th><th>纤维板
钙塑板</th><th>刨花板
木丝板</th><th>木板</th></tr>
<tr><td>1</td><td rowspan="6">罩
面
板</td><td colspan="2">表面平整度</td><td>2</td><td>3</td><td>3</td><td>2</td><td>用 2m 靠尺和塞尺检查</td></tr>
<tr><td>2</td><td colspan="2">立面垂直度</td><td>3</td><td>3</td><td>4</td><td>3</td><td>用 2m 托线板检查</td></tr>
<tr><td>3</td><td colspan="2">压条平直</td><td>3</td><td>3</td><td>3</td><td></td><td rowspan="2">拉 5m 线，不足 5m 拉通线，用钢直尺检查</td></tr>
<tr><td>4</td><td colspan="2">接缝直线度</td><td>3</td><td>3</td><td>3</td><td>3</td></tr>
<tr><td>5</td><td colspan="2">接缝高低差</td><td>1</td><td>1</td><td></td><td>1</td><td>用钢直尺和塞尺检查</td></tr>
<tr><td>6</td><td colspan="2">压条间距</td><td>2</td><td>2</td><td>3</td><td></td><td>尺量检查</td></tr>
<tr><td rowspan="2">7</td><td rowspan="5">钢
木
骨
架</td><td rowspan="2">顶棚主
筋截面</td><td>方木</td><td colspan="4">−2</td><td rowspan="3">尺量检查</td></tr>
<tr><td>原木</td><td colspan="4">−4</td></tr>
<tr><td>8</td><td colspan="2">吊杆、搁栅截面尺寸</td><td colspan="4">−2</td></tr>
<tr><td>9</td><td colspan="2">顶棚起拱高度</td><td colspan="4">短向跨度 1/200±10</td><td>拉线、尺量检查</td></tr>
<tr><td>10</td><td colspan="2">顶棚四周水平线</td><td colspan="4">±5</td><td>尺量或用水准仪检查</td></tr>
</table>

课题 8　木地板的构造与铺设

木质地板一直因其美观舒适、易于加工、古朴自然的特点而为人们所青睐。木材富有弹性，触觉温暖，隔声性好，木材的自然纹理富于天然种类变化，色彩丰富，能满足人们追求自然、崇尚质朴的装修风格；木地板虽有一定的耐久性，自重轻，导热性能低及装饰美观等优点，但也容易随着空气中温度及湿度的变化而引起裂缝或翘曲，耐火性能差，保养不善时也容易腐朽。同时，由于森林资源及木材日益匮乏，木制品价格不断上涨，从而增加了工程造价，所以，除某些较高级的地面装修确实需要木地板外，应尽可能选用木材代用品或其他新型地面材料，不宜大量采用实木地板。

8.1　木地板种类与规格

8.1.1　木地板的分类

木地板种类较多，根据材质可分为实木地板、复合木地板、软木及高强木纤维地板。实木地板所用木种有松木、核桃楸、榆木、水曲柳、桦木、柞木、柚木、枫香木、柳桉、榉木等。这种木地板坚固、耐磨、洁净美观，造价较高，操作要求较高，适用于较高级的面层装饰；按木质材性分为软木树材（松木、杉木等）和硬木树材（水曲柳、桦木、柞木等）。普通木地板的木板面层是采用不易腐朽、不易变形、不易开裂的软木树材加工制成的长条形板，这种面层富有弹性，导热系数小，干燥并便于清洁；实木地板按板材规格可分为长条形、短条拼花形和薄形木锦砖。复合木地板也称无缝地板，由饰面板、芯板及底板组成，克服了老一代实木地板易变形、翘拱的缺陷，坚固耐用，不易变形。如图 7-66 所示。软木地板与普通木地板相比，具有更好的保温性、柔软性及吸声性，吸水率接近于零，厨房、卫生间的地板均可使用，一般做成 300mm×300mm 方块，也有长方形与圆形的，板块厚 3～5mm；高强木纤维地板取材于木质纤维，具有木材切面的纹理效果，强度高、硬度大、抗冲击性及耐磨度均极好，不易变形，既有木地板的某些特性，又克服了木材易于开裂，翘曲等缺点，是综合利用木材资源，进行工业化生产的一个较理想的途径。由于这种地板取材广泛，成本较低，还具有新颖、洁净、美观、典雅和富有弹性等优点，现已广泛用于宾馆、住宅、学校、办公室、幼儿园等建筑的装饰装修中。

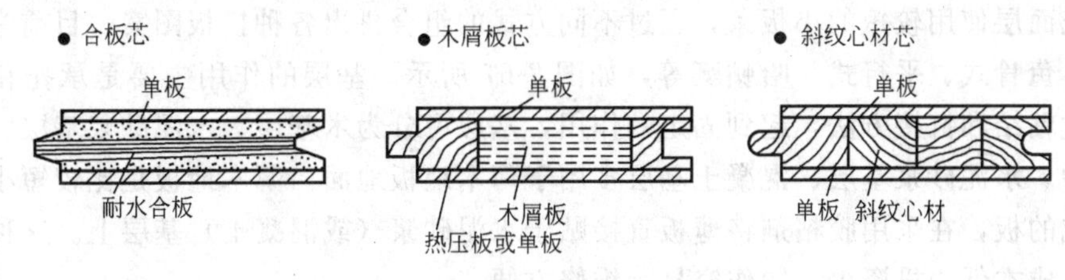

图 7-66　复合木地板的构造

8.1.2　木地板规格

实木板常用规格见表 7-8。

木地板按铺砌结构可分为空铺、架铺、实铺、粘贴及弹簧木地板。空铺指木地面的搁栅架空搁置，使地面下有足够的空间便于通风、保持干燥。对于木地面，面积小的可将搁栅放在两端墙上，面积大的可在中间设地垄墙或柱墩以搭置搁栅；对于木楼面，须用剪刀撑及面积较大的搁栅支撑上部结构，表 7-9 是木搁栅、垫木、剪刀撑及毛地板常用规格。

实木板常用规格（单位：mm）　　**表 7-8**

项　　目		长度	宽度	厚度	加工要求	固定方式
长条形	软木	400～2000	80	18～20	企口、五面刨光	钉
	硬木					
硬木拼花		320、250 260、150	50、40、30	18～23 10～15		钉
硬木短条形		≤400	≤50	10～15		钉、粘
薄形木锦砖		320、200 150、120	50、40、20	5、8、10	牛皮纸拼粘结，钢丝穿联企口	粘

木搁栅、垫木、剪刀撑及毛地板常用规格（单位：mm）　　**表 7-9**

名　　称		宽	高、厚	中距
木搁栅(或木楞)	空铺木地面	50～60	100～120	400
	空铺木楼面	50～75	200～300	400
剪刀撑		35～50	35～50	1200～1500
垫木及压檐木		100	50～70	通长
毛地板		≤120	22～25	密铺、离缝 2～3

注：一般按二类材选用松木、杉木。

架铺木板地面指在实体基层上用木楞（搁栅）做支撑龙骨，木楞断面尺寸一般为50mm×50mm，间距400mm，然后在木龙骨上钉铺毛地板及硬木拼花，或直接在木龙骨上钉铺木板面。实铺木板地面指用粘贴、夹板固定等方式直接在实体基层上铺设。弹簧木地板适用于室内体育用房、排练厅、舞台等具有弹性要求的地面。构造上可采用橡皮、木弓、钢弓及金属弹簧等。

8.2 木地板的构造

木地板的基本构造一般由基层和面层组成。面层的种类常按板条的组合规格和组合方式划分，可分为条板面层和拼花面层，其中条板面层是木地面中应用最多最普通的一种地板。拼花面层使用较短的小板条，通过不同方式的组合拼出各种拼板图案，目前常用的有标准式、鱼骨式、平行式、哈顿豪等，如图7-67所示。基层的作用主要是承托和固定面层，通过粘结和钉接方法，起到固定的作用，基层可分为木基层、水泥砂浆基层、混凝土基层三种。水泥砂浆基层、混凝土基层多用于薄木地板地面。薄木地板是比较短小的木料加工而成的板，在采用胶粘剂将薄板直接贴于水泥砂浆（或混凝土）基层上。这种基层施工简单、成本低、投资少、制作容易、维修方便。

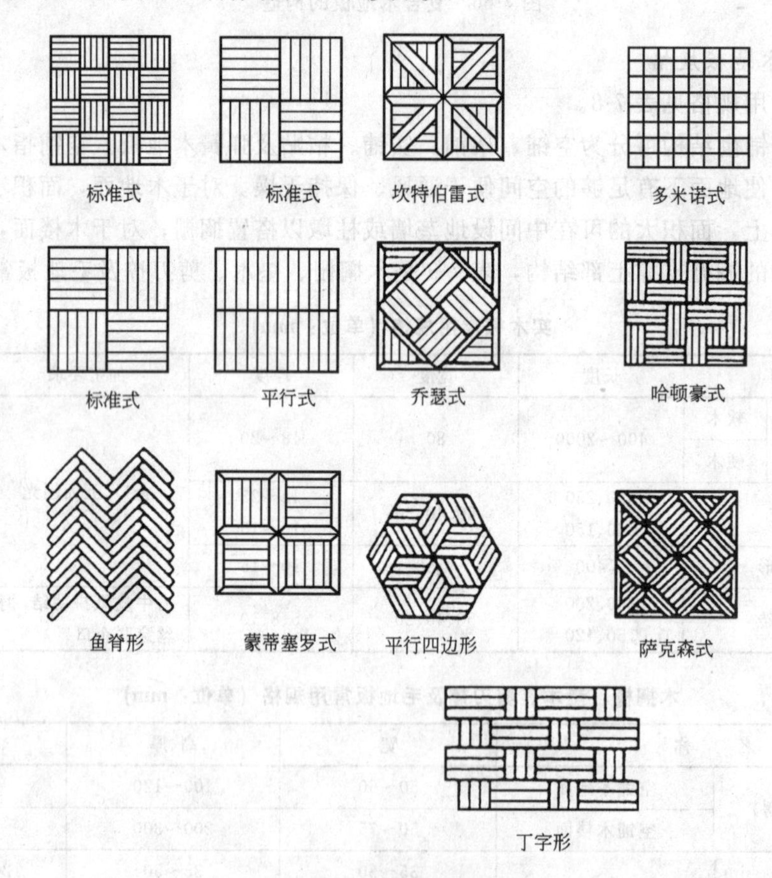

图7-67 木地板面层拼花形式

8.2.1 条形木地板

木地面的铺设方法有实铺式和架空式两种。架空式构造做法如图7-68所示。

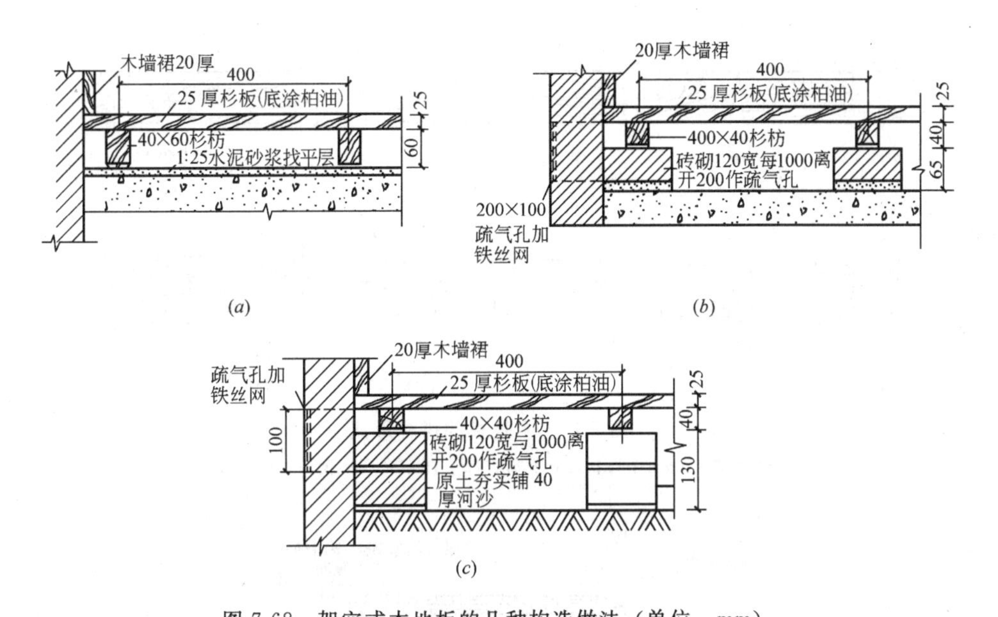

图 7-68 架空式木地板的几种构造做法（单位：mm）

（*a*）架空木地板 类型一；（*b*）架空木地板 类型二；（*c*）架空木地板 类型三

条形板面层包括单层和双层两种。前者是在木搁栅上直接钉企口板，称普通木地板；后者是在木搁栅上先钉一层毛板，再钉一层面层企口板。木搁栅有空铺和实铺两种。如图 7-69、图 7-70 所示。

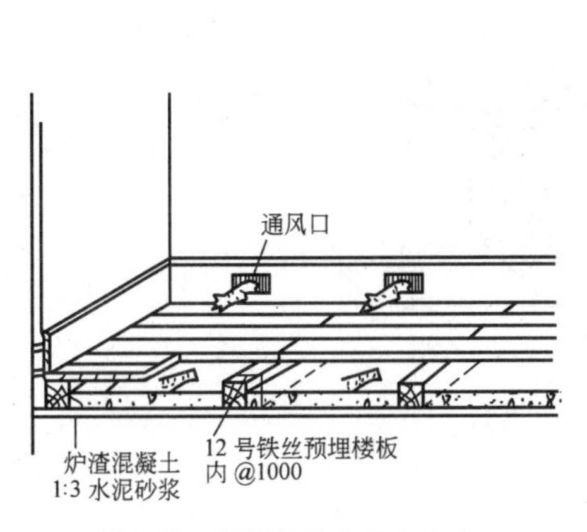

图 7-69 架空条形木地板地面

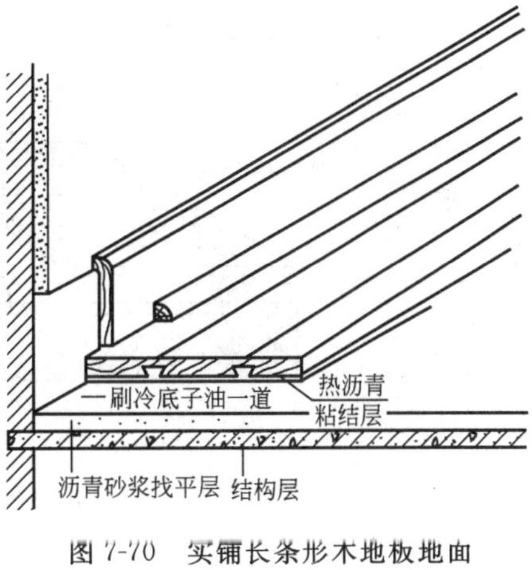

一刷冷底子油一道
热沥青
粘结层
沥青砂浆找平层
结构层

图 7-70 实铺长条形木地板地面

8.2.2 硬木拼花木地板

硬木拼花地板的拼缝形式，一般采用企口形式，如图 7-71 所示。铺贴方法有粘贴式、单层架空式、双层架空式几种，如图 7-72 所示。铺钉前先按图案进行试铺调整，然后自房间中央开始逐渐向房间四周铺钉，靠墙边四周留 300mm 宽作镶边。双层做法时，为避免噪声和防潮，在毛地板面层之间应加铺一层油毡纸，毛地板拼缝不大于 3mm，每块木地板两端须钉在木搁栅上，不得悬空。面层板用斜钉暗钉在毛地板上，更有在搁栅上部铺以防水合板作为底板，再以胶粘剂固定面层木板。空铺双层木地板用于拼花木地板比较多，缺点是耗费木材数量较大。几种不同的拼花木地面如图 7-73 所示。

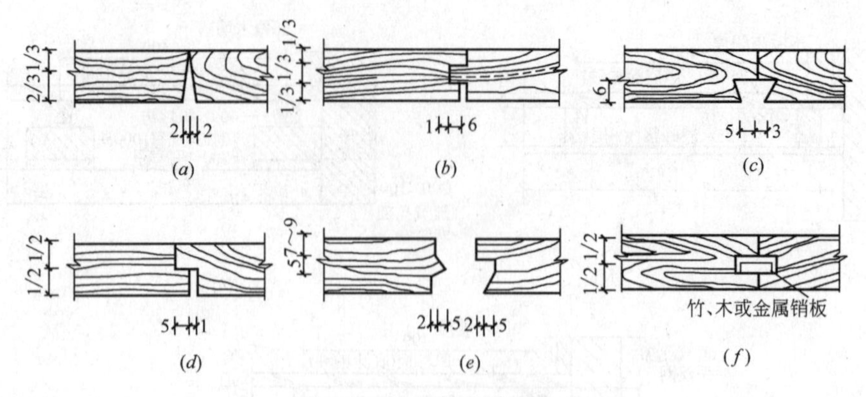

图 7-71 木地板的拼缝形式

(*a*) 平口；(*b*) 企口；(*c*) 截口；(*d*) 压口；(*e*) 企口；(*f*) 销板

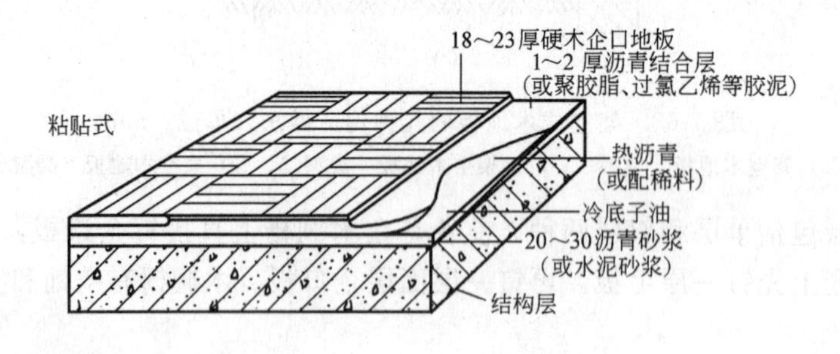

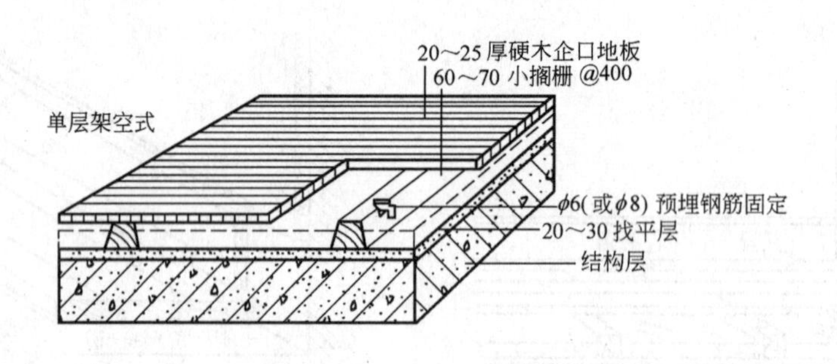

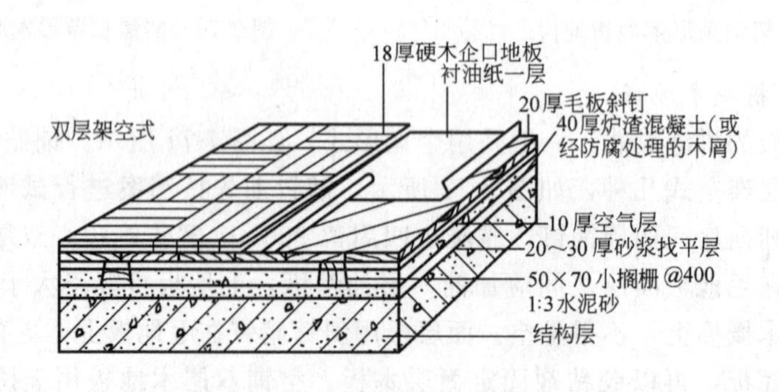

图 7-72 硬木拼花地板做法（单位：mm）

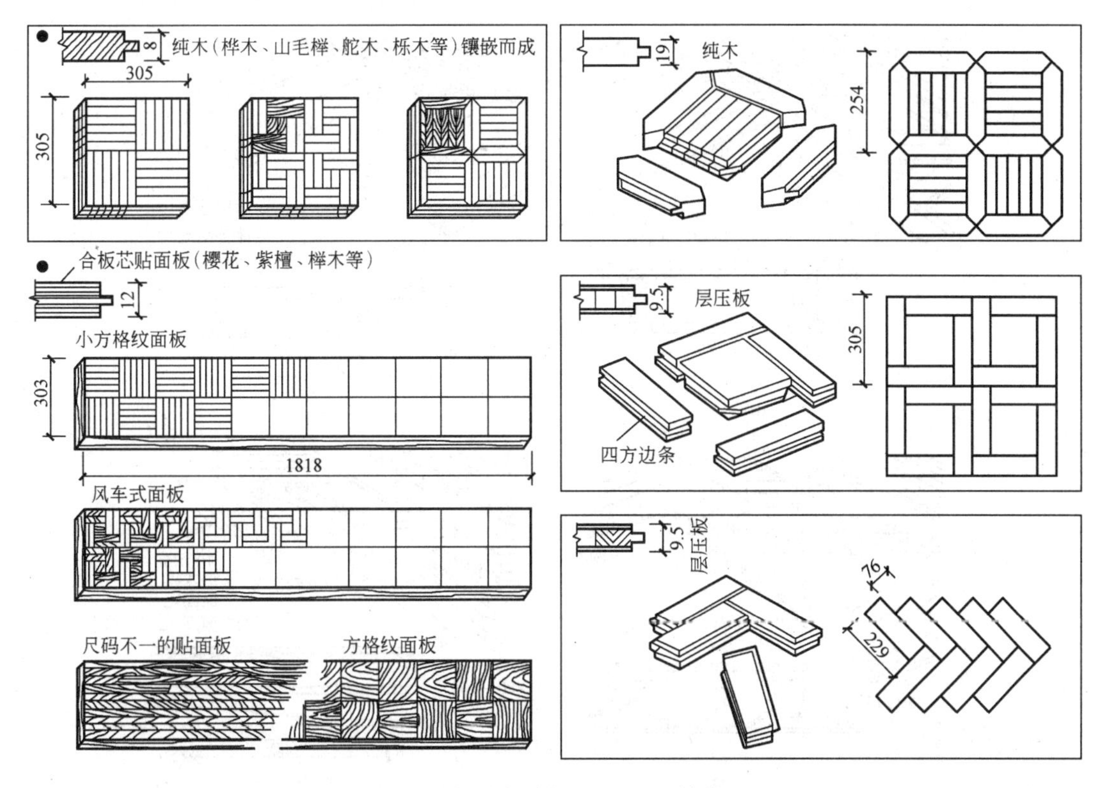

图 7-73　几种不同的拼花木地面（单位：mm）

8.2.3　弹簧木地板

(1) 弹簧木地板适用于特殊要求的地面，如室内体育用房、排练厅、舞台等，对减震及整体的弹性比一般木质地面高，对这种有弹性要求的地面，在构造上可通过增加橡胶垫、木弓、钢弓等来解决。做弹性垫层，以橡皮最为常用。可采用条形橡胶垫及块状橡胶垫。橡皮垫块一般尺寸为 100mm×100mm，厚度分别为 7mm 和 30mm。采用这种橡皮垫块时应将三块重叠使用，垫块中距约 1.2m，其上再架设木搁栅，如图 7-74 所示。

(2) 金属弹簧地板主要应用于舞厅中舞池地面，是由许多金属弹簧支撑的整体式地板。弹簧地板要根据舞池面积的大小和动载荷的大小来确定弹簧的规格、数量分布。

此种木地板的施工，弹簧基座找平是关键，要经过精密测量。无论钢架制作，厚木板、中密板、饰面板安装，均应按设计要求和有关规范进行操作。

8.2.4　木地板与木踢脚板的连接做法

木踢脚是木地板施工的重要组成部分，也是墙面与地面的重要收口处理，它既可以增加室内美观，同时也可保护墙面下部免遭磕碰、弄污。因而，木地板房间的四周墙底脚处均应配套做木踢脚板，木踢脚板的高度通常是 80～150mm 之间，厚度在 10～25mm 之间，木地板与木踢脚板的连接做法如图 7-20 所示。

木踢脚可以现场加工制作，也可采用市场出售的成品，现场制作时，应预先将脚板面刨光，上口刨成圆弧线条，如采用成品木线条收口，应选择与踢脚板纹理、木色基本一致的木线条。

为避免长期使用中踢脚板变形、翘曲，应在踢脚板的背面（靠墙一面）开出凹槽，凹

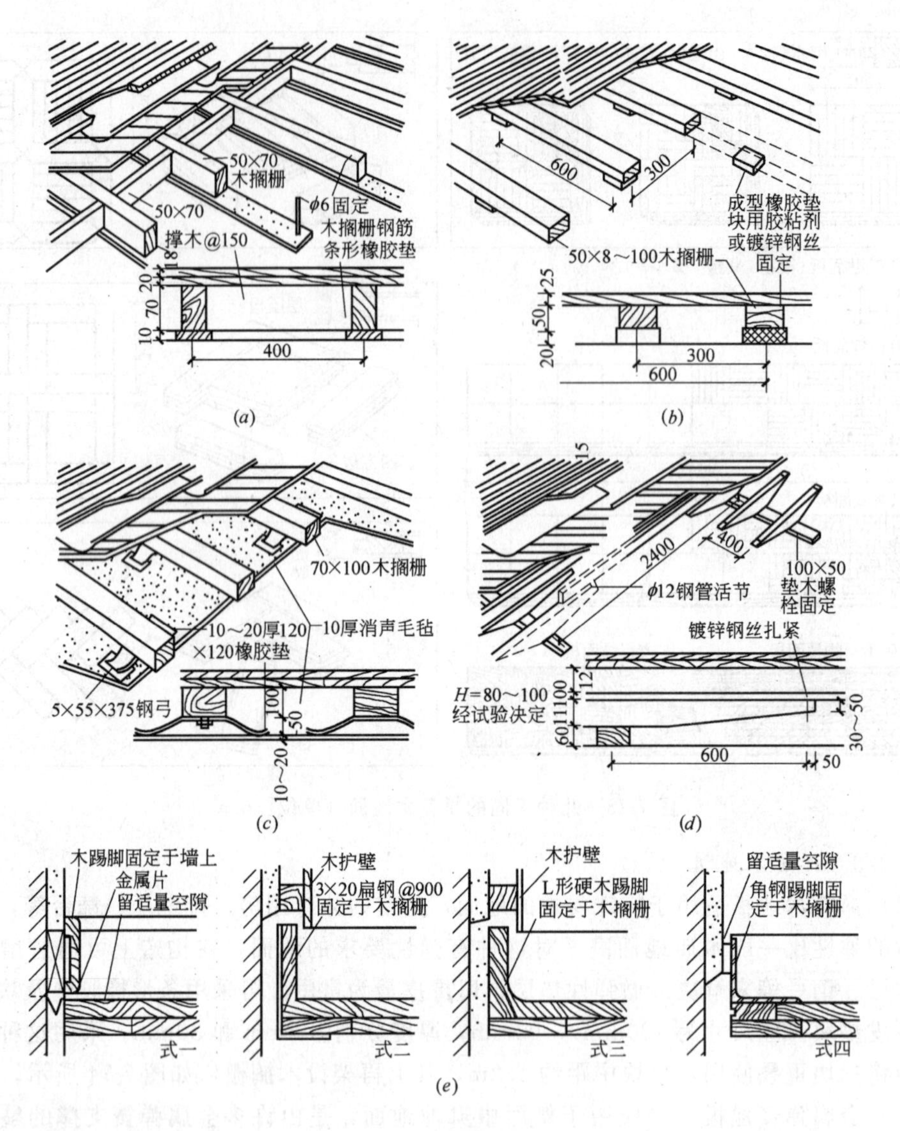

图 7-74 弹簧木地板的做法

(*a*) 条形橡胶垫；(*b*) 块形橡胶垫；(*c*) 钢弓；(*d*) 木弓；(*e*) 踢脚

槽的数量视踢脚板的高度而定，高度为 100mm 时，开一条凹槽；高度为 150mm 时，则开两条凹槽；高度超过 150mm 时，则应开三条凹槽，深度约为 3～5mm。

8.3 施工材料及其质量要求

(1) 基层用料

1) 架空木方　通常用截面尺寸为 50mm×50mm 的松木，具体规格应符合设计要求。所用木方应干燥，含水率不大于 18%，且应做防腐、防蛀、防火处理。

2) 基层板（毛地板） 采用实木板或厚木夹板，实木板含水率不大于 12%，厚度在 20mm 左右。厚木夹板厚度达于 15mm。所用材质符合设计要求，且应做防腐、防蛀、防火处理。

(2) 面层用料

宽度、厚度、含水率均应按设计要求准备到位。

(3) 木地板胶粘剂

木基面板与木地板的粘结，用聚醋酸乙烯类胶粘剂（白乳胶）、立时得胶等。

地面与木地板直接粘结常用环氧树脂、聚氨酯、沥青胶等。

(4) 其他材料

地板腊、木地板罩面漆、防潮纸和沥青油毡等应符合设计要求。

硬木踢脚板：宽度、厚度、含水率均应符合设计要求，背面应满涂防腐剂，花纹颜色应力求于面层地板相同。

8.4 木地板施工准备与作业条件

8.4.1 木地板施工准备

(1) 技术准备

1) 木地板面层下的各层做法应已按设计要求施工并验收合格。

2) 样板间或样板块已得到认可。

(2) 机具准备

1) 常用机具：手提电锯、电刨、地板抛光机、气钉枪、磨光机、电动打蜡机等。

2) 常用木工工具准备到位。

8.4.2 施工条件及环境控制

(1) 木地板施工条件及环境控制

1) 材料检验完毕并符合要求。

2) 对所有作业人员已进行了技术交底，特殊工种必须持证上岗。

3) 顶棚和内墙面的装饰应施工完毕，门窗和玻璃已全部安装。

4) 现浇混凝土楼（地）面基体已预埋好 $\phi6\sim\phi8$ 锚固件或 M6、M8 螺栓，混凝土强度等级符合设计要求。架空式地板，其地垄墙已砌筑完成，其砌筑强度已达到设计标号，并已埋好锚固铜丝。

5) 房屋四周墙根已预埋好顶踢脚板的防腐木砖，其位置、间距准确。

6) 粘贴薄木地板的混凝土和水泥砂浆基层已达到设计强度，并已干燥，面层不得有起砂、起皮、起灰、凹凸等缺陷，表面平整度 2m 靠尺检查不得超过 2mm。不符合要求者，返工修整到合格为止。

7) 加工订货的材料已入库，并经检查验收。对不合设计要求的板材、方木予以剔除，长条地板应成捆绑扎，平稳搁置。拼花地板应进行预拼。

8) 铺钉在钢筋混凝土楼板上的木搁栅、木板地面应预先刷好木材防腐油。

9) 校对或弹好墙面＋50cm 的水平基准线，以控制铺设的高度和厚度。

10) 木搁栅底面及顶面刨平。

(2) 硬质纤维板施工条件及环境控制

1) 水泥砂浆或混凝土基层已经验收合格。

2) 门窗已安装完毕。

3) 室内装饰施工基本完工。

4）木屑过筛，且已筛除杂质。

8.5 木地板施工

8.5.1 硬木拼花地板的施工工艺

硬木拼花地板的拼缝形式，一般采用企口形式。铺贴方法有粘贴式、单层架空式、双层架空式几种。下面介绍的为架铺企口地板面施工及操作程序：

（1）施工前应根据设计标高在立墙四周弹线，以便找平，用料均须按设计要求作干燥、防腐处理。

（2）木搁栅铺放间距一般为 400mm，并应根据设计要求或房间具体尺寸均分，安放的标高应符合设计要求，同时要注意与室内门扇下皮标高或室外其他标高核对计算，确定最后安放尺寸标高。安装时要随时注意纵横两个方向找平，用 2m 钢尺检查钢尺（立面）与搁栅的空隙小于 3mm。

（3）当木搁栅上皮不平时，可用垫板找平，或刨平。也可对底部稍加削找平，深度不应超过 10mm，砍口应作防腐处理；采用垫板找平时，必须用圆钉从搁栅中部斜向（45°）与垫板钉牢，并安装牢固平直。

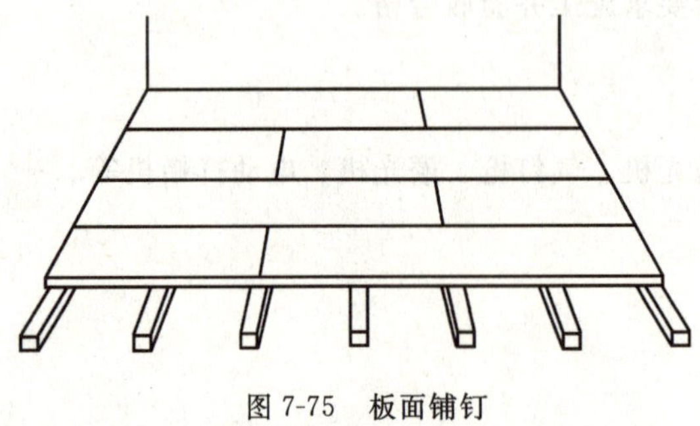

图 7-75 板面铺钉

（4）木地板应与搁栅垂直铺钉，并顺进门方向，接缝均应在搁栅中心部位，并相互错开，如图 7-75 所示。

（5）为了使地板拼缝严密，铺钉时应从墙的一面开始，逐块紧排铺钉。第一块板应离开墙面 10mm 左右，凹槽向墙，凸面向外，依次排列。圆钉长度应为板厚的 2～2.5 倍；第一块板挨墙一端用直钉与搁栅钉牢，一般每块钉 2 支钉，依次用暗钉斜钉，如图 7-76 所示，钉帽冲入板面 3～5mm。

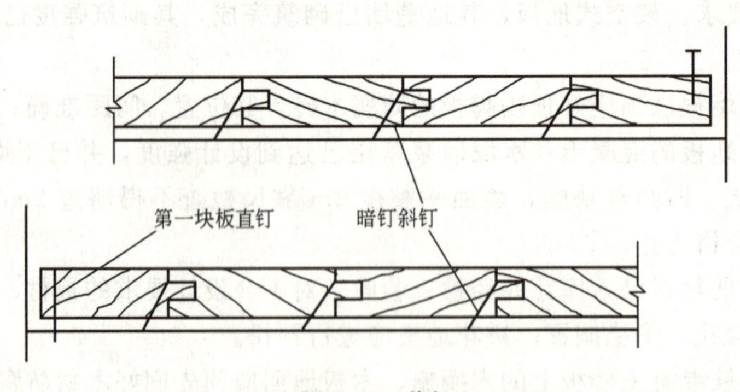

图 7-76 着钉

（6）墙边的余量，裁切时凹槽向墙取材，将凹槽的一边去掉后，用木块垫衬，打地边缝。注意取材时应略放宽些，使地板铺进后紧紧地固定，如图 7-77 所示。

（7）板面铺平后要经过一段时间，待木板变形稳定后，再进行刨光，把地板面层打扫干净，用电刨或手工刨垂直木纹方向进行粗刨，然后按顺木纹方向细刨一遍，使面层完全平整后在用砂带机磨光。

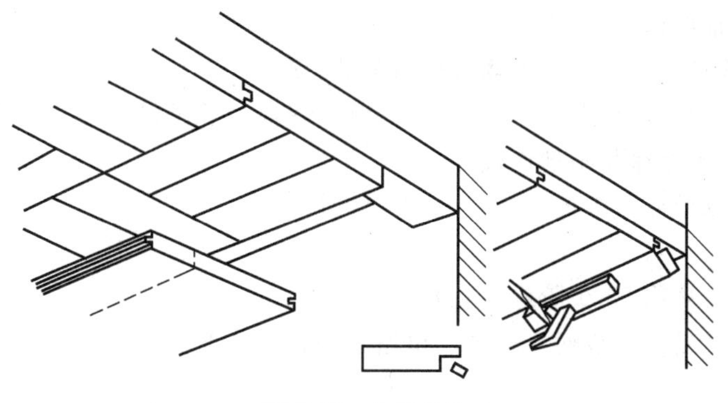

图 7-77　余量截取

（8）磨光的木板要清扫表面，如不能直接做油漆表面时，应铺满干锯末或塑料薄膜加以保护。

8.5.2　长条形企口地板的施工工艺

长条形企口木板地面多用实铺方式铺砌，方法很多。常见的有以下三种：

（1）夹板条铺地面，如图 7-78 所示。在水泥地面上铺设一层塑料薄膜，然后将 9mm 厚夹板锯成 40mm 宽的板条，每隔 120mm 用水泥钢钉把板条钉于地面，并通过弹线找平板条的水平，然后将地板铺装在夹板条上，榫上钉连接。

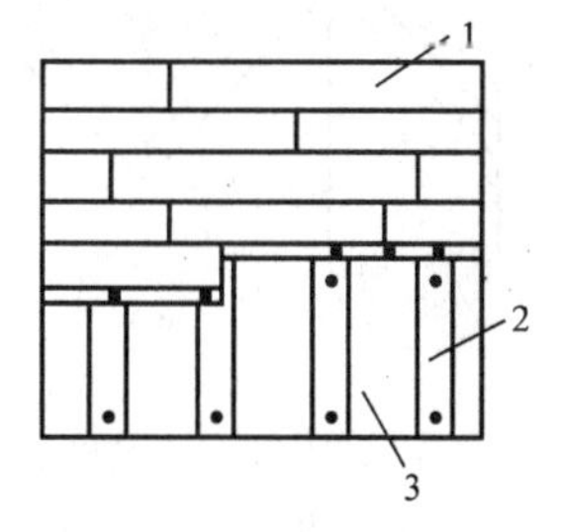

图 7-78　夹板条铺地面
1—长条木板；2—夹板条；3—塑料薄膜

（2）夹板铺地面，在水泥地面上铺设一到两层塑料薄膜，然后将整块 9mm 厚的夹板用钢钉同地面相连接，在夹板上铺设地板。具体程序如下：

1）把地面批平，干透后，先盖两层塑料薄膜（防潮），再铺上夹板，用钢钉固定。

2）沿最长一面墙脚边开始铺第一条地板。为适应各种气候变化，在地板与墙脚间应留 1cm 的空隙。可用木桩作间隔，地板用铁钉或胶水固定在夹板上。

3）末端的一块地板，如需锯割，可先量出长度，注意墙脚处的 1cm 空隙也要计算在内。

4）地板装进后，从头至尾用铅笔划一条直线作为正规矩线。

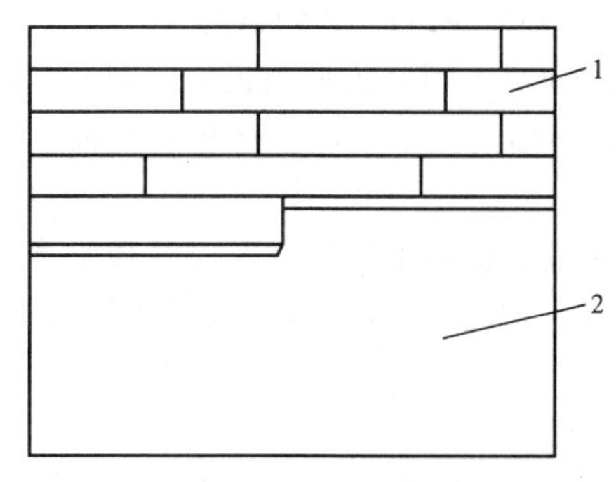

图 7-79　橡胶垫铺地面
1—地板；2—胶垫

5）用撬棒压紧驳口，使榫卯相互咬合紧密，板面不留缝隙。

6）安装第二排时，先用手把地板推进驳口，然后用木块压在地板边沿，用槌敲击木块，压紧驳口。

7）每铺装一排地板，随时检查第一排地板上的规矩线，以保证地板的整齐。

8）铺装最后一排地板时，切记用木桩隔开空间。如需锯割，应划出锯割线，细心地沿线锯割，不能有偏差。

9）用撬棒压紧地板驳口。

10）地板与墙脚的空间，装上踢脚板后荡然无存。

(3) 橡胶垫铺地面，如图 7-79 所示。将橡胶或地毡胶垫铺于地面，然后将地板直接拼放在胶垫上，在榫上涂胶粘剂连接。

8.5.3　粘贴地面施工工艺

(1) 材料要求

1）粘结材料可采用 8311 胶或白乳胶。

2）检验铺贴材料：有节疤、缺边、角超规格和尺寸不规范等现象的材料应退回。

(2) 施工准备

1）地面检查及处理：地面含水率不大于 16%；水平面误差不大于 4mm；不允许空鼓；不允许起砂。检查地面若水平面误差大于 4mm，起砂面积在 $400cm^2$ 以下进行局部修整，批挡处理。批挡前先用水稍湿润以增加批层与地面粘结实，批挡层一般控制在 3mm 厚以下。批挡材料：含固量大于 9%的 108 胶∶425 号水泥=1∶3。清洁后，用水加 108 胶（比例 3∶1）涂刷一遍，方可定位铺贴。

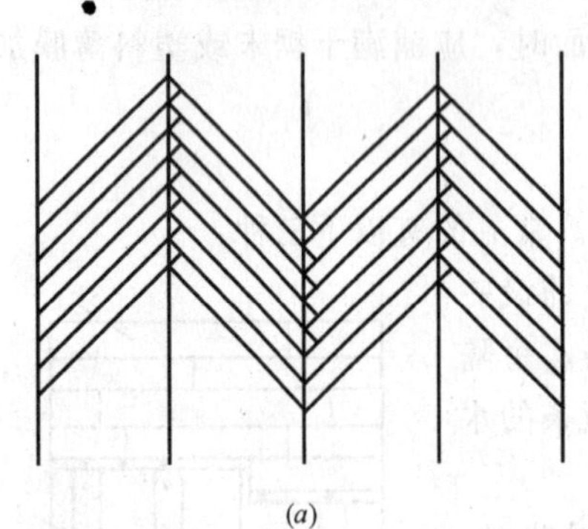
(a)

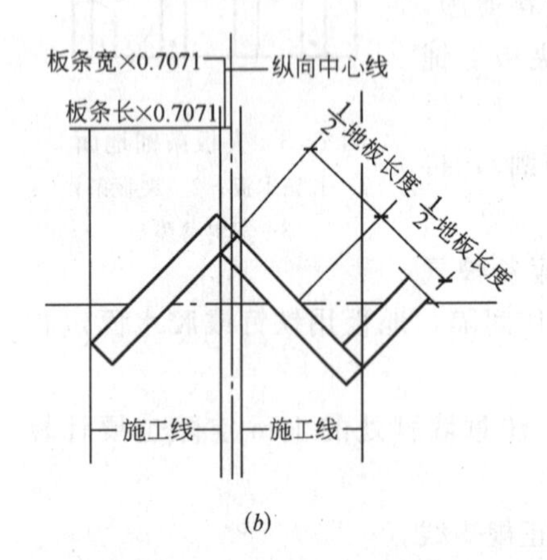

(b)

图 7-80　条形木地板的人字形定位法
(a) 人字形木地板施工布置线；
(b) 首块地板条定位示意

2）确定中心线。中心线或与之相交的十字线应分别引入各房间作为控制要点。如用人字形铺贴条形木地板，应按图 7-80 所示方法布置施工线及第一块条形地板的定位。粘贴式地板面层按所弹施工线试铺，以检查其拼缝高低、平整度、对缝等。经反复调整符合要求进行编号，施工时按编号从房间中央向四周铺贴。

(3) 粘贴地面具体施工操作程序

1）地面清洁后，确定中心线，根据中心线、十字线确定地板块的位置，原则为先求大面，再求小面，从中心线向两边以地板长为宽度依次排出直线，到墙脚余下的宽度作为镶边。铺设方向从门的斜对角开始依次向外铺设，最后辅镶边。

2）在清洁的地面上用锯齿形刮板均匀刮一遍，面积为 $1m^2$ 以内，然后用铲刀涂在地板粘结面上，特别是凹槽内上胶要饱满，胶的厚度控制在 1～1.2mm。

3）按图案要求进行铺贴，并用加压法挤出剩余胶液，板面上胶液应及时处理干净。铺贴牢固，无空鼓、开裂，板面粘结无溢胶。对缝顺直，拼缝严密，拉 5m 线检查不大于 3mm。及时收回边角材料并加以利用，严禁长料短用。

8.5.4　软木地板的施工工艺

1）材料和工具准备：软木地板（条）、直（折）木尺、木工画线铅笔、壁纸刀、橡胶锤、皮灰刀和胶粘剂等。

2）地面基层质量要求：地面必须平整，新旧地面均要清洗，除去粉尘污垢，使其干燥清洁。高档房间的装修最好铺上5～9mm厚的夹板，并用短水泥钉钉牢后再施工。已铺装木地板的房间，在铺装软木地板前，应将已发生翘曲变形的地板表面剔平，除净表面原有涂饰层及污垢。

3）施工工艺

找出中心线：使两中心线保持垂直。施工前先试摆上未涂胶的软木地板，使其一边不切割或避免沿墙出现细条。按此原则调节中心线位置，确定工作起始点（见图7-81*a*）。

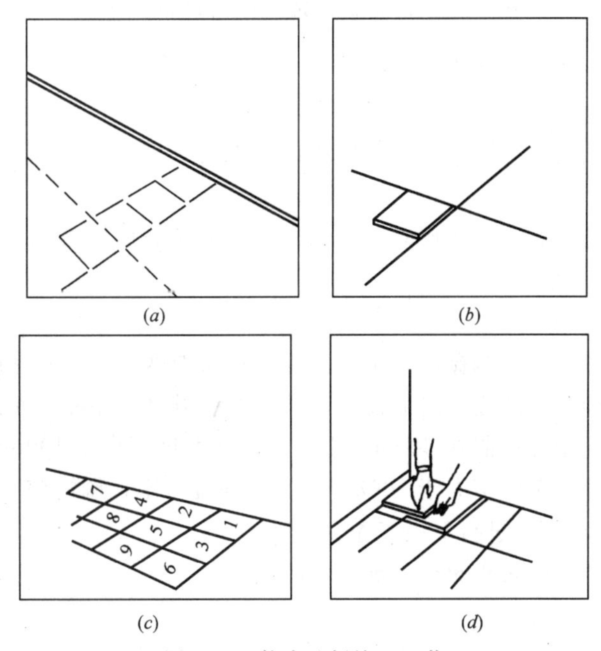

图7-81 软木地板施工工艺

（*a*）确定中心线；（*b*）铺贴；（*c*）铺贴顺序；（*d*）末端处理

涂胶：从中心线开始，先装贴其中1/4部分。装贴前须用湿抹面将地板涂面浮尘擦掉，然后用线涂法和点涂法将胶涂于地板粗面边沿及对角线夹角中间点。线涂宽度不少于2cm，点涂直径不少于3cm，涂层厚0.5mm，地面每次涂胶面积不大于2m²。第一块软木地板装贴时，其垂直边必须与地面中心线重合（见图7-81*b*）。

铺贴：将软木板按图7-81（*c*）所示的顺序编号铺贴，并用橡皮锤轻击，使其牢固地粘于地面，以保证其方正度。沿墙边缘部分地板的切割，如图7-81（*d*）所示，挨墙的上板做划线板，切除中板重合部分，余下部分填入挨墙间隙中。

贴完后，用加入大白粉胶粘剂及能和地板保持一致颜色的颜料混合剂刮入地板缝隙中，刮平。最后拿剩余材料和工具，清扫干净。若用水泥勾缝，须待粘贴24h后方可进行清扫工作。

喷、刷聚酯漆于地板表面，待48h干燥固化后涂蜡，一周后投入使用。

8.6 成品保护

（1）铺钉地板时，不要损坏墙面和木门框。

(2) 地板材料进场后，经检验合格，应码放在室内，分规格码放整齐，应轻拿轻放，以免损坏棱角。

(3) 铺钉木地板时，操作人员应穿软底鞋，不得在地面上敲砸，防止破坏面层。

(4) 木地板铺设应注意环境温度、湿度的变化，施工方应及时覆盖塑料薄膜，防止开裂和变形。

(5) 地板磨光后应及时刷油和打蜡。

(6) 通水和通暖气时应设专人观察，防止渗漏浸泡地板，造成地板开裂和起鼓。

8.7 常见工程质量问题及防治措施

8.7.1 木地板脚踩时有响声

(1) 分析原因

1) 由于木搁栅固定不牢固，含水率偏大或施工时周围环境湿度大，潮湿等原因造成脚踩时有响声。

2) 当采用预埋铁件锚固木搁栅时，因锚固钢钉变形、间距过大，也会造成木搁栅受力后弯曲变形、滑动、松动。

(2) 防治措施

1) 采用预埋铁件锚固木搁栅时，施工时要注意保护钢丝，不要将钢丝弄断。

2) 木搁栅和毛地板必须先干燥后使用，并注意铺设时的环境干燥。

3) 锚固铁件的间距应控制在800mm以下，顶面宽度不小于100mm。

4) 横撑或剪力撑间距应不大于800mm，且与搁栅钉牢，搁栅铺钉完后，要认真检查有无响声，不符合要求不得进行下道工序。

8.7.2 拼缝不严，使用中出现裂缝

(1) 分析原因

1) 操作不当，未严格按规范施工。

2) 木地板干燥率不符合要求。

3) 板材宽度尺寸误差过大。

(2) 防治措施

1) 企口榫应平铺，在板前钉扒钉，用楔块楔得缝隙一致时再钉钉子。

2) 木地板含水率要符合要求。

3) 挑选合格的板材。

8.7.3 木地板拼花不规范

(1) 分析原因

1) 由于地板条规格不符合要求，宽窄长短不一，施工前又未严格挑选，安装时没有套方，致使拼花犬牙交错。

2) 施工时没有弹施工线或弹线不准，排档不匀，操作人员互不照应，造成混乱。

(2) 防治措施

1) 拼花地板应经挑选，规格整齐一致。

2) 最好分规格、颜色装箱编号，操作时也要逐一套方；不符合要求的地板要经修理后再用。

3）房间应先弹线后施工，席纹地板弹十字线，人字地板弹分档线，各对称边留空一致，以便圈边。

4）铺设宜从中间开始，做到边铺设边套方，不规矩的应及时找方。

8.7.4 木地板局部翘鼓

（1）分析原因

1）受潮变形。

2）毛地板拼缝太小或无缝。

3）水管、气管滴漏泡湿地板，或有阳光直晒。

（2）防治措施

1）预制圆孔板内应无积水；搁栅刻通风槽；保温隔声填料必须干燥；铺钉油纸隔潮；铺钉时室内应干燥。

2）毛地板拼缝应留2～3mm缝隙。

3）水管、气管试压时，地板面层刷油打蜡应已完成。施压时应由专人负责看管，处理滴漏。阳台门口严防雨水进入或太阳光直射进入室内。

8.8 质量标准与工程验收

8.8.1 主控项目

（1）木材的材质和铺设时的含水率必须符合《木结构工程施工质量验收规范》（GB 50206—2002）的有关规定。

检查方法：观察；检查产品合格证书、进场验收记录。

（2）木搁栅、毛地板和垫木等必须作防腐处理，木搁栅的安装必须牢固、平直。在混凝土基层上铺设木搁栅，其间距和稳固方法必须符合设计要求。

检查方法：观察；尺量检查；脚踩检查。

（3）各种木制板面层必须铺钉牢固，无松动，粘贴使用的胶必须符合设计要求。

检查方法：观察；尺量检查；脚踩检查；用小锤轻击检查。

8.8.2 一般项目

（1）木板和木板拼花面层刨平磨光，无刨痕戗茬和毛刺现象，图案清晰美观，清油面层颜色均匀一致。

检查方法：观察；手摸或脚踩检查。

（2）条形木板面层接缝缝隙严密，接头位置错开，表面洁净，拼缝平直方正。

拼花木地板面层，接缝缝隙严密，粘钉牢固，表面洁净，粘结无溢胶，板块排列合理，美观，镶边宽度周边一致。

检查方法：观察；脚踩检查。

（3）踢脚线的铺设质量，接缝严密，表面平整光滑，高度、出墙厚度一致，接缝排列合理美观，上口平直，割角准确。

检查方法：观察；尺量检查。

（4）木地板烫硬蜡，擦软蜡，蜡洒布均匀不露底，光滑明亮，色泽一致，厚薄均匀，木纹清晰，表面洁净。

检查方法：观察。

(5) 允许偏差项目，见表 7-10 所示。

木地板面层允许偏差和检验方法　表 7-10

项次	项目	允许偏差(mm)			检验方法
		松木长条木板	硬木长条木板	拼花木板	
1	表面平整度	2	1	1	用 2m 靠尺和楔形塞尺检查
2	踢角上口平直	2	3	3	拉 5m 线，不足 5m 拉通线，用钢直尺检查
3	板面拼缝平直	2	3	1	拉 5m 线，不足 5m 拉通线，用钢直尺检查
4	缝隙宽度	2	0.3	<0.1	用塞尺与目测检查

8.9 木质地面的施工监理

(1) 木地板的施工应选择专业承包商，以满足其弹性好、隔声、隔热、美观等方面的要求。

(2) 按木装修工程监理实施细则要求对其制作安装工程进行监理。

(3) 木地板施工安装与木门安装、壁柜、木护墙、木筒子板、电气、弱电等工程关系密切，所以事前控制重点是做好设计图纸会审，解决好标高、木地板构造、节点大样等技术问题。一般情况下，承包商应按建筑设计图的要求绘制施工图。

(4) 严格控制预埋铁件、木砖的规格、位置、数量，经检查合格后，方可进入下道施工工序。

(5) 按规范、标准、合同要求对搁栅、毛板、地板条、踢脚板、胶水、防潮纸等进行检查验收，重点检查材质、规格、含水率，办理验收签证工作。

(6) 为确保木门安装等分项工程的交叉施工，监理工程师应尽早确认木地板的标高，交各工种配合施工。

(7) 检查木地板施工准备情况，重点检查承包商是否对木材进行了干燥，防腐、防虫处理是否符合要求，作业条件是否具备，相关工种是否配合到位，适时发布施工令。

(8) 为严格控制搁栅的安装质量，监理工程师须复核木地板标高，检查搁栅间距、接头及固定方法，确保其位置正确、连接牢固。同时，应检查卡挡搁栅和通风槽的设置，若设计有隔声板时，应清除搁栅内杂物，确保其厚度低于搁栅面 20mm，毛地板或地板条安装前须办理木地板搁栅安装工程隐蔽签证。

(9) 严格控制毛地板的铺钉质量，重点检查毛地板的宽度（150mm 以下）、接头、拉缝及离墙间隙，铺钉时应将钉子冲入板面 2～3mm，然后刨光。

(10) 面层地板铺钉时，须对材色进行挑选，然后分箱编号，力求颜色一致，木纹协调，图案完整。

(11) 面层地板铺设时，监理工程师应检查其弹线、铺钉顺序、找直套方、收头、圈边及防潮纸等工序是否符合施工工艺要求，如不合格，应责令承包商返工。

(12) 踢脚板安装时，应确保其与墙面、木地板面结合紧密，上口顺直，接头（含阴阳角）合理，否则须采取相应的构造措施。

（13）地板刨光应重点控制地板刨转速、行速及入刨角度，并做到先提起后关机。对于边角处用人工刨面净面。磨光应先粗后细，方法得当。木地板安装完成后，应立即刷一遍干性底油。刷底油前用吸尘器将木屑清理干净。

（14）确立样板木地板检查验收制度，合格后准予承包商全面施工。

（15）以规范、标准为依据，在制作安装过程中进行质量抽查，并采取技术措施等防范质量通病，不合格者应坚决返修。

（16）严格执行验评标准，正确行使质量监督权、否决权，及时办理质量技术签证。

（17）监督承包商做好安全防火、文明施工及成品保护工作。

（18）审核承包商提交的木地板施工进度计划，协调各专业工程的施工，在搁栅安装、面层地板铺钉上应设置进度控制点，严格进度检查和纠偏，按合同规定对已完工工程量进行计算，并签署进度、计量方面的认证意见。

实训课题1　木墙裙、木踢脚的施工制作与安装

1. 实训目的：

本实训课题设计的目的，重在培养学生的实际动手能力。通过木墙裙、木踢脚的实地施工制作与安装，熟悉木墙裙、木踢脚的构造做法、材料要求及施工注意事项，掌握其制作与安装的工艺流程及施工要点，能正确、安全地使用各种常规施工工具并能进行日常维护，了解施工过程中容易出现的质量问题，并能采取相应的技术措施加以防范，能按有关质量标准对工程进行质量验收。

2. 实训条件：

某一房间的木墙裙、木踢脚的制作与安装，房间开间尺寸为3600mm，进深尺寸为4500mm。

3. 能力及标准要求：

木墙裙、木踢脚的施工制作与安装是目前装修中较常见的一个装饰工程，要求同学们能够根据所给条件，合理绘制出木墙裙、木踢脚的施工平面图、立面图及有关节点构造详图。计算各种材料的用量；能根据施工图进行下料；对工人进行技术交底。

能根据施工现场条件编制工程作业面的施工作业计划书，会测量放样，能组织木墙裙制作工程的施工作业等。能组织实施成品保护及劳动安全技术措施。能编制其制作工程的施工说明书。

4. 施工准备：

（1）施工工具和材料要准备到位，所用材料均应符合设计及施工要求，应有出厂质量合格证明书。

（2）施工前必须先进行工地现场测量与放样，并请监理方签认，方可施工。

（3）必须对所有人员进行工地施工技术及安全教育，做到文明施工。

木墙裙的施工：

（1）施工程序

弹线、分格→在墙上钻孔、打入木楔→墙面防潮→钉木龙骨→铺钉面板→钉冒头→装

钉木踢脚板

(2) 施工操作要点

按照前面（课题2）讲过的有关施工操作要点及注意事项等内容进行实地操作。

5. 总结讨论：

本实训项目完成后，每个小组都要进行总结和回顾，谈实训的感受和体会，对本次技能实训中出现的各种情况和问题加以分析，讨论并找出解决问题的办法。要求以书面形式进行汇总。

实训课题2　木窗帘盒的制作与安装

实训课题3　木门窗套的制作与安装

实训课题4　木龙骨吊顶的制作与安装

根据学校实训工厂条件，组织实施实训课题2～4实地操作训练。

实训要求：

1. 能根据场地条件合理绘制出实训课题的施工图及有关节点构造详图。
2. 能计算各种材料的用量。
3. 会测量放样，会抄平弹线。
4. 能根据施工图进行下料；并能进行技术交底服务。
5. 能根据施工现场条件编制工程作业面的施工作业计划书。
6. 能组织实施实训项目的施工作业，并能按有关施工程序和操作规程进行施工。
7. 能组织实施成品保护及劳动安全技术措施。
8. 能编制其制作工程的施工说明书。
9. 能按有关质量标准对所做项目进行工程质量验收。

思考题与习题

1. 木窗帘盒的制作要点有哪些？
2. 木质门窗套制作与安装有哪些质量控制要点？
3. 散热器罩的形式、作用和常用材料有哪些？
4. 门窗套制作与安装工程质量验收标准有哪些？
5. 木墙裙、木墙面的施工程序及施工要点是什么？
6. 木扶手安装有哪些质量控制要点？
7. 吊顶工程对木龙骨有何要求？木饰面板安装有哪些质量控制要点？
8. 门窗套的安装工程有哪些质量通病？如何防治？
9. 简述硬木拼花地板的施工工艺。

单元8　家具的制作

知　识　点： 了解家具制作常用材料，家具的造形与尺度，家具构造和制作、安装方法，熟悉并会使用各种木工工具和机具。

教学目标： 在教师指导下正确使用木工工具和电动机具，采用合适的构造做法和连接方法制作家具。

课题1　家具的材料、尺度与构造

1.1　家具用材料

1.1.1　木材

现代一般家具所用木材大都为人造板材，如胶合板、纤维板、刨花板、装饰板（塑料贴面板）及各种饰面人造板等。有些高档家具可采用红松、樟木、楠木及各种名贵硬木、红木，如紫檀、花梨木等。

1.1.2　辅助材料

（1）胶类：白乳胶、万能胶、309胶等。

（2）紧固材料：常用的为圆钉和木螺钉，还有一些连接件和紧固件，如尼龙倒齿连接件、空心木螺钉连接件、胀开式连接件、偏心连接件、直角式连接件等。

1.2.3　家具配件

（1）铰链：主要有普通铰链、长铰链、暗铰链等。

（2）滑道：有抽屉滑道和玻璃滑道两类。

（3）拉手：有塑料拉手和金属拉手两类。

（4）门夹：有磁碰门夹、塑料门夹、金属弹簧门夹。

（5）家具锁：主要有门锁、抽屉锁和玻璃门锁三种。

1.2　家具造型与尺度

1.2.1　家具的造型

家具的造型要考虑它的美观、实用和符合人体工学等几个方面。一般的造型设计可从这样几个方面去考虑：

（1）空间体量虚实的均衡：由开放空间和封闭空间形成的体量感的大小和形体的虚实关系，从整体上看应具有平衡的感觉，而平衡主要是依靠对称和均衡两种方式来获得不同的视觉效果。单纯以对称求得的平衡在视觉上具有平稳、严肃、规矩、秩序的感觉，但处理不好易显得呆板。如图8-1和图8-2所示的两组家具，前者采用左右完全对称均衡的处理方式，且左右两边都是完全封闭的造型，显得不够亲切，缺乏人情味。而后者采用封闭

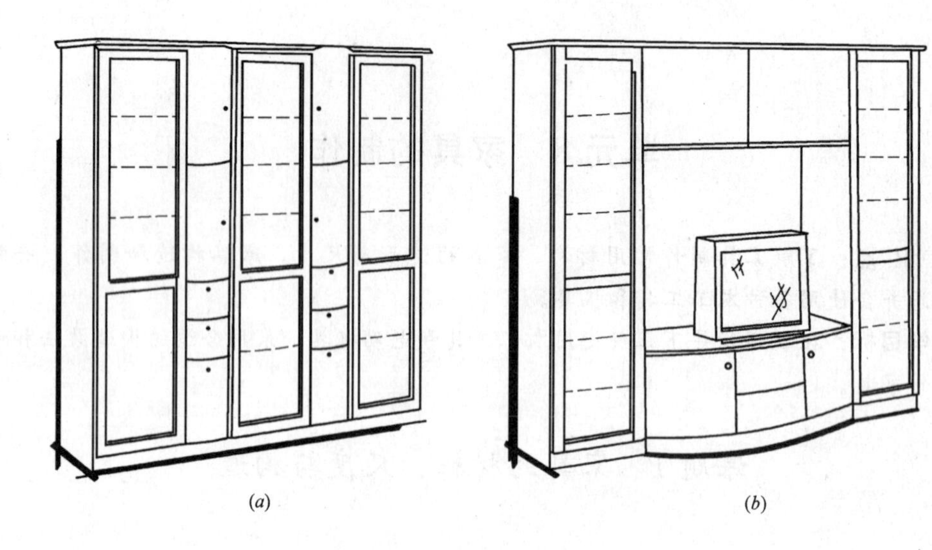

(a)　　　　(b)

图 8-1　左右对称式家具

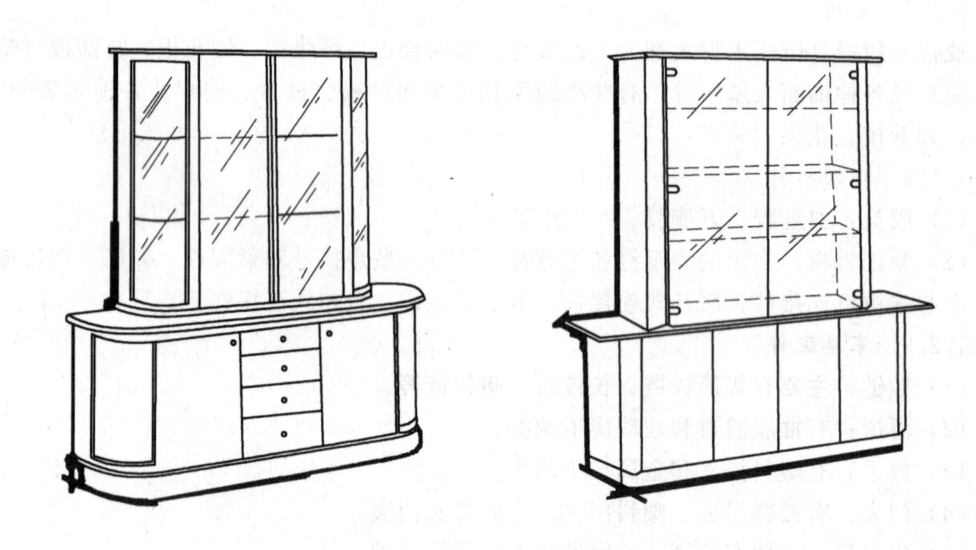

图 8-2　逆对称式家具

空间和开放空间高低错落的逆对称方式，使体量和虚实间相互渗透，造形就比较生动活泼、轻巧灵活。

以均衡求平衡的处理方式能使家具的组合获得生动、活泼、轻巧、灵活的效果，造形也富于变化，如图 8-3 所示，组合柜虽采用的全封闭形式，但由于体量的大小错落，使背景墙体部分有了开放的意味。

(2) 开放与封闭空间的形状：大多数家具的空间正面形式为矩形，如果全部采用矩形组合会给人僵硬的感觉，所以应把矩形与正面为多边形、圆形、椭圆形及其他异形体相结合，这样可极大地丰富家具的造形，如图 8-4 所示。

(3) 开放与与封闭空间的整体与局部的关系：开放与封闭空间对比强烈，便两者

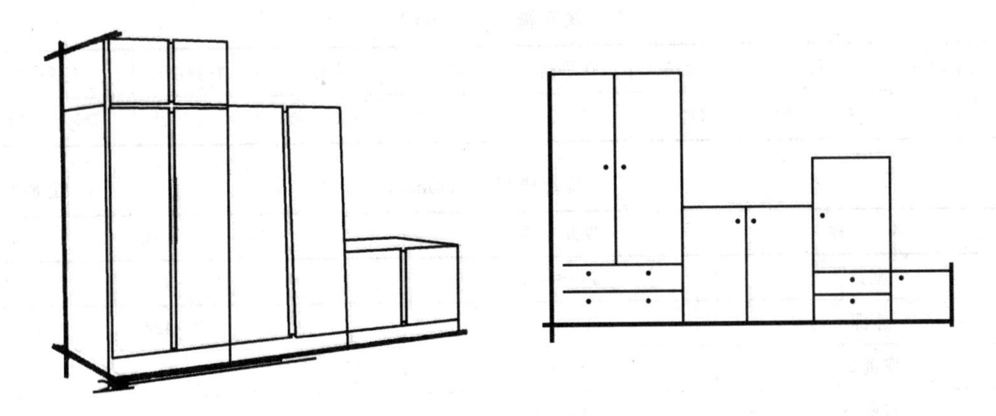

图 8-3　全封闭式组合家具

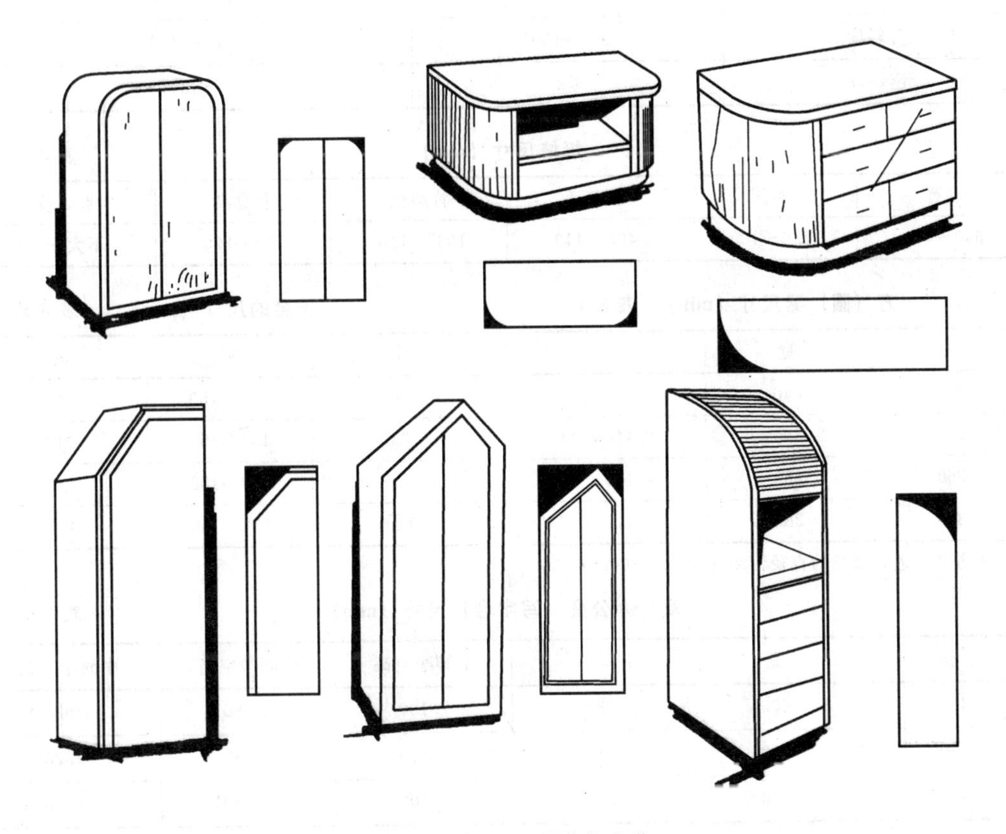

图 8-4　家具正面形状变化

若能有机结合，就能获得良好的效果。它们在表现形式上都是局部的，但对整体效果都负有共同的责任，如果两者互不相干，没有内在联系，就会支离破碎，失去整体感。

1.2.2　家具尺度

家具尺度的设计主要要考虑以下几个方面：第一，人们的一般居住条件；第二，人造板幅面规格尺寸；第三，家具生产线的加工技术特点；第四，不同阶层人士的文化生活习惯；第五，市场变化情况等。下面就常见家具尺寸列表如下（表 8-1～表 8-19）：

扶手椅尺寸（mm） 表 8-1

扶手内宽	座深	座前高	扶手高	背座宽	背总高	背斜度	座斜度
≥480	420～460	440	180～230	≥45°	805～900	98°～102°	不大于 30°

靠背椅尺寸（mm） 表 8-2

名　　称	硬及半软	全　软
座宽	380～420	410～450
座深	350～400	370～420
座前高	440	440
背座宽	330～380	360～400
背总高	800～870	800～900
背斜度	90°～100°	97°～100°
座斜度	≤2°	≤3°

折椅尺寸（mm） 表 8-3

座宽	座深	座前高	背斜度	背总高	座斜度
340～400	340～400	400～440	103°～115°	790～820	不大于 5°

方（圆）凳尺寸（mm） 表 8-4

长	宽	高
320	240	440
340	240	440
360	260	440
380	280	440

注：正方凳的边和圆凳的直径为 260、280、300mm。

长凳的尺寸（mm） 表 8-5

长	宽	高
900	130～150	440
950	130～150	440
1000	130～150	440
1100	130～150	440

双柜办公桌（写字台）尺寸（mm） 表 8-6

长	宽	高	下脚净空高	中间净空高	中间净空长
1200	600	780	≥100	≥580	≥520
1300	650	780	≥100	≥580	≥520
1400	750	780	≥100	≥580	≥520

单柜办公桌（一头沉写字台）尺寸（mm） 表 8-7

长	宽	高	下脚净空高	中间净空高	中间净空长
900	500	780	≥100	≥580	≥520
1000	500～780	≥100	≥580	≥520	≥520
1100	550	780	≥100	≥580	≥520
1200	600	780	≥100	≥580	≥520

单层桌（普通二抽或三抽桌）尺寸（mm） 表 8-8

长	宽	高	中间净空高
900	500	780	≥580
1000	500	780	≥580
1100	550	780	≥580
1210	600	780	≥580

方（圆）桌的尺寸（mm） 表 8-9

长	宽	高
750	750	780
800	800	780
850	850	780
900	900	780
950	950	780
1000	1000	780

小桌（炕桌）尺寸（mm） 表 8-10

长	宽	高
600	450	280、350、500
600	600	280、350、500
650	850	550、600
700	500	550、600
800	550	550、600

注：小桌的长度适用于圆桌直径。桌长、宽尺寸测量以桌面净尺寸计算。

单层床尺寸（mm） 表 8-11

长(内径)	床面宽		床面高
1920	单人床	800	440
		900	
		1000	
		1200	
	双人床	1350	
		1500	

双层床尺寸（mm） 表 8-12

长(内径)	床面宽	铺板高	层间净空高
1920	800	440	≥950
	900	440	≥950

注：双层床安全栏杆的长度不短于床长度的 1/2，高度不低于 150mm。

文件柜尺寸（mm） 表 8-13

宽	深	高	柜脚净空高
900	380～450	1800	≥100
950			
1000			
1050			

大衣柜尺寸（mm） 表 8-14

宽	深	高	柜脚净空高
900、950、1000、1050、1100、1200、1350、1450	530～600	1800～1900	≥100

小衣柜尺寸（mm）　　表 8-15

宽	深	高	柜脚净空高
900、950、1000、1050、1200、1350	500～600	1000～1200	≥100

物品柜（碗柜、酒柜、菜柜等）尺寸（mm）　　表 8-16

名称	宽	深	高	柜脚净空高
酒柜	750	430	1000	≥100
	900			
	1050			
碗柜	700～800	350～400	800～900	
	850～900	400～550	900～1000	
菜柜	500	400	750	
	660	400	1500	
	900	450	1700	

书柜尺寸（mm）　　表 8-17

宽	深	高	柜脚净空高
750	300～400	1200	≥100
800		1400	
850		1600	
900		1800	
950			

床头柜尺寸（mm）　　表 8-18

宽	深	高
400	400～540	450～650
500		
540		

书架尺寸（mm）　　表 8-19

宽	深	高	脚净空高
700	260	1200	≥100
750	280		
900	300	1450	

1.3　家具结构与构造

1.3.1　框架结构

这是典型的中国传统家具结构形式，长期以来被广泛应用。其主要结构形式有两种：一是木架梁柱结构，即由家具的立架和横木所组成的木框来支撑全部重量，而板材只起分隔和封闭空间的作用，如图 8-5 所示；另一种如同一个箱子，由家具的周边围成一个方整的框架，在框架内嵌板，分担横向和竖向的荷载，如图 8-6 所示。现代框架结构的家具大都把框封在家具内部，外观酷似板式家具，如图 8-7 所示。

框架结构家具的主要特点是由立架和横木组成框，框料之间的相互连接以榫接方式为主，即将榫头涂胶后压入榫眼，此连接方式整体结合强度较高。一般框架结构家具的框料可采用单榫和双榫连接，箱柜多采用多榫或燕尾榫连接，如柜体、木箱、抽屉等，榫的形式如图 8-8～图 8-14 所示。

图 8-5　框架结构家具

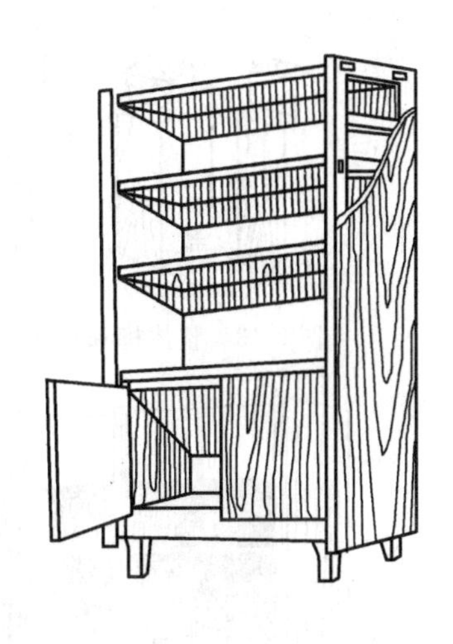

图 8-7　现代框架结构家具

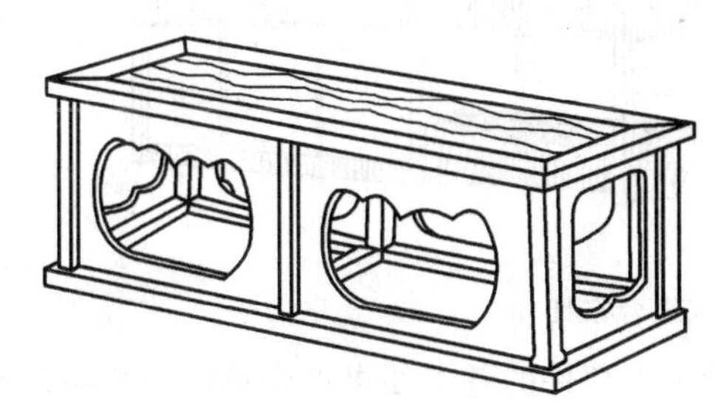

图 8-6　框架结构家具

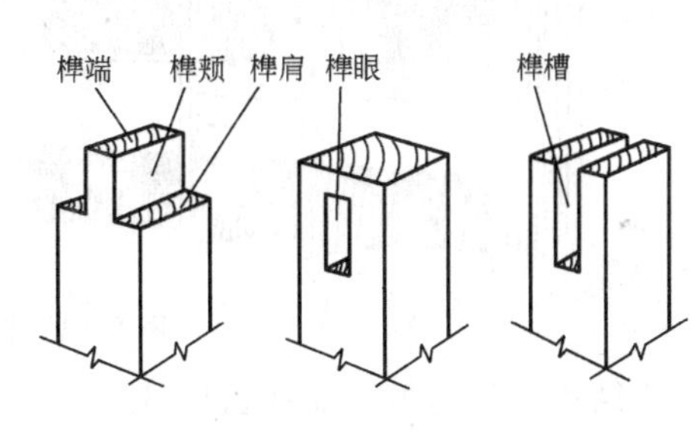

图 8-8　榫结合名称

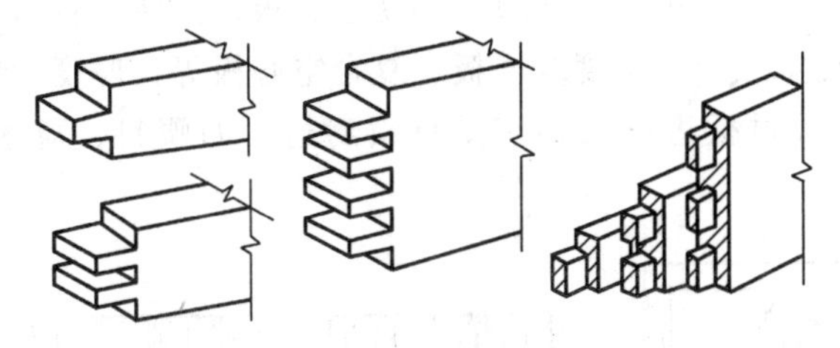

图 8-9　单榫、双榫和多榫

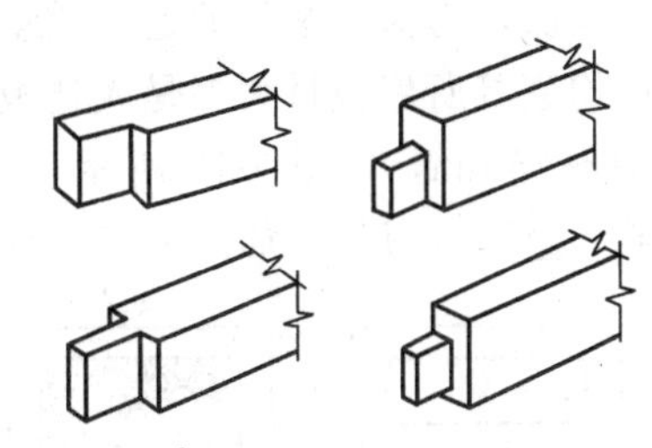

图 8-10　榫头切肩形式

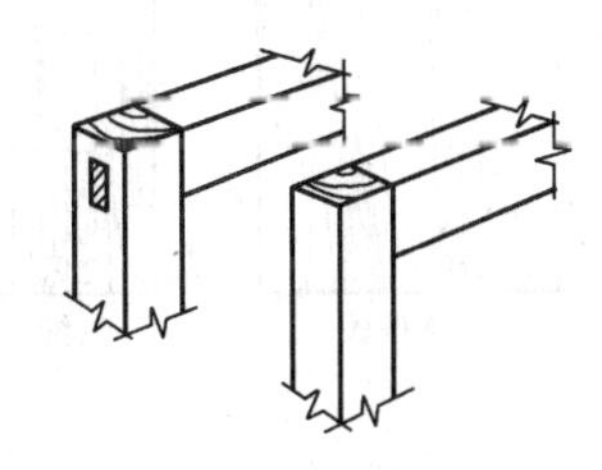

图 8-11　明榫和暗榫

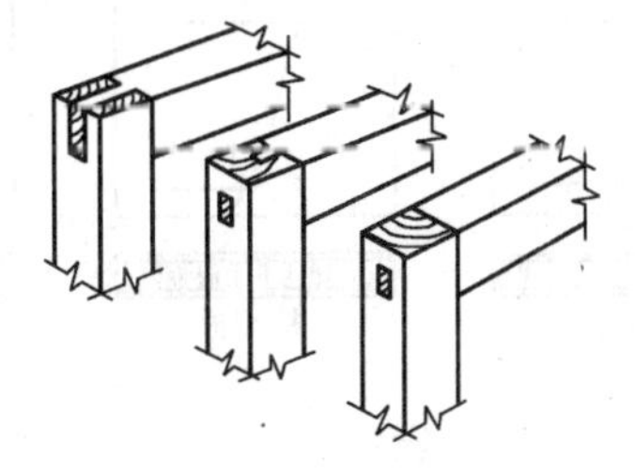

图 8-12　开口榫和闭口榫

1.3.2　板式结构

是由家具的内外板状构件承担荷载的一种结构形式，它由板和连接件组成。由于这种形式简化了结构和加工工艺，便于机械化生产，是目前广为采用的一种家具，如图 8-15 所示。

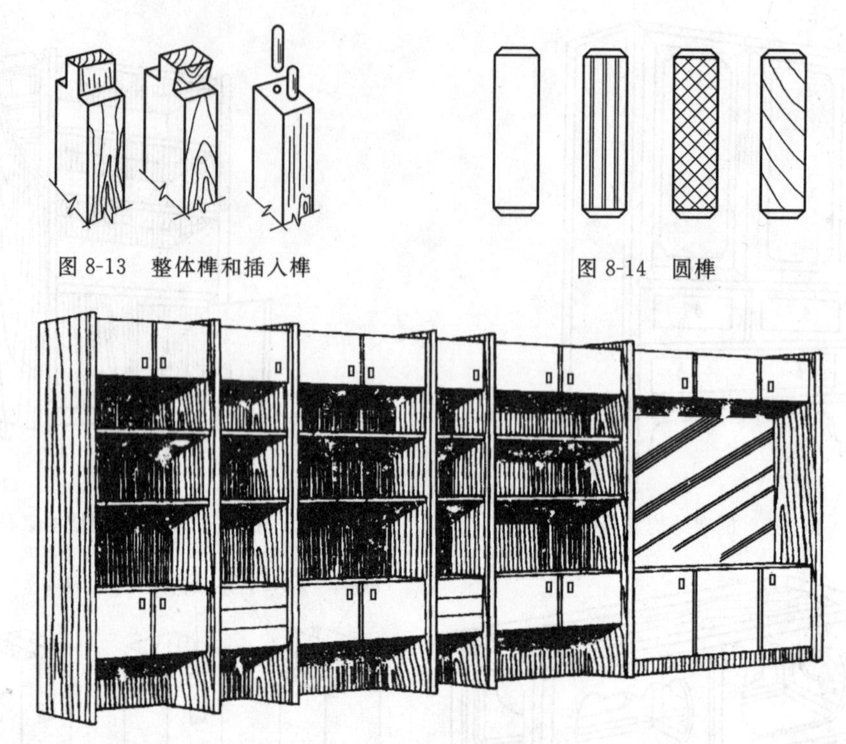

图 8-13　整体榫和插入榫　　图 8-14　圆榫

图 8-15　板式组合家具

板式结构家具的主要部件是板材，因此对板材部件的基本要求首先是能承受一定的荷载，因此板部件要有一定的厚度，同时在装置各种板材连接件时要不影响部件自身的强度；其次，为保证家具的连接质量和美观，要求板部件平整、不变形、板边光洁。目前板式结构家具所用板材大都是人造板，如细木工板、密度纤维板、复合空心板等，厚度一般为 18～25mm，如图 8-16 所示。不同的板材板边需用相宜的材料封边，如塑料、薄木、榫接、金属薄板等，如图 8-17 所示。

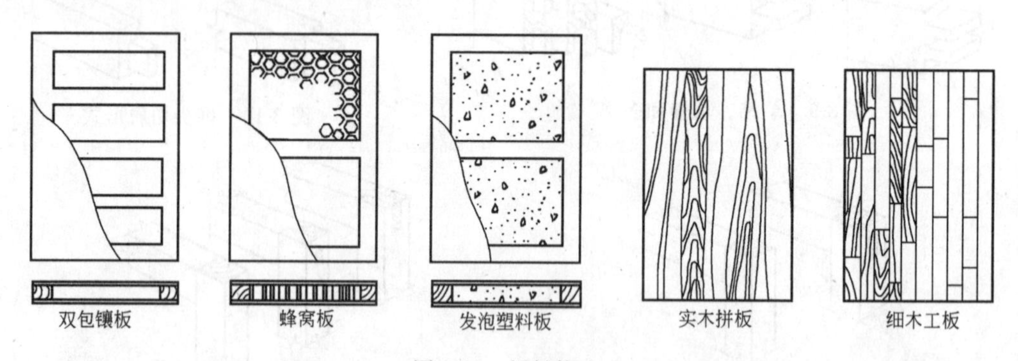

图 8-16　板材构造

板部件之间的连接依靠紧固件或连接件，采用固定或拆装式连接方式。固定连接通常用于安装不再拆装的家具或固定配置的板式结构，采用木螺钉、角铁连接件、圆棒销和圆钉等。拆装连接通常采用一些专用的五金配件，如空心螺钉连接件、三眼板连接件、圆柱定位连接件等。在连接安装时需将五金件埋入板材的端部，因此要求板端部要有一定厚度和强度，具体连接方式如图 8-18、图 8-19 所示。

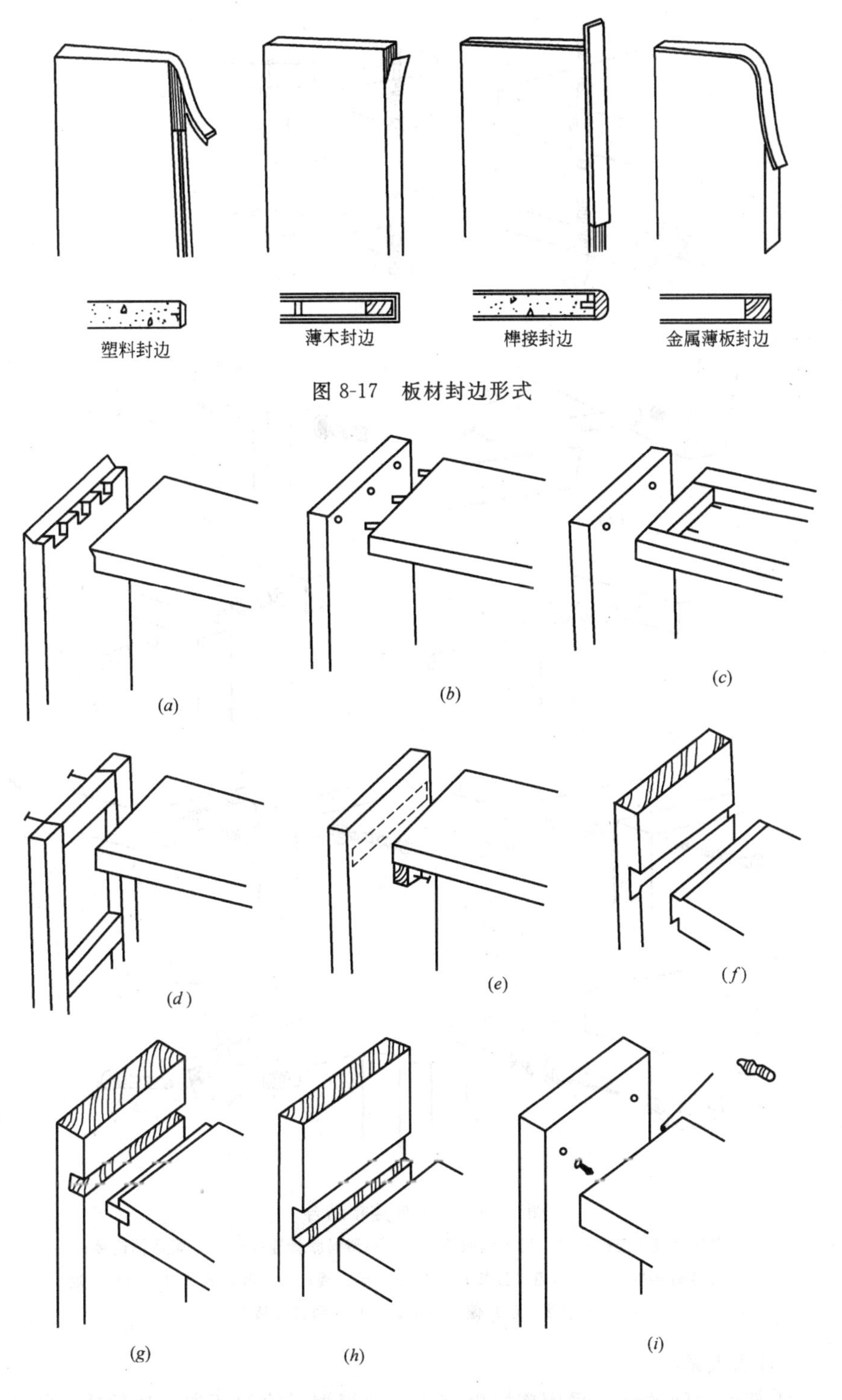

图 8-17 板材封边形式

图 8-18 板的固定式连接

(*a*) 燕尾榫连接；(*b*) 圆销插入榫连接；(*c*) 内侧螺钉连接；(*d*) 外侧螺钉连接；(*e*) 替木螺钉连接；(*f*) 隔板燕尾槽榫连接；(*g*) 隔板木条连接；(*h*) 隔板直角槽榫连接；(*i*) 隔板尼龙倒刺螺钉连接

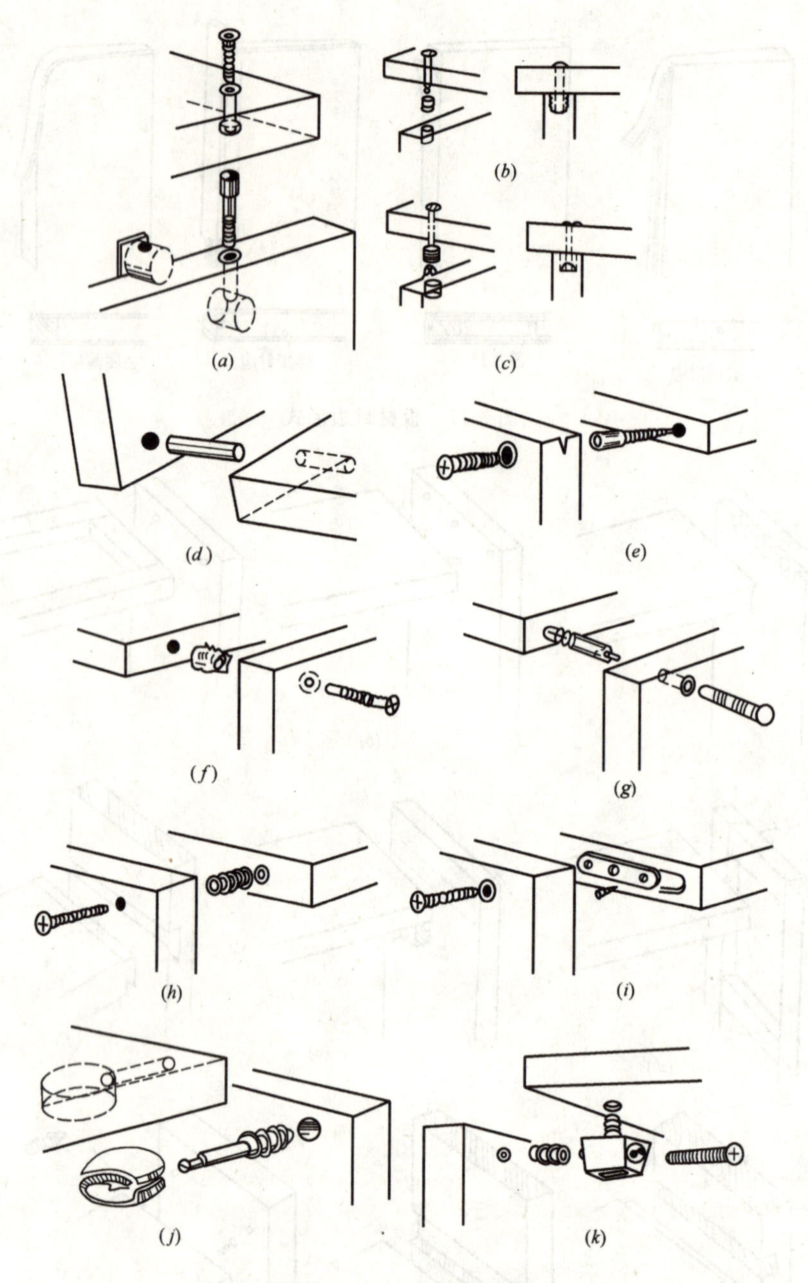

图 8-19　五金件连接结合

(*a*) 定位对接式连接；(*b*) 尼龙倒刺连接；(*c*) 塑料胀管连接；(*d*) 圆榫梢连接；(*e*) 空心螺钉连接；(*f*) 抓齿式连接；(*g*) 胀开式连接；(*h*) 叶片式连接；(*i*) 三眼板连接；(*j*) 偏心连接；(*k*) 塞角式连接

1.3.3　拆装式家具

家具各零部件之间的结合采用连接件完成，并根据运输的便利和某种功能的需要，家具可进行多次拆卸和安装。为保证拆装家具的灵活性和牢固性，要求部件加工和连接件加工十分精确，并具有足够的锚固强度，连接方式主要有这样几种：如图 8-19、图 8-20 所示的框角连接件；如图 8-21 所示的插接连接件；如图 8-22 所示的插挂连接件。

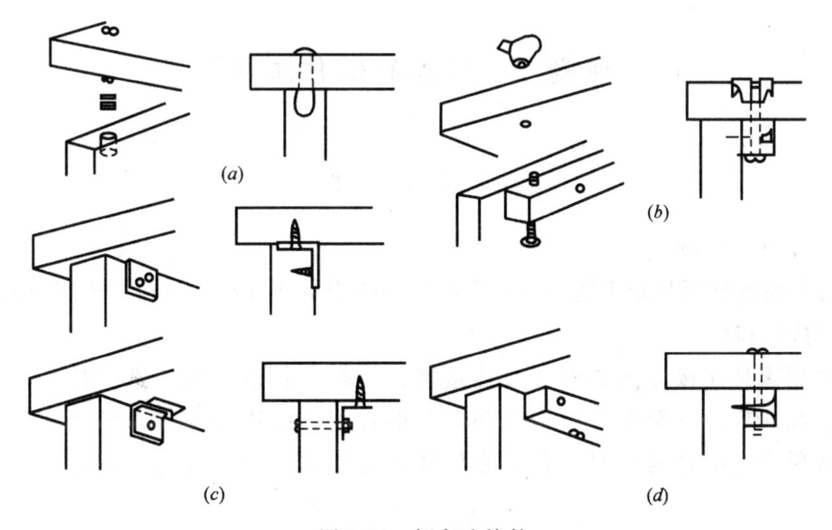

图 8-20 框角连接件

(a) 钢丝螺母连接；(b) 丁字栓连接；(c) 角钢连接；(d) 木条连接

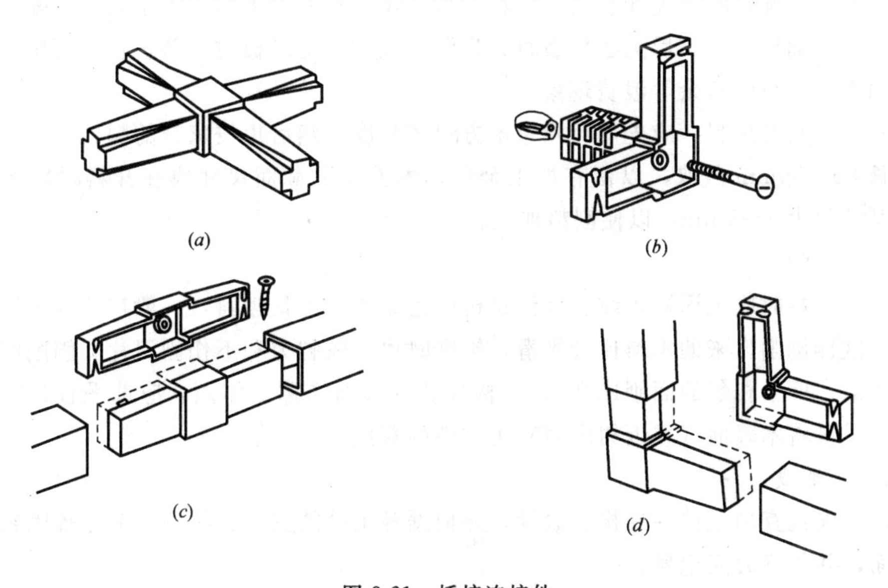

图 8-21 插接连接件

(a) 平四向插接；(b) 金属插接头与塑料插接头连接；(c) 直线双向插接；(d) 直角二向插接

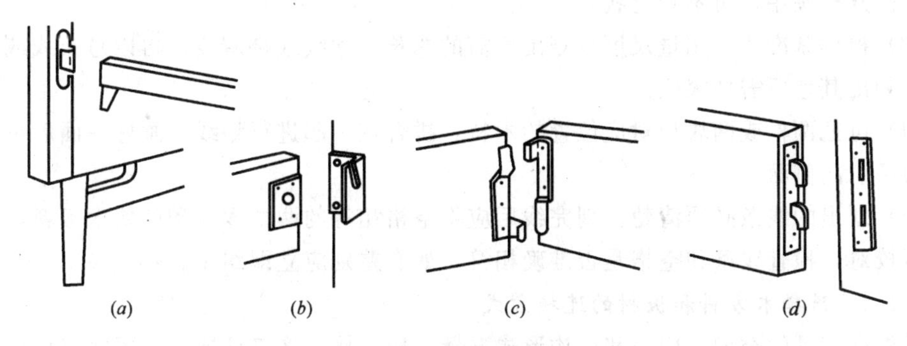

图 8-22 插挂连接件

(a)，(b) 床用插挂连接件；(c) 楔形插挂连接件；(d) 暗插挂连接

课题2 家具的制作工序

2.1 家具制作

2.1.1 选料与配料

(1) 选料要根据家具施工图进行，根据家具图中所列规格、结构、式样列出所需木方料和板材的数量和种类。

(2) 根据家具连接方式选择五金连接件，根据家具色彩款式选择拉手、镶边条等配件的色彩和式样。一般金色、银色和白色的拉手、镶边等配件，可适合各种色彩的家具。其他色彩的配件与家具，其五金件选择方法，一是两者色彩相近，二是两者色彩相反。

(3) 配料应根据家具结构与木料的使用方法进行安排。配料分为木方料的选配和木夹板开料两方面。配料时应先配长料、宽料，后配短料；先配大料后配小料；先配主料后配次料；先配大面积板材，后配小块板材；先配长板材后配短板材。防止长材短用，好材乱用，长的不足、短的有余等浪费现象。

(4) 木方料的配料，应先用尺测量木方料的长度，然后再按家具的腿料、横挡、竖撑尺寸放长30～50mm截取，以留有加工余量。木方料的截面尺寸应在开料时按实际尺寸的宽、厚各放大3～5mm，以便刨料加工。

2.1.2 刨料

刨削木方料时应先识别木纹。无论是机械还是手工工具刨料，一般均按顺木纹方向进行刨削，这样刨削出来的木料比较光滑，刨削时也比较省力和不伤刨刀片。刨削时先刨大面再刨小面，两个相邻的面刨成90°角。构件的结合面亦称工作面，应选平直、节疤少的木里面，尽量将木表面（靠近树皮面）用构件的背面。

2.1.3 划线

(1) 首先检查加工件的规格、数量，并根据各工件的颜色、纹理、节疤等因素，确定其内外面，并作好表面记号。

(2) 在需对接的端头留出加工余量、用直角尺及木工铅笔划一条基准线。若端头平直，又是开榫头用，可不划此线。

(3) 根据基准线，用量尺度量划出所需的总长尺寸线或榫肩线，再以总长线或肩线为基准，划出其他所需榫眼线。

(4) 可把两根或两块相对应位置的木料，拼合在一起进行划线，画好一面后再用直角尺把线条引向侧面。

(5) 划出的线条必须清楚。划完线后应将空格相等的两根木料和两块木板料，颠倒并列进行校对，检查线条和空格是否准确相符，如有差别应立即纠正。

2.1.4 选择木方料和板材的连接方式

应根据家具的类型、用途和结构形式选择榫槽连接、连接件连接；固定连接或可拆装连接。

2.2 家具的组装

2.2.1 组装要点

家具组装有部件组装和整体组装。装配之前应将所有的结构构件用细刨刨光，然后按顺序逐件进行装配。装配时应注意构件的部位和正反面。装配部位需涂胶时应均匀涂刷，并及时将装配后挤出的胶液擦去。装配锤击时应将构件的锤击部位垫上木板或木块，锤击不要过猛，如有拼合不严应找出原因，采取补救措施，不可硬打硬上。各种五金配件的安装位置要定位准确，安装要紧密严实、方正牢固，结合处不许崩茬、歪扭、松动，不得少件、漏钉、漏装。

2.2.2 框架组装

(1) 木方框架组装：一般先装侧边框，后装底框和顶框，最后将边框、底框、顶框组装起来。每种框架以榫结构或钉接方式组装后，都要进行对角测量长度，并校正框架的垂直度和水平度，合格后可钉上后板定位。

(2) 板式框架组装：板式框架组装时，一般先从横向板竖直侧板开始连接，横向板与竖直板连接完成后，进行框架的校正，检查其方正度，然后再组装顶板和底板，最后安装背板，如图 8-23 所示。

2.2.3 家具门扇的组装

家具的门扇通常有外框式、内框式和厚夹板式三种，如图 8-24 所示。

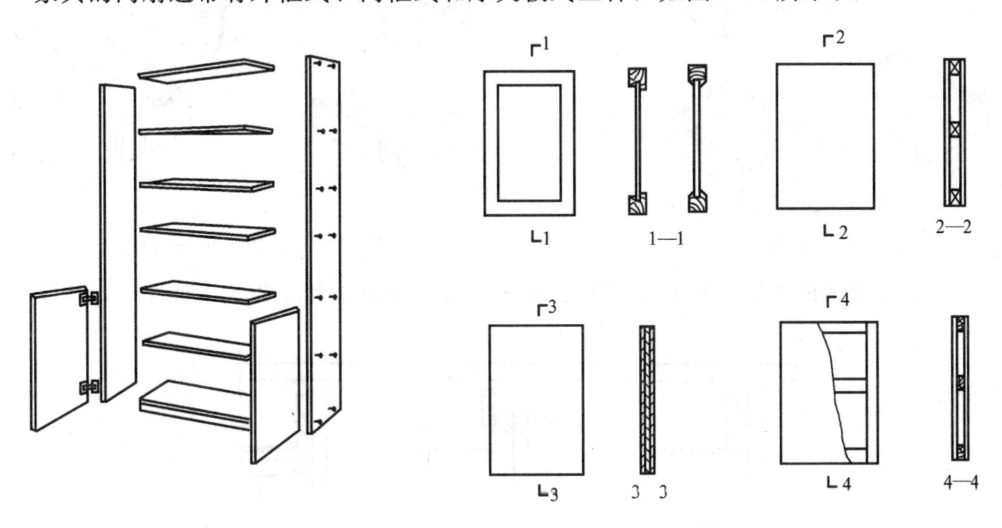

图 8-23 板式框架家具组装

图 8-24 家具门扇结构形式

(1) 外框式门扇是先将框架组合后再装面板。装面板的方式有两种，一种是木板居中，四周边框木方，木板是钉接在门扇框上的。另一种是在框架上开出企口槽，再把木板装入企口槽内。

(2) 内框架式门扇是将框架组合后，再双面蒙板，使框架内藏，四边刨平后用塑料封边带或薄木皮粘贴封边。

(3) 厚夹板式门扇的制作较简单，一般门扇高小于 800mm 时，可直接用厚夹板锯截成块，修边后即可。如门扇较高，直接用厚夹板制门扇，很容易变形而使门产生翘曲。改善方法有两种：一是用两张中厚板（5～6mm）相互粘贴在一起，二是先在第一张中厚板的四周和中间粘贴3mm厚的薄板条，再将第二张中厚板与第一张粘贴在一起，而薄板条则夹在两中厚板之间。

2.2.4 搁板安装

搁板用于家具内部，把家具空间分隔为若干层。根据承重能力大小，搁板安装有固定式和活动式两种。固定式是用钉和胶把搁板固定于家具内的横挡木方上；而活动式则是用厚木板或厚木夹板，不加固定的平放在横挡木方或分格定位销上，以便调正搁板的摆放间隔。

2.2.5 抽屉的装配

抽屉是家具上的重要部件，随着家具式样的变化，抽屉形状各异，按其类型有平齐面板抽屉和盖板式抽屉两种，而盖板式抽屉又分为面板两侧长出、三边长出及四边长出三种。这几种抽屉的形状区别主要在面板上，其主要结构基本一样，如图8-25所示。

（1）抽屉的结构组装：抽屉由面板、侧板、后板和底板结合而成，为了使抽屉推拉顺滑，后板、侧板整个外形的高、宽度应小于面板5mm。抽屉夹角结构一般采用马牙榫或对开交接钉牢的方法，如图8-26所示。无论哪种结构形式，拼装时都应在缝口涂胶。底板的装配应在面板、侧板结构组装完毕后，从后面的下边推入两侧板的槽内，然后装配后板。

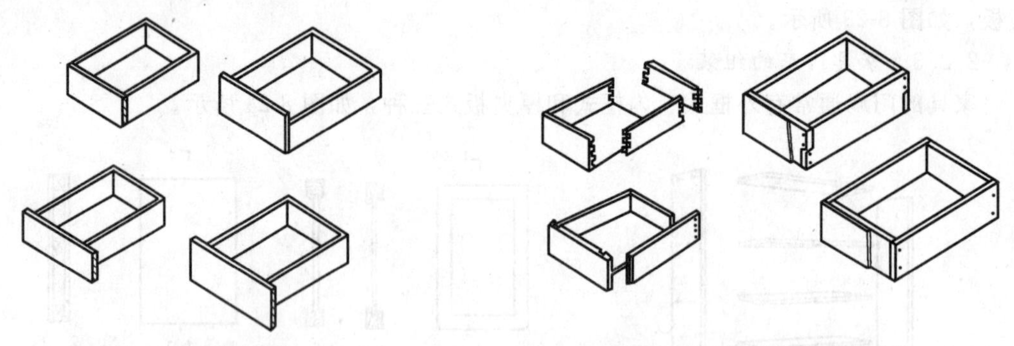

图8-25　抽屉形式　　　　图8-26　抽屉夹角结构形式

（2）抽屉滑道的安装：抽屉滑道有嵌槽式、滚轮滑道式和底托式，如图8-27所示。

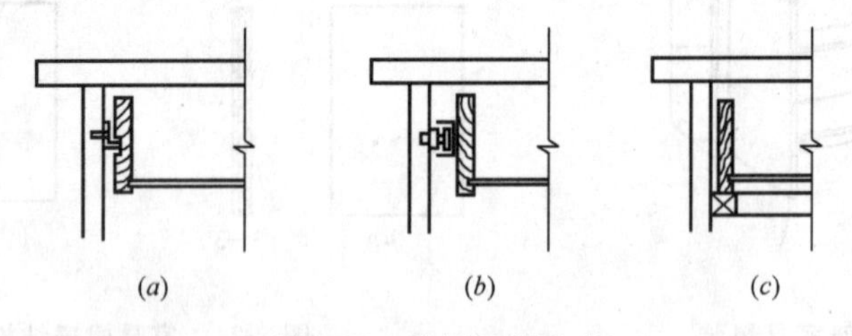

图8-27　抽屉滑道形式

(a) 嵌槽式；(b) 滚轮式；(c) 底托式

嵌槽式是在抽屉侧板外侧开出通长槽，在家具内立面板上安装木角或铁角滑道，然后将抽屉侧板的槽口对准滑道端头推入即可。

滚轮滑道式是在抽屉侧板外侧安装滑道槽，在家具立面板上安装滚轮条，然后将抽屉侧板的滑道槽对准滚轮条推入即可。

底托式滑道是最普通的形式，滑道的木方条或角铁安装在抽屉下面，将抽屉侧板底边涂上蜂蜡，再用烙铁烤化，以便推拉方便。

2.2.6　橱顶边的装配

橱顶又叫橱帽，由于橱的式样很多，橱顶变化也非常丰富，依其结构和类型有：平式橱顶、大边式橱顶、小边式橱顶、凹凸式橱顶、围边式橱顶等，如图 8-28 所示。

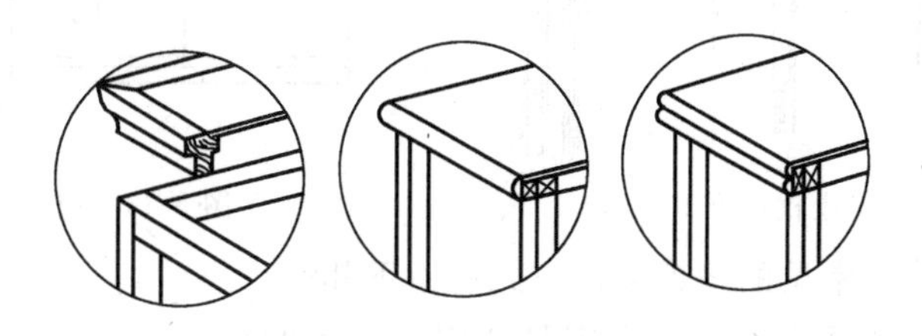

图 8-28　橱顶形式

橱顶与橱身装配程序为：平式橱顶装配可在橱身装配过程中同时安装，其他橱顶在橱柜主体装配完毕后再进行装配。复杂与简单的橱柜顶边都是采用胶粘加钉接的固定方法。在钉合过程中，对于板的斜角、端头、线条的接头、弯曲部位，应先根据钉子的直径钻孔眼，以便于钉合，特别是硬质木材要避免劈裂。

2.2.7　脚架安装

现代家具多采用底框包脚结构或不锈钢柱脚结构，如图 8-29 所示。

底框包脚结构在形式上有旁板落地式和板框装配式两种，前种形式应在制作橱柜的框架时，连底边一起制出；而后一种则需单独制作后再与橱柜体进行连接固定，固定的方法是在连接面涂胶后用木螺钉或铁钉加固。

不锈钢柱脚的家具一般都是矮家具如矮长柜、酒吧台等，其安装方式为：先用一块厚木板与橱柜体粘结并钉牢，其连接处必须有柜体的骨架部分，然后再用木螺钉把不锈钢法兰座固定在厚木板上，最后将不锈钢柱插入法兰座内，再用螺钉定位。

2.2.8　面板的安装

如果家具的表面是用油漆饰面，那么家具框架的外封板就是家具的面板。如果家具的表面是使用装饰细木板（如水曲柳夹板、柚木夹板等）来饰面，或者用塑料贴面板来饰面，那么家具的框架外封板就家具饰面的基层板。饰面板与基层的连接通常用胶粘的方法，粘贴好后需要在其侧边用封边木条、木线条、塑料条进行封边收口，凡直接能看到的边部都要封住。面板安装方式如图 8-30 所示，封边收口方式如图 8-31 所示。

2.2.9　家具装饰线条

现代装饰工程中的家具，常用装饰性线条的方法来体现装饰格调，把家具的风格与室

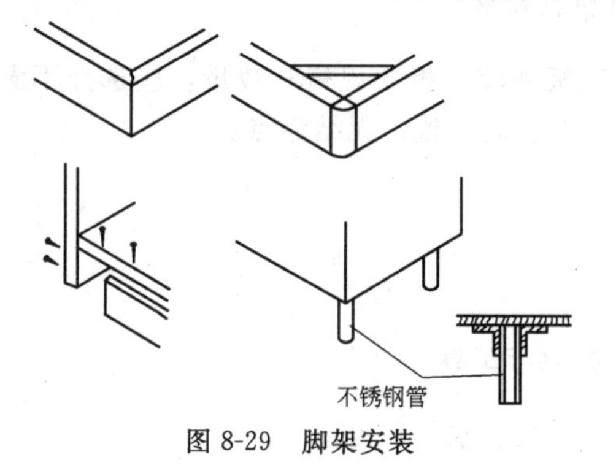

图 8-29　脚架安装

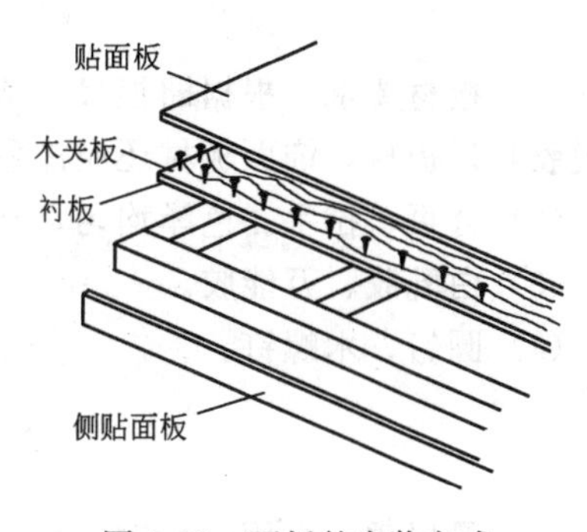

图 8-30　面板的安装方式

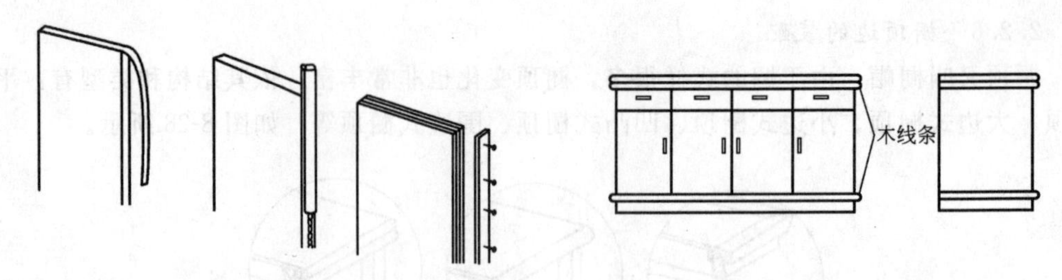

图 8-31　封边收口方式　　　　　　　　　　图 8-32　边缘线条装饰

内装饰风格统一起来，常见的线条装饰方式有以下几种：

(1) 边缘线条：边缘线条是指在家具和固定配置的台面边缘和家具体与底脚的分界处，用木线条、塑料线条和金属线条进行装饰，如图 8-32 所示。

(2) 框形线条：框形线条主要装饰于门扇面上和抽屉面上。框形线条的形式较多，主要有方框形、方圆结合形、曲线形等。所用的线条有半圆木线、指甲木线和角木线条。固定木线条主要用胶粘贴，并用少量钉枪钉或小圆钉加固。常见的几种框形线条如图 8-33 所示。

(3) 平行线条：平行线条有三种形式，分别为水平线条、竖立线条和斜线条。这些线条常安装在家具门面的下部或上部或一个角部，线条的宽度和间隙可相同也可渐变，如图 8-34 所示。

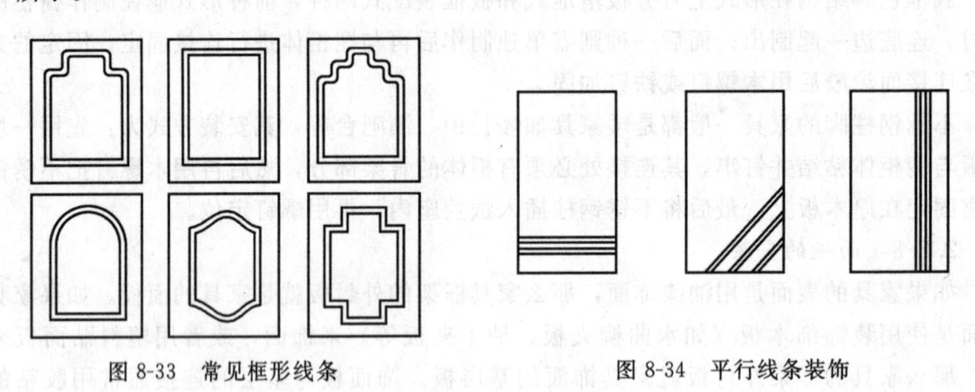

图 8-33　常见框形线条　　　　　　　　　　图 8-34　平行线条装饰

课题 3　橱柜制作与安装

3.1　材料及要求

(1) 板材要求：根据橱柜尺寸选择细木工板和胶合板的规格和数量，应选择不潮湿、无脱胶开裂板材，饰面板材还应注意木纹流畅、色调一致、无结疤点。

(2) 合页、拉手：色泽均匀，开启灵活。

(3) 白乳胶、万能胶。

(4) 圆钉、木螺钉。

3.2　主要机具与工具

(1) 量尺类：常用的有钢卷尺、木折尺、角尺、水平尺等。

(2) 手动工具：斧、锯、刨、凿等。

(3) 木工轻便机：

1) 锯：有曲线锯和圆锯。

2) 手电刨。

3) 手提电钻：有微型电钻和电动冲击钻。

4) 电动起子机和旋凿。

5) 电动打磨机和砂光机。

(4) 木工机械：

1) 木工带锯机：通过高速运转来直线锯割木材。

2) 木工圆锯：纵横向或多角度锯割木材。

3) 压刨床：用于刨削和刨光木板。

4) 木工铣床：用于裁口、起线、开榫、铣削各种曲线零件。

5) 开榫机：用于开榫。

3.3 施工操作工艺

(1) 划线：用备好的量尺和木工铅笔，按照设计要求进行划线。

(2) 板材锯切：根据家具设计尺寸锯切板材，注意应合理切割，最大限度地利用板材，避免浪费。

(3) 开榫：榫头与榫眼、榫槽的结合是构件直接连接的方式，板式家具中，若板材较厚，就可采用榫结构连接方式。施工时应注意：

1) 凿榫眼的要求：凿榫眼之前，要选择适合榫眼宽度的凿子，然后先从工作面开始凿，凿到1/2深度，再从对面凿通，以免歪斜或使榫眼破口。凿榫眼时，应将工作面的榫眼两端处保留划出的线条，在背面可凿去线条。榫眼内部，应力求平整一致。

2) 凿榫眼的方法：在没有打眼机时，可用手工凿榫眼。凿半榫眼时，在榫眼线内边3～5mm处下凿，凿至所需深度和长度后，再将榫眼侧壁垂直切齐。

3) 榫眼与榫头的配合要求：榫眼的长度要比榫头短1mm左右，榫头插入榫眼时，木纤维受力压缩后，将榫头挤压紧固。榫头不能太紧也不能太松，这样才能保证质量。

(4) 组装：板式家具对板件的基本要求是：在长、宽、厚三个方面要有准确的尺寸，板面平整光滑，无开裂变形，并能承受一定的荷重，用螺钉或连接件连接时不影响板的自身强度。安装顺序应是先连接横板和竖直侧板，再组装顶板和底板，最后安装背板。框架安装完毕即可装门。整体组装完毕，再安装内部搁板，搁板用钉和胶固定于家具内的横挡方木上。最后按设计安装底框包脚结构脚架。

(5) 安装拉手。

3.4 安全措施与施工注意事项

(1) 所有参加施工人员，在入场前均需进行安全教育，认真学习本工程安全技术操作规程和有关制度。

(2) 施工前，必须认真检查场地、管线、设备、工具的安全情况，确认安全后才能进行操作。

(3) 不随便开动他人使用操作的机具、设备。

(4) 使用轻便机具必须按照规程进行操作，电气设备要有接地线，下班后要拉下电闸切断电流。

(5) 工作时精力集中，不准与他人闲谈、打闹和嬉戏，做到不违章、不冒险作业。

(6) 木材或其他易燃材料堆放要整齐，堆放场所附近要有消防设施。刨花、碎木料要有专人负责经常清理，不得在操作地点吸烟和用火。

(7) 施工时不得妨碍防火设施的使用功能，不得随便移动防火设施的安装位置，不得损坏防火设施及管道。

(8) 施工时必须严格执行《中华人民共和国消防条例》和公安部关于建筑工地防火的基本要求措施，建立和健全相关防火制度。

为防止橱柜翘曲、弯曲变形，还应注意下列事项：

1) 加工所用木材、木制品的含水率不得超过12%。

2) 场外加工的成品、半成品进场后要认真检查验收，有窜角、翘扭、弯曲、劈裂缺陷的，应修理合格后再进行拼装。

3) 柜子进场验收合格后应尽快刷底漆一遍，存放平整，保持通风，不宜露天存放，以防受潮变形。

4) 对安装位置靠墙、贴地面的部位应涂防腐涂料，进行防潮处理。

5) 对于尺寸较大的柜门应采取相应防变形措施，如一般厂家制作的板式橱柜门扇都在门扇内侧加防止变形的拉杆。

6) 对拼装后因碰撞、受潮而产生变形的柜子要进行修理。

3.5 成品保护与质量标准

(1) 成品保护

1) 有其他工种作业时，要适当加以掩盖，防止橱柜表面碰撞、划伤。

2) 不能将水、油污溅湿表面。

(2) 质量标准

1) 橱柜制作与安装所用材料的材质和规格、木材的阻燃性、含水率应符合设计要求和国家现行标准的有关规定（表8-20）。

2) 橱柜的造型、尺寸、制作和组装方法应符合设计要求，配件应齐全，安装应牢固。

3) 橱柜的抽屉、柜门应开关灵活、回位正确。

4) 榫接处应涂胶，榫及零部件结合应牢固，外表结合处缝隙不大于0.2mm。

5) 人造板材制成的部件应封边处理。

6) 橱柜表面应平整、洁净、色泽一致，不得有裂纹、翘曲及损坏。

7) 外表面的倒棱、圆角、圆线应均匀一致。

橱柜制作与拼装的允许偏差和检验方法　　表8-20

项次	项　　目	允许偏差(mm)	检　验　方　法
1	外形尺寸	±5	用钢尺检查
2	立面垂直度	2	用1m垂直检测尺检查
3	面板的对角线长度	2	用钢尺检查
4	底脚平稳度	2	用钢尺检查
5	门与框架平行度	2	用钢尺检查

实训课题　橱柜制作与安装

在实训教师指导下完成一如图 8-35 所示的双门板式结构橱柜（大衣柜）的制作与安装。

实训要求：

1. 识读家具图纸，正确理解各构造节点和连接方式。
2. 根据图纸计算各种材料用量。
3. 划线下料。
4. 按有关施工程序和操作规程正确使用机具进行加工拼装。
5. 按有关质量标准进行质量验收。
6. 注意实施成品保护及劳动安全措施。

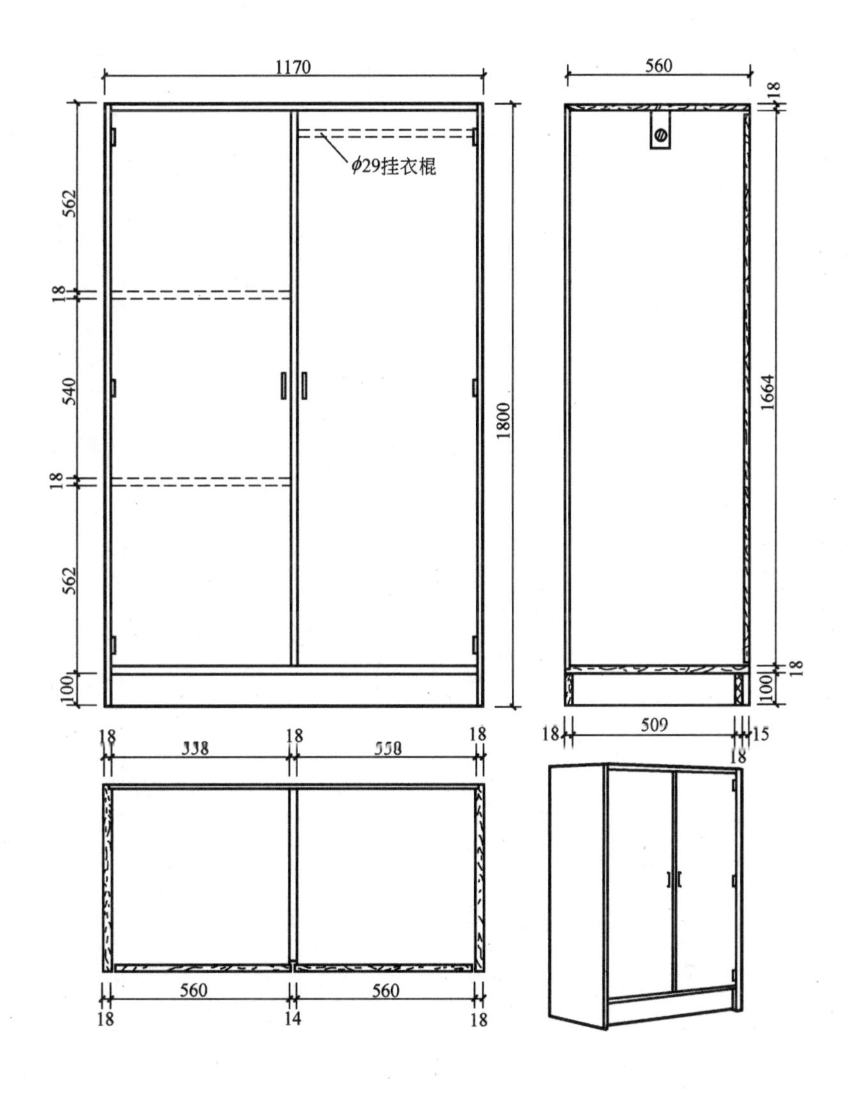

图 8-35　大衣柜详图（单位：mm）

思考题与习题

1. 一般家具制作与安装有几道工序？
2. 如何防止橱柜翘曲、弯曲变形？
3. 家具组装的连接方式有哪些？
4. 家具检测的质量标准有哪些？

参 考 文 献

1. 南京林产工业学院. 木工识图. 北京：农业出版社，1966
2. 张兴久主编. 木工画线. 北京：中国建筑工业出版社，1989
3. 郭斌主编. 木工. 北京：机械工业出版社，2005
4. 孙兰新、李永林主编. 木工与门窗工. 北京：化学工业出版社，2002
5. 房志勇主编. 装修装饰木工基本技术. 北京：金盾出版社，2000
6. 王寿华、王比君主编. 木工手册. 北京：中国建筑工业出版社，2005
7. 马炳坚主编. 中国古建筑木作营造技术. 北京：科学出版社，2003
8. 武佩牛主编. 精细木工. 北京：中国城市出版社，2003
9. 李永刚主编. 手工木工. 北京：中国城市出版社，2003
10. 薛健主编. 装修设计与施工手册. 北京：中国建筑工业出版社，2004
11. 李爱新主编. 建筑装饰装修工程施工质量问答. 北京：中国建筑工业出版社，2004
12. 王海平、董少峰主编. 室内装饰工程手册. 北京：中国建筑工业出版社，1992
13. 李书德、李书才、朱仁普主编. 现代家具图集. 中国林业出版社，1986
14. 建设部人事教育司组织编写. 木工. 北京：中国建筑工业出版社，2002
15. 李健主编. 建筑装饰装修工程施工工艺标准. 北京：中国建筑工业出版社，2003
16. 王朝熙主编. 建筑装饰装修工程施工工艺标准手册. 北京：中国建筑工业出版社，2004